ENSEIGNEMENT TECHNIQUE

COURS ÉLÉMENTAIRE

DE

MÉCANIQUE APPLIQUÉE

À L'USAGE

des Écoles primaires supérieures, des Écoles professionnelles
des Écoles d'apprentissage
des Écoles industrielles, des Cours techniques et des Ouvriers

PAR

J.-A. BOCQUET, A. D. ✶

INGÉNIEUR

EX-CHEF DES TRAVAUX A L'ÉCOLE MUNICIPALE D'APPRENTIS
DIRECTEUR DE L'ÉCOLE DIDEROT

PARIS

LIBRAIRIE POLYTECHNIQUE BAUDRY ET Cie, ÉDITEURS

RUE DES SAINTS-PÈRES, 15

MÊME MAISON A LIÉGE, RUE LAMBERT-LEBÈGUE, 19

ENSEIGNEMENT TECHNIQUE

COURS ÉLÉMENTAIRE

DE

MÉCANIQUE APPLIQUÉE

ANGERS, IMP. BURDIN ET Cie, RUE GARNIER, 4.

COURS ÉLÉMENTAIRE

DE

MÉCANIQUE APPLIQUÉE

PREMIÈRE PARTIE

PRINCIPES ET APPLICATIONS

PAR

J.-A. BOCQUET, A. O. ✳

INGÉNIEUR E. C. P.

EX-CHEF DES TRAVAUX A L'ÉCOLE MUNICIPALE D'APPRENTIS
DIRECTEUR DE L'ÉCOLE DIDEROT

A L'USAGE

des Écoles primaires supérieures, des Écoles professionnelles
des Écoles d'apprentissage
des Écoles industrielles, des Cours techniques et des Ouvriers

PARIS

LIBRAIRIE POLYTECHNIQUE BAUDRY ET Cⁱᵉ, ÉDITEURS

RUE DES SAINTS-PÈRES, 15
MÊME MAISON A LIÈGE, RUE LAMBERT-LEBÈGUE, 19

1885

TOUS DROITS RÉSERVÉS

INTRODUCTION

L'enseignement de la mécanique occupe dans les écoles techniques, professionnelles ou d'apprentissage une place importante naturellement indiquée par l'extension toujours croissante des procédés de la *machinofacture*.

Le travailleur doit, à notre époque, comprendre le fonctionnement des machines pour être en mesure de les mener, d'observer leur marche et de leur faire produire le maximum de travail marchand. Pour cela, l'instruction devient une nécessité, mais comme l'ouvrier n'est pas appelé à discuter théoriquement les questions scientifiques, il lui faut des règles fixes, des données d'expérience qui ne laissent aucune incertitude dans son esprit. En effet, dans la pratique, le problème qui se pose à chaque instant est celui-ci : *Que doit-on-faire ?* La réponse exige l'adoption immédiate d'une règle de travail. Pour les cas douteux, si les données existantes ne permettent pas de résoudre la question, il conviendra de choisir la solution qui semble le plus probable. La justesse et la promptitude du jugement, unies à l'expérience, constituent la force de l'*homme pratique* dans le sens industriel de cette expression.

Chaque profession comprise de cette manière devient un art, et un art véritablement libéral, puisque la science lui sert de guide.

Dans ce petit ouvrage, pour rester à un niveau très modeste, nous avons évité avec soin de présenter des démonstrations ou des formules qui exigent l'emploi de l'algèbre, de la trigonométrie et des tables de logarithmes.

Nous avons cherché à donner aux jeunes gens qui ont suivi le cours primaire supérieur ou qui ont complété leur enseignement primaire, la possibilité d'exécuter les principaux calculs relatifs aux machines, simplement à l'aide de l'arithmétique étendue à l'extraction de la racine cubique et de la géométrie élémentaire.

Il est admis que le professeur d'arithmétique a familiarisé les élèves avec l'usage des expressions littérales et qu'il les a initiés au remplacement des lettres par leur valeurs numériques, pour la résolution des problèmes.

Dans ces conditions, les applications indiquées au courant de nos leçons rendent facile l'emploi des formules en se guidant sur les nombreux problèmes dont elles sont accompagnées.

La *première partie* comprend les éléments de la mécanique : statique, cinématique, dynamique et principe du travail.

La *deuxième partie* embrasse le travail appliqué aux machines et comme *complément* la résistance des matériaux, en ne considérant que les opérations les plus simples de cette branche importante de la mécanique appliquée.

L'emploi de *tableaux* qui rendent facile la résolution de nombreux problèmes a été substitué aux calculs algébriques.

Nous avons étendu quelque peu, dans cet ouvrage, les 90 leçons du cours de mécanique que nous avons fait de 1876 à 1884, à l'École municipale d'apprentis, actuellement École Diderot, du boulevard de la Villette, pendant les deux dernières années de l'apprentissage.

Février 1885.

COURS ÉLÉMENTAIRE

DE

MÉCANIQUE APPLIQUÉE

PREMIÈRE PARTIE

PRINCIPES ET APPLICATIONS

---

1. La mécanique régit la plupart des phénomènes de la nature ; elle embrasse toutes les industries.

L'homme, après avoir employé des outils rudimentaires en pierre, s'adjoignit le feu pour creuser des canots, durcir des épieux et des flèches ; bien longtemps après, les animaux pour faciliter son travail. Enfin, il sut utiliser le vent pour les transports sur les rivières et sur la mer. De nos jours, les chutes d'eau et la vapeur viennent multiplier la puissance de l'homme dans une proportion énorme. Dans un avenir qui semble prochain, l'électricité dotera l'industrie d'une nouvelle force motrice.

Les animaux, les chutes d'eau, le vent, la vapeur sont capables de déterminer le déplacement d'objets de toute sorte, c'est-à-dire de les mettre *en mouvement*. L'examen de ces faits, nous donne facilement la conception *d'une force*, parce que nous voyons *ses effets*.

La mécanique étudie les conditions dans lesquelles on peut employer, combiner, diriger et par conséquent utiliser industriellement les forces. Cette science est entièrement basée sur l'observation corroborée par l'expérience, c'est-à-dire qu'un examen attentif met en évidence les relations d'un même ordre de faits, que l'expérience reproduit ensuite, dans le but de vérifier leurs rapports et de les formuler d'une manière simple en une *loi*.

2. Composition des corps.

Tous les corps peuvent être considérés comme formés par la réunion de particules fort petites, nommées *molécules*, qui ne se touchent pas, mais qui restent voisines dans les circonstances ordinaires.

Nous admettrons que les pièces sont invariables de formes et de dimensions. Les molécules qui composent la matière seront envisagées comme des points matériels.

3. Principes.

La mécanique repose sur trois principes qui sans être absolument évidents, deviennent aisément compréhensibles à l'aide de quelques explications. Ces principes sont les suivants : *les corps sont inertes, l'action est égale à la réaction et les effets des forces sont indépendants.*

1° Principe de l'inertie.

Un corps matériel ne peut de lui-même se mettre en mouvement s'il est au repos, et s'il est en mouvement, il ne peut de lui-même modifier son mouvement.

Il est évident qu'un organe de machine, une pierre ou un morceau de bois ne peut se mouvoir de lui-même. Les corps en mouvement s'arrêtent au bout d'un certain temps, nous en sommes témoins tous les jours, mais cela tient à ce que ces objets sont sollicités par des forces dont les effets sont faciles à étudier.

Si nous lançons une balle de plomb vers un but, en déployant un certain effort, nous constaterons aisément qu'une balle de même poids, bourrée de coton et par suite plus volumineuse, atteindra plus difficilement le but à cause de la résistance de l'air.

Une bille qui roule sur du sable fin, sur un plancher raboté, sur un plancher ciré ou sur un marbre poli, donne des résultats très différents. C'est le frottement qui, en agissant à chaque instant du mouvement, vient le ralentir et finalement le faire cesser. Si nous pouvions lancer à l'abri de l'air, une bille parfaitement polie sur un marbre poli avec soin, elle roulerait indéfiniment.

Pour la même raison, deux chevaux mènent sur des rails un pesant tramway et ne peuvent traîner sur le pavé ou le macadam, qu'un omnibus de dimensions beaucoup moindres. Le frottement diminue sur les rails.

2° *Principe de l'égalité de l'action et de la réaction.*

Dans le fil-à-plomb, *le fil* est tendu par un effort égal au poids du plomb. Un livre, une masse en fonte posés sur une table, sont soutenus, c'est-à-dire poussés par la table avec une intensité égale au poids de ces objets.

Si le corps dont il s'agit est en mouvement, le principe est encore vrai. Un cheval qui tire sur un camion éprouve de la part du camion une résistance égale à l'effort qu'il fait pour déterminer le mouvement.

Ce principe a été découvert par Newton à la fin du XVIIe siècle, on peut encore l'énoncer ainsi : *la réaction est égale et contraire à l'action.*

3° *Principe de l'indépendance des effets des forces.*

Une force qui agit sur un corps en mouvement produit absolument le même effet que si ce corps était au repos. Supposons une bille en mouvement dans le sens de la longueur d'un billard, si une deuxième bille vient la frapper dans le sens de la largeur du billard, l'effet de cet effort sera le même que si la deuxième bille avait touché la première dans un état d'immobilité absolue.

Ce principe a été découvert par Galilée.

La pesanteur est une force connue de tous ; son principal effet est de provoquer la chute des corps. Si dans une voiture en mouvement vous abandonnez un objet à lui même, il tombe comme si vous étiez immobile ; la pesanteur et la marche en avant, provoquée par les chevaux, ont eu lieu simultanément. Plus tard, nous aurons l'occasion de reprendre ces principes fondamentaux.

4. La mécanique se divise en trois parties.

La *statique* considère les forces appliquées sur un corps dans le cas où aucun mouvement n'est déterminé, c'est-à-dire quand il y a équilibre.

La *cinématique* étudie le mouvement des corps à un point de vue purement géométrique, sans se préoccuper des causes qui ont pu le produire.

La *dynamique* étudie simultanément les forces et les mouvements qu'elles déterminent ainsi que leurs rapports.

STATIQUE

5. Force.

On nomme force toute cause qui produit ou qui tend à produire le mouvement. Une force peut aussi tendre à modifier le mouvement.

Chacun de nous a une notion instinctive de la force, car nous avons nettement conscience des efforts que nous devons faire pour pratiquer notre métier, pour marcher, pour courir ou pour grimper.

Un fruit qui se détache de l'arbre, un objet que nous tenons mal, la pluie et la neige, tombent à terre suivant une ligne droite, nous en concluons qu'ils sont sollicités par une force. Un cheval en tirant sur une voiture, exerce sur ses traits une certaine tension ou force.

L'aimant en attirant le fer nous donne encore l'exemple d'une force.

Une force ne saurait se montrer aux yeux, la nature des forces ne peut se définir, mais leurs *effets* sont évidents.

6. Dans une force on distingue :

1° *Le point d'application*, c'est-à-dire le point d'un véhicule où l'on accroche le palonnier d'un cheval ou la bricole d'un homme de peine, la soie d'une manivelle de meule, le manche d'un tournevis, le crochet d'attelage d'une locomotive ou l'extrémité d'un aimant.

2° *La direction* ou la ligne que suivrait le point d'application s'il obéissait à la force. Les traits qui servent à atteler les lourds camions indiquent cette direction. La tige d'un piston figure également par son axe, la direction dans laquelle la poussée se transmet.

3° *L'intensité* est la grandeur de la force. On la mesure en prenant pour unité le kilogramme. Ainsi la force exercée par un cheval pour mettre une voiture en mouvement, aura son intensité mesurée par un certain nombre de kilogrammes. Supposons une corde attachée au crochet d'attelage et passant sur une poulie placée en avant du véhicule. Suspendons à l'extrémité libre des poids de plus en plus grands jusqu'à ce que la voiture se mette en mouvement, la lecture de la charge nous donnera la mesure de la force exercée par le cheval.

Une varlope exige un certain effort pour enlever le copeau. Si nous appliquons la disposition précédente après la *main* de l'outil, nous aurons en kilogrammes l'intensité de la force nécessaire pour mettre la varlope en travail.

Dans ces deux cas, nous avons remplacé les forces en jeu par d'autres forces qui produisent le *même effet*, c'est-à-dire par des forces *égales*.

Mais le procédé que nous venons d'indiquer serait souvent incommode, aussi a-t-on construit des instruments qui servent à mesurer les intensités des forces. Ce sont des *dynamomètres*.

7. Dynamomètres.

Presque tous ces appareils sont établis d'après le même principe : *une lame d'acier trempé formant ressort se courbe d'une même quantité sous l'action de deux forces égales* ; de plus *la courbure de la lame travaillée convenablement sera proportionnelle aux intensités des forces auxquelles on la soumet.*

8. Peson à ressort courbe.

Il consiste en un ressort coudé en forme de V. L'une des branches CB porte un arc DE rivé au point D, passant librement dans la mortaise A. A côté de celle-ci, un arc GH rivé au point G traverse librement la mortaise D faite dans l'arc CB. L'arc GH se termine par un crochet H et l'arc ED par un anneau E qui sert à suspendre l'appareil pour la graduation ou l'usage. On gradue l'instrument en marquant O sur l'arc ED au-dessus de la branche CA, puis on suspend successivement au crochet H des poids de 1, 2, 3, 4... kilogrammes. A chaque nouvelle flexion du ressort ACB, on trace un trait sur l'arc ED et l'on poinçonne un numéro qui exprime le nombre de kilogrammes à l'aide duquel la flexion a été obtenue. L'appareil ainsi gradué sert à mesurer les forces ou à peser les corps.

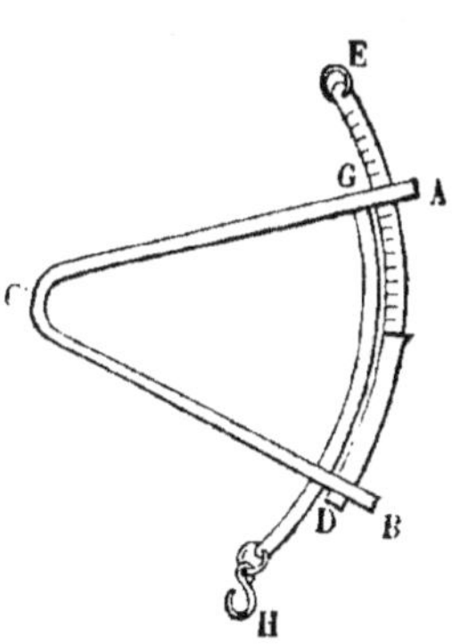

Fig. 1.

9. Peson à ressort à boudin.

Un tube de laiton fermé à ses deux extrémités, muni d'un anneau de suspension A, est percé à sa partie inférieure d'un trou dans lequel circule librement une tige C terminée par un crochet. Cette tige C se prolonge dans le cylindre et s'attache à la partie supérieure d'un ressort à boudin, formé par un fil d'acier roulé sur un cylindre. Les poids suspendus au crochet C rapprochent les spires de l'hélice et ces déflexions sont visibles à l'aide d'un index qui circule devant une échelle graduée. Une fente est disposée pour la libre circulation de l'index. Ce dynamomètre se gradue comme le précédent.

10. Dynamomètre de Poncelet.

Deux ressorts d'acier terminés à leurs extrémités par des nœuds d'articulation, sont réunis à l'aide de deux brides et de quatres boulons.

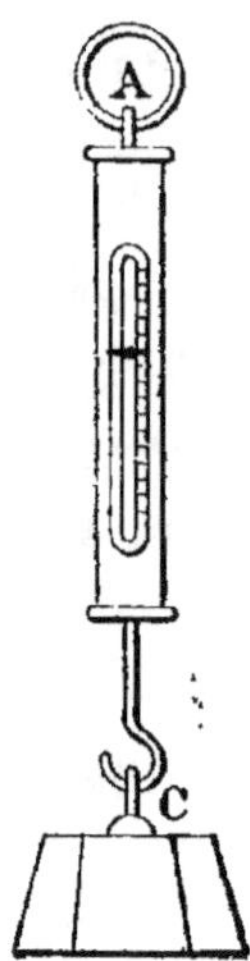

Fig. 2.

Le ressort supérieur porte un anneau C et le ressort inférienr un crochet C'. Le crochet et l'anneau se prolongent intérieurement par deux lames graduées qui glissent l'une devant l'autre et permettent de lire l'écartement des ressorts. Ici les écartements sont proportionnels aux forces appliquées.

La construction des dynamomètres exige de grands soins.

On les emploie à l'évaluation des efforts de traction sur routes et sur rails, à la mesure des tensions des

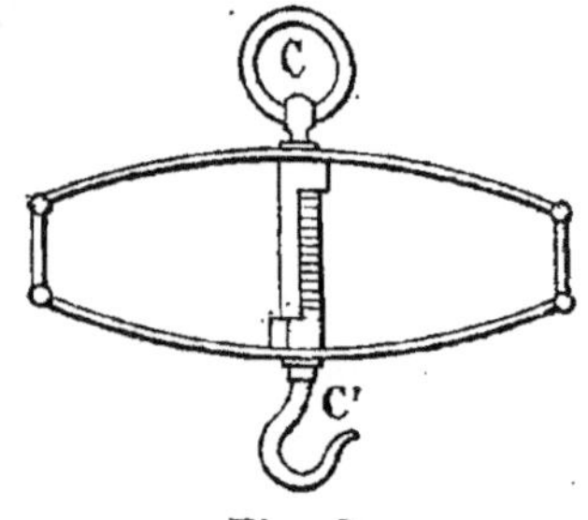

Fig. 3.

cordes, des câbles et des courroies, à l'étude des forces employées par les outils pour le travail des bois et des métaux.

11. Représentation graphique d'une force.

Les forces peuvent être figurées sur un dessin en adoptant une échelle pour l'intensité, c'est-à-dire en représentant par exemple un kilogramme par un centimètre; une ligne OF indique la direction, un point O le point d'application et une flèche F le sens dans lequel agit la force.

Une force de 4 kilogrammes sera représentée par OF.

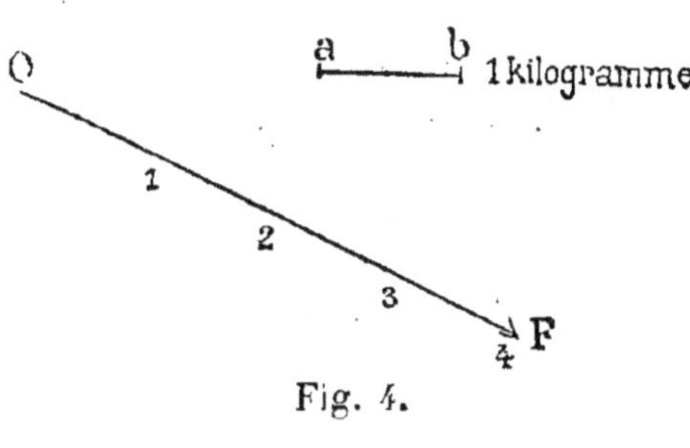

Fig. 4.

Descartes est le premier qui ait pensé à se servir du dessin pour figurer les forces. Nous aurons fréquemment l'occasion d'employer cette méthode de représentation graphique.

12. Principes fondamentaux.

1° *Deux forces égales et de sens contraires se font mutuellement équilibre.* Cette vérité est absolument évidente.

2° *Un corps en équilibre peut être considéré comme étant au repos.* En effet, deux forces égales et de sens contraires appliquées sur une même ligne droite se neutralisent.

3° *Un corps étant en équilibre ou au repos, on peut lui appliquer des forces qui sont elles-mêmes en équilibre sans altérer son état.* Considérons deux forces égales et opposées, comme par exemple deux hommes de même vigueur, qui tirent chacun de leur côté sur un objet, leurs efforts n'auront aucun effet et nous sommes assurés que la situation sera la même que si ces deux personnes n'avaient pas été employées.

4° *Une force peut être appliquée en un point quelconque de sa ligne d'action, pourvu que ce point soit lié au point d'application d'une façon invariable.*

C'est-à-dire que la longueur des traits qui servent à relier un cheval à la voiture qu'il traîne peut être plus ou moins grande, qu'on peut, pour opérer une traction, se placer en un point quelconque d'un câble et qu'il suffit que traits et câble soient solidement fixés au point d'application.

COMPOSITION DES FORCES

13. Résultante, composantes.

Plusieurs forces qui agissent sur un même point peuvent être remplacées par une force unique qui produit le même effet.

Cette force prend le nom de *résultante*. Celles dont elle tient lieu s'appellent *composantes*.

Ainsi un cheval de petite taille et un âne attelés tous deux à une charrette constituent deux forces qui peuvent être remplacées par un seul cheval vigoureux.

Quand on détermine la résultante de plusieurs forces, on dit qu'on les *compose*.

Nous aurons à séparer les cas suivants :

1° *Composition de forces de même direction.*

2° *Composition de forces concourantes.*

3° *Composition de forces parallèles.*

14. Forces de même direction.

La résultante d'autant de forces qu'on voudra, dirigées dans deux sens opposés, est égale à l'excès de la somme de celles qui agissent dans un sens sur la somme de celles qui agissent en sens contraire. Cette résultante agit elle-même dans le sens de la plus grande somme.

Considérons une droite XX′ qui représente la direction des forces dont nous cherchons la résultante. Sur cette droite prenons un point O, et portons sur la droite, à l'échelle du dessin, toutes les forces qui agissent suivant

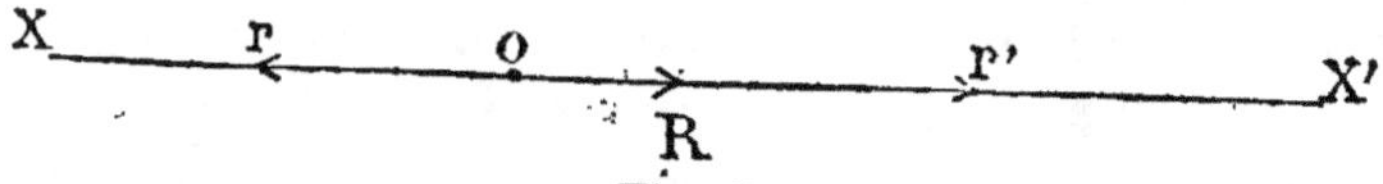

Fig. 5.

OX′ ; à gauche du point O, portons également les forces qui agissent suivant OX. Il en résultera deux forces Or′ et Or

1.

généralement inégales. Si Or' est plus grande que Or, la différence OR sera la résultante et sa direction sera OX'.

Admettons qu'un traîneau muni d'une corde à chacune de ses extrémités soit sollicité d'un côté par trois jeunes gens dont les efforts sont 15, 17 et 21 kilogrammes. L'autre côté est attiré par deux hommes dont la puissance est de 32 et de 43 kilogrammes. Nous aurons pour les jeunes gens :

$$15 + 17 + 21 = 53 \text{ kilogrammes}$$

et pour les hommes :

$$32 + 43 = 75 \text{ kilogrammes.}$$

La résultante se dirigera dans le sens de la plus grande somme et son intensité sera

$$75 - 53 = 22 \text{ kilogrammes.}$$

15. Forces concourantes.

On nomme *forces concourantes* celles dont les directions se coupent :

Nous considérerons l'intersection comme le point d'application des forces.

Composition de deux forces concourantes.

La résultante de deux forces concourantes est représentée en grandeur et en direction par la diagonale du parallélogramme construit sur ces deux forces.

Soient les deux forces concourantes, $OF = 7$ kilogrammes et $OF' = 4$ kilogrammes dont les directions font entre elles un angle FOF' de 55 degrés. Traçons à l'échelle de 10 millimètres par kilogramme la figure FOF'. Nous aurons les intensités des deux forces représentées : en OF par 70 millimètres, et en OF' par 40 millimètres. Par les points F et F', menons FR et F'R parallèles aux deux forces, puis joignons OR. Cette ligne représentera la résultante en direction et en grandeur. Pour évaluer cette dernière, il suffira de mesurer avec l'échelle du dessin la diagonale OR. Si nous trouvons 85 millimètres, nous en concluerons que la résultante a une intensité de 8 kilogrammes 500 grammes.

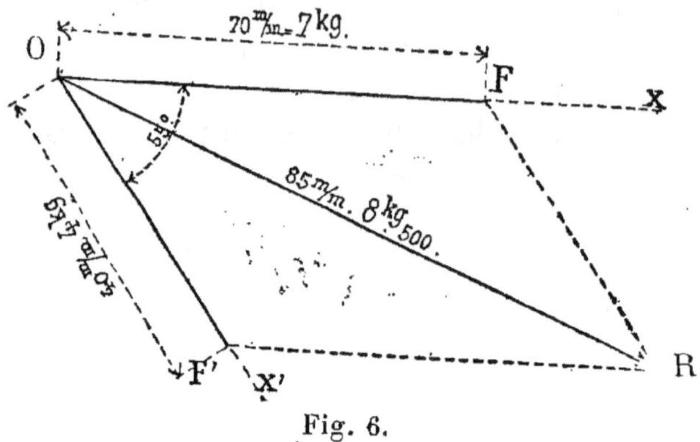

Fig. 6.

L'examen de la figure précédente nous permet de voir aussitôt que si les deux composantes sont égales, nous aurons un losange et la résultante sera la bissectrice de l'angle des deux forces.

Si nous augmentons l'angle des forces OF et OF', la résultante devient de plus en plus petite; ce qui prouve que si plusieurs hommes, tirant sur des cordes séparées, mais fixées en un même point, veulent produire le plus grand effet possible, c'est-à-dire la plus grande résultante, ils doivent se rapprocher. Le mieux évidemment est de les mettre en ligne, tirant tous sur le même filin, comme cela se pratique dans la marine pour le halage des navires.

16. *Étant données la résultante de deux forces concourantes et l'une des concourantes, ainsi que leur angle, trouver l'autre force composante ?*

Nous avons (fig. 6) la composante OF, l'angle qu'elle fait avec la résultante OR et la grandeur de cette dernière. Il suffit de faire le tracé de l'angle FOR et de porter sur les côtés OF et OR de cet angle à l'échelle du dessin les intensités des 2 forces, puis de mener par le point O une parallèle à FR, préalablement unis par une droite, et enfin par le point R une parallèle RF' à FO. La grandeur OF' donnera à l'échelle l'intensité de la deuxième composante.

17. Décomposer une force en deux autres concourantes, dont les directions sont données.

On nous donne la force OR en direction et en intensité, nous devons la décomposer en deux forces dirigées suivant OX et OX'. Menons par le point R, après construction à l'échelle du dessin, deux parallèles à OX et à OX'. Ces lignes couperont les directions données en F' et en F, déterminant les grandeurs OF' et OF des composantes qu'il suffira de mesurer à l'échelle pour avoir les intensités de ces deux forces.

18. Composition de trois forces concourantes.

Soient à composer trois forces OF, OF', OF″ données en direction, en intensité et aussi par les angles qu'elles font entre elles.

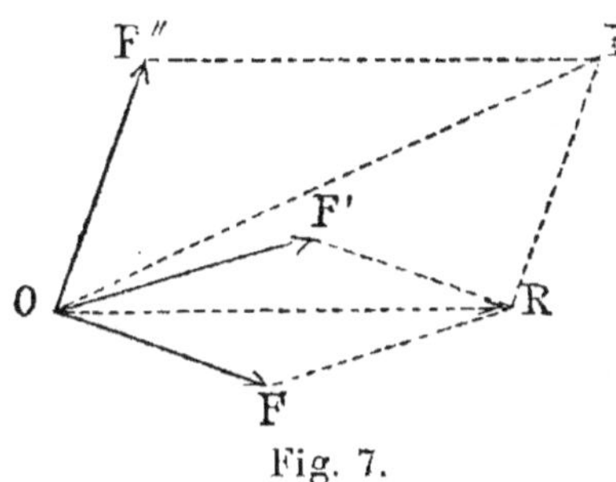

Fig. 7.

Nous composerons avec la règle et l'équerre les deux forces F et F' qui auront pour résultante OR. Ensuite nous chercherons la résultante de la force OF″ et de la première résultante OR, ce qui procurera la résultante finale OR', qu'il suffit de mesurer à l'échelle pour connaître son intensité en kilogrammes.

Si nous avions un plus grand nombre de forces concourantes à composer, il faudrait les combiner de proche en proche comme nous venons de le faire ci-dessus, la diagonale du dernier parallélogramme serait la résultante de toutes les forces données.

Trois forces concourantes non situées dans un même plan ou parallélipipède des forces.

19. Considérons une caisse munie de trois cordes fixées à un crochet. Supposons deux des cordes tirées par deux hommes placés sur le plancher de la salle et la troisième actionnée par un personnage situé à l'étage supérieur. Nous aurons trois forces qui partent bien du même point, mais qui ne sont plus situées dans un même plan.

Or nous savons composer deux forces concourantes, composons donc OF et OF' qui sont parallèles au plancher de la salle, leur résultante sera la diagonale OR du parallélogramme OFRF'. Cette résultante OR passe au point O, et aussi la force OF″,

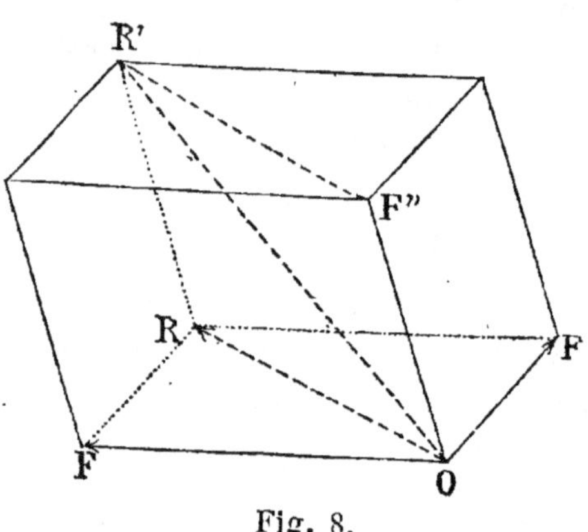

Fig. 8.

avec laquelle nous pouvons dès lors la composer comme précédemment, ce qui nous donnera la résultante OR' des trois forces OF, OF' et OF″.

Il est à remarquer que OR' est la diagonale du parallélipipède dont les trois arêtes sont représentées par les trois forces données.

20. Forces parallèles.

Composition de deux forces parallèles et de même sens.

Deux forces parallèles et de même sens ont une résultante qui agit dans le même sens. Elle est égale à leur somme et sa direction détermine sur une sécante des segments inversement proportionnels aux composantes.

Adoptons 10 millimètres comme échelle du dessin pour représenter un kilogramme et 20 millimètres pour représenter un décimètre sur la sécante AB.

Admettons que l'angle de la sécante et des forces soit de 60° et que la sécante ait 30 centimètres de longueur. La force AF étant de 4 kilogrammes aura 40 millimètres et la force BF′ étant de 2 kilogrammes aura 20 millimètres. Mais AB devant être partagé au point O en segments inversement proportionnels aux deux forces, il en résulte que

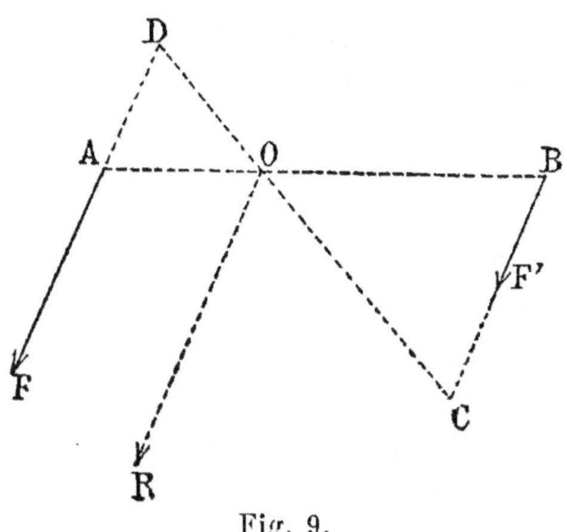

Fig. 9.

le point O sera au tiers de AB à partir de A. On aura aussi

$$\text{AF} + \text{BF}' = \text{OR}$$

et dans le cas présent

$$2^{\text{kg}} + 4^{\text{kg}} = 6^{\text{kg}}.$$

Un simple calcul arithmétique permet de trouver le point O. On fait la somme des deux forces F et F′, on partage AB en autant de parties qu'il y a d'unités dans cette somme et l'on prend à partir de A autant de parties qu'il y a d'unités dans F′.

Un tracé graphique détermine aussi facilement le point O. Il suffit de porter sur BF′ prolongée une longueur BC = AF et sur FA prolongée une longueur AD = BF′. En joignant les deux points C et D, on obtient le point O par lequel il reste à mener aux deux forces, une parallèle de même sens OR égale à leur somme. On a donc $\dfrac{\text{OB}}{\text{AO}} = \dfrac{\text{F}}{\text{F}'}$.

Ce dernier procédé est de tous points plus simple.

Les forces parallèles et de même sens sont fort employées dans la pratique. Les animaux attelés de front par paires, leurs doubles traits d'attelage et l'action des deux roues à palettes d'un bateau à vapeur en sont autant d'exemples. Si les animaux sont de même force, on les relie à une pièce de bois nommée palonnier munie en son milieu d'un crochet de fixation. Si, au contraire, les deux animaux sont de forces différentes, le crochet devrait se trouver plus près de la bête la plus forte, partageant le palonnier en deux parties inversement proportionnelles aux forces des deux animaux. Faute de ce soin, le plus faible serait acculé contre la voiture par suite de la traction de l'autre.

21. Composition de deux forces parallèles et de sens contraires.

La résultante de deux forces parallèles de sens contraires, leur est parallèle, agit dans le sens de la plus grande, est égale à leur différence et sa direction détermine sur une sécante des segments inversement proportionnels aux composantes.

Nous aurons comme dans le cas précédent

$$\frac{OB}{OA} = \frac{F}{F'}.$$

Une construction graphique entièrement semblable à celle que nous venons de faire tout à l'heure nous permet de déterminer le point O (fig 10). Portons sur F'B prolongée une longueur BC = AF et sur AF une longueur AD = BF'.

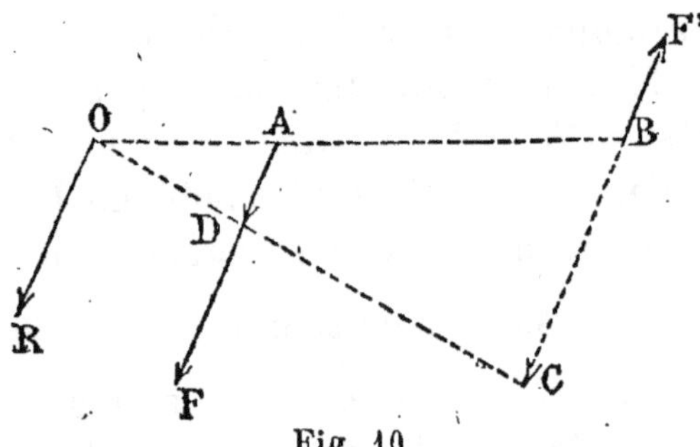

Fig. 10.

Unissons les deux points C et D, nous obtenons par l'intersection avec AB prolongée le point O par lequel il reste à mener aux deux forces, une parallèle OR de même sens que la plus grande force et égale à la différence F — F'.

La connaissance du point O est d'une très grande utilité pour empêcher les coïncements dans les machines, en plaçant convenablement les pièces qui servent à produire les efforts de traction.

22. Décomposition d'une force en deux autres parallèles appliquées en des points donnés.

Il se présente deux cas.

1° *Le point* O *est situé entre* A *et* B.

La construction graphique représentée par la figure 9 permet de déterminer les forces F et F'.

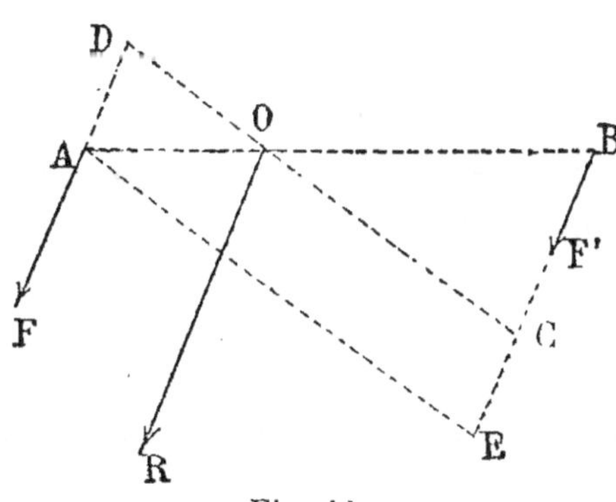

Fig. 11.

En effet, si nous tenons compte de ce fait que la résultante est égale à la somme des deux forces cherchées, nous n'avons qu'à mener au point B, fig. 11, une ligne BE, égale et parallèle à la résultante donnée OR. Joignons AE, cette ligne sera parallèle à DOC qui partage AB en deux segments inversement proportionnels aux forces F et F'. Par conséquent, si par le point donné O nous menons une parallèle à AE et par le point A une parallèle à la résultante, nous obtiendrons les points d'intersection D et C. La longueur AD représente l'intensité de la force F' qu'il suffit dès lors de porter en BF'. La ligne BC mesure la force AF qu'il suffit de porter à partir du point A également dans le sens de la résultante. Les composantes seront AF et BF'.

2° *Le point* O *n'est pas situé entre les points* A *et* B.

Dans ce cas la résultante OR est égale à la différence des

deux forces inconnues. Nous avons les distances OA et OB ainsi que la direction et la grandeur de OR. Menons fig. 12, par le point B et par le point A deux parallèles à OR. Sur BC prenons une longueur BE = OR dans le sens de la résultante. Joignons AE et par le point O menons une parallèle à AE. Les grandeurs AD et BC mesurent les deux forces cherchées.

Il nous reste à porter sur CB au delà du point B en sens contraire de la résultante une longueur BF' = AD et sur AF une longueur AF = BC dans le sens de OR.

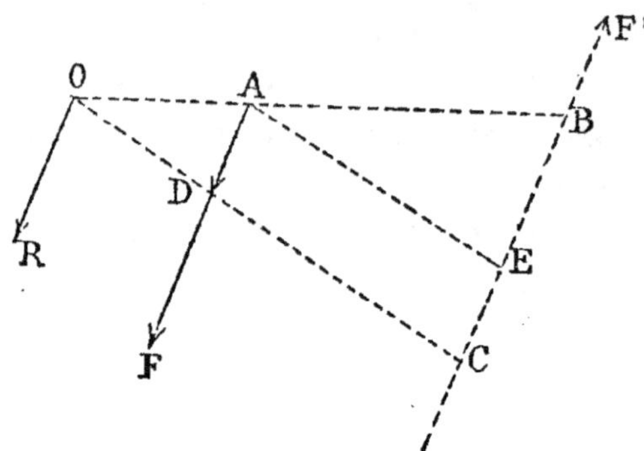

Fig. 12.

23. Couple.

Deux forces égales, parallèles et de sens contraires n'ont pas de résultante.

La construction graphique indiquée fig. 10, nous montre que dans ce cas le point O ne peut être obtenu, puisque les lignes qui doivent le déterminer par leur intersection sont parallèles. Le système représenté par la fig. 13 se nomme *couple*. Le couple appliqué sur un corps tend à le faire tourner sur lui-même.

Si nous supposons une roulette montée sur un petit essieu, nous pouvons la frapper légèrement suivant sa circonférence avec les paumes des deux mains, en montant avec la main droite et en descendant avec la main gauche,

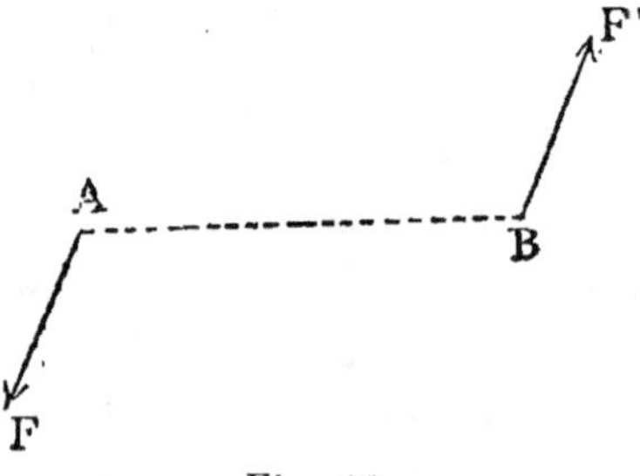

Fig. 13.

ce qui lui imprime un mouvement de rotation. Les mains fonctionnent comme un couple. Les jongleurs produisent ce même effet au moyen de deux bâtons à l'aide desquels ils frappent à petits coups et en sens contraires les deux bords opposés d'un anneau léger ou d'un disque mince, qui se maintient en l'air en rotation. Les treuils des puisatiers munis de deux manivelles opposées tournent sous l'influence d'un couple quand deux hommes actionnent chacune des manivelles. Les couples se retrouvent dans un très grand nombre de machines. Un bateau muni d'une hélice marche en avant suivant une ligne droite, s'il est muni de deux hélices tournant en sens contraires, l'une tend à faire avancer le bateau, l'autre tend à le faire reculer, de là un couple qui le fait tourner sur lui-même à peu près autour du gouvernail.

CENTRE DE GRAVITÉ

24. Les corps placés sur la terre subissent de la part de cette dernière une attraction qui affecte toutes leurs parties, mêmes les plus ténues. Un morceau de grès tombe quand on l'abandonne à lui-même, ses grains tombent tous si on le réduit en poudre fine à l'aide d'un marteau. Nous dirons donc que l'attraction terrestre s'exerce sur toutes les molécules des corps. Or tous les objets tombent verticalement, par conséquent les forces qui sollicitent les grains de grès cités tout à l'heure, sont parallèles. La somme de toutes ces attractions est le *poids du corps.*

Les balances servent à déterminer ce dernier, qui est en même temps la résultante de toutes les actions de la pesanteur.

Si vous retournez le morceau de grès en question en le changeant de position, la résultante et son point d'application dans le corps ne varient pas.

Ce point par lequel passe toujours la résultante des actions de la pesanteur ou la direction du poids est le centre de gravité.

La pesanteur qui agit sur un corps est une force unique égale à son poids, appliquée à son centre de gravité et dirigée suivant la verticale.

Un corps suspendu par son centre de gravité est en équilibre dans toutes les positions.

Une sphère *homogène*, c'est-à-dire dont toutes les parties pèsent *même poids à volume égal*, sera en équilibre dans toutes les positions si on la suspend par son centre de gravité.

1° *Le centre de gravité d'une droite homogène est en son milieu*. Ainsi un fil de fer fin a son centre de gravité au milieu de sa longueur.

2° *Une surface ou un corps qui possède un centre de figure a son centre de gravité en ce point.*

Par exemple une règle plate a son centre de gravité à l'intersection des diagonales. Pour un cercle ou un polygone régulier, il est au centre géométrique. Le centre de gravité des contours de ces mêmes corps occupe également le centre de figure.

3° *Un corps qui possède un plan de symétrie a son centre de gravité dans ce plan.*

Un parallélipipède peut être partagé en deux parties parfaitement symétriques, à trois reprises, par trois plans qui passent par le milieu de ses faces opposées. Ces trois plans de symétrie en se coupant déterminent un point, comme nous pouvons aisément le constater aux quatre coins d'une chambre près du plancher. Par ce point passent également les quatre diagonales du solide, c'est en même temps le centre de gravité.

Un cylindre droit est coupé au milieu de sa hauteur par un plan de symétrie, cette coupe est un cercle dont le centre est le centre de gravité du cylindre.

4° Un corps qui possède un axe de symétrie a son centre de gravité sur cet axe.

C'est ainsi qu'un rectangle possède deux axes de symétrie qui divisent ses côtés opposés en deux parties égales, ils sont perpendiculaires entre eux et leur intersection donne le centre de gravité du rectangle, puisque ce point est à la fois sur les deux axes de symétrie.

Les pièces faites sur le tour ont toutes un axe de symétrie, représenté par la ligne des centres de rotation. Leurs formes peuvent être quelconques d'ailleurs et dans tous les cas le centre de gravité se trouve sur cet axe.

Détermination du centre de gravité.

25. Recherche expérimentale.

Tout corps suspendu à un fil se met en équilibre au bout de quelque temps. Le centre de gravité se trouve sur la direction du fil, prolongée dans l'intérieur de ce corps. Si nous suspendons cet objet par un point différent, nous aurons une seconde droite sur laquelle se trouvera également le point cherché.

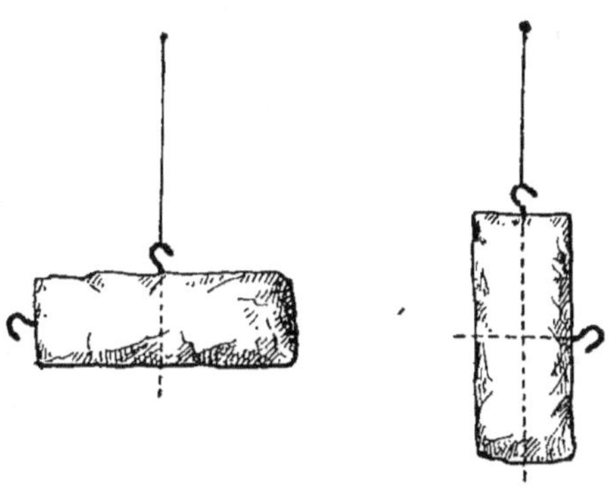

Fig. 14.

ché. L'intersection de ces deux lignes nous procurera le centre de gravité.

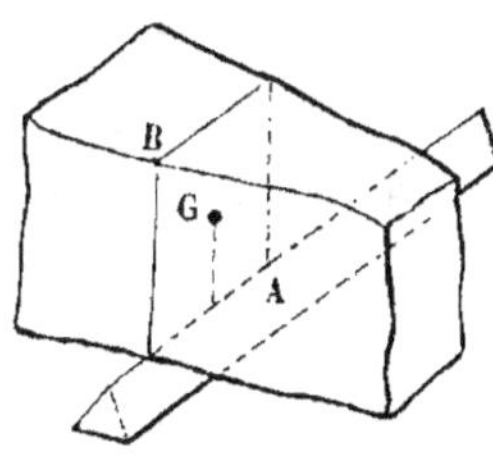

Fig. 15.

Un corps posé en équilibre sur l'arête d'un couteau a son centre de gravité dans le plan vertical qui passe par cette arête. En répétant cette opération deux fois encore, on sait que le centre de gravité se trouve au point d'intersection des trois plans. Le centre de gravité d'un marteau doit être au milieu de l'œil, on s'en assure à l'aide de cette expérience.

26. Centre de gravité de la surface d'un triangle.

Supposons que le triangle ABC (fig. 16) soit une mince feuille de fer-blanc d'une épaisseur régulière. Menons la médiane AM, cette ligne partage en deux parties égales toute bande étroite DE, découpée parallèlement à BC. Mais le centre de gravité de cette bande est précisément en son milieu F. Donc la médiane contient tous les centres de gravité de toutes les bandes étroites parallèles à BC dont est formé le triangle ; par suite elle contient le centre de gravité du triangle. En raisonnant de même pour la médiane BM', nous voyons que le centre de gravité de la figure est également sur cette ligne. Il est donc à l'intersection G des médianes.

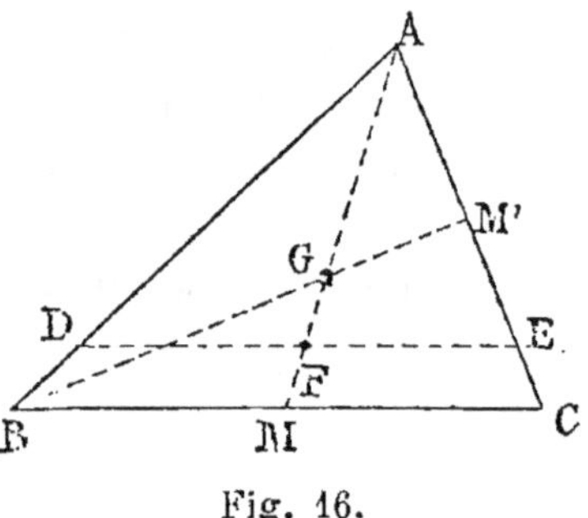

Fig. 16.

La géométrie démontre que ces lignes se coupent au tiers de leur longueur à partir des bases, nous pouvons donc dire :

Le centre de gravité de la surface d'un triangle se trouve sur une médiane et au tiers de cette ligne à partir de la base.

27. Centre de gravité du contour d'un triangle.

Considérons un triangle ABC (fig. 17), formé de trois tringles métalliques bien calibrées c'est-à-dire de même diamètre. Leurs poids seront proportionnels à leurs longueurs. Le centre de gravité de chacune d'elles sera en son milieu, c'est-à-dire aux points D, E, F. Le centre de gravité de l'ensemble ou celui du contour du triangle, sera le point d'application de la résultante des trois forces parallèles

appliquées aux points D, E, F. Si nous composons f avec f'',
la résultante sera appliquée au point H situé sur la bissectrice de l'angle DFE. On verrait de même que le centre de gravité est sur la bissectrice de l'angle DEF et par conséquent à la rencontre G de ces deux lignes.

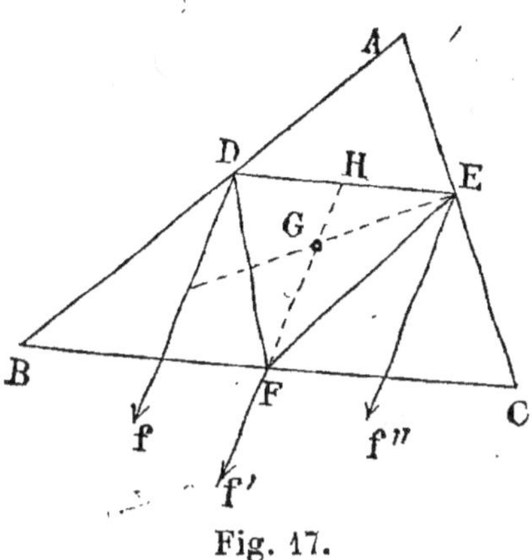

Fig. 17.

Donc le centre de gravité du contour d'un triangle coïncide avec le point d'intersection des bissectrices des angles du triangle qui a pour sommets les milieux des côtés du premier.

28. **Centre de gravité du trapèze.**

Un trapèze ABCD a son centre de gravité situé sur la ligne EF (fig. 18) qui joint les milieux des deux bases, car toute bande parallèle à ces lignes est partagée en deux parties égales par EF, c'est-à-dire que son centre de gravité se trouve sur EF. Le centre de gravité de l'ensemble, ou du trapèze s'y trouve également.

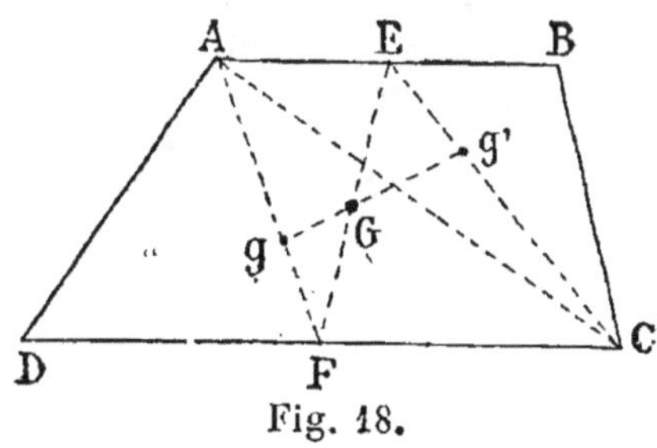

Fig. 18.

Menons AC qui divise le trapèze ABCD en deux triangles ADC et ACB. Menons aussi les médianes AF et CE de ces triangles et prenons à partir des bases le tiers de chacune de ces lignes.

Nous aurons en g et g' les centres de gravité des triangles ADC et ACB. Le centre de gravité du trapèze sera sur la ligne gg' qui les unit. Il est déjà sur EF, donc il est à l'intersection G.

29. Construction graphique du centre de gravité du trapèze.

Considérons un trapèze ABCD (fig. 19) : on unit par la ligne EF les milieux des deux bases, on prolonge AB d'une longueur BK égale à la base DC ; on prolonge CD en

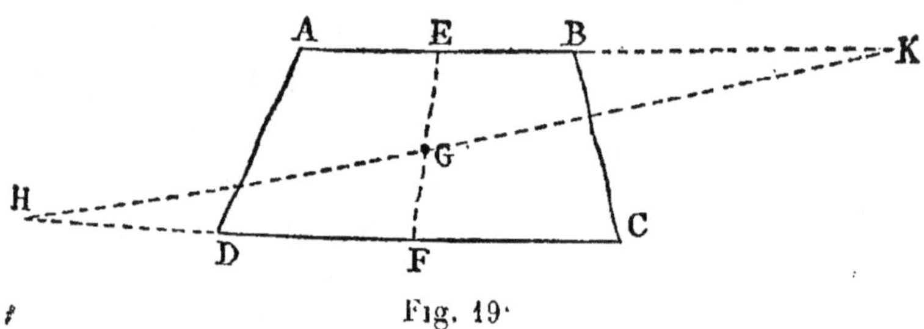

Fig. 19.

sens contraire d'une longueur DH égale à AB et on joint HK. Le point d'intersection de cette droite et de la médiane EF est le centre de gravité du trapèze.

30. Centre de gravité d'un quadrilatère quelconque.

Soit un quadrilatère ABCD (fig. 20), que nous divisons en deux triangles par la diagonale AC. Prenons le milieu M de cette ligne et menons les médianes MB et MD. Les centres de gravité des triangles ACD, ACB seront g_1 et g_2. Unissons-les par la droite g_1g_2 sur laquelle sera le centre de gravité du quadrilatère.

Menons ensuite la diagonale DB et les médianes M'A et M'C sur

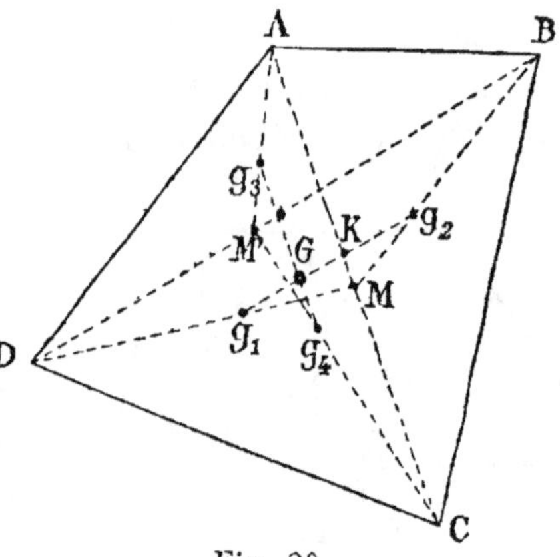

Fig. 20.

lesquelles nous prenons aux tiers de leurs longueurs les points g_3 et g_4. Nous aurons là les centres de gravité des triangles DAB et DBC. Unissons ces deux points par la droite g_3g_4 sur laquelle se trouve aussi le centre de gravité du quadrilatère. Le point d'intersection G des lignes g_1g_2 et g_3g_4 sera le résultat cherché.

Il est à remarquer que $g_2\text{K} = \text{G}g_1$: on en tire la règle suivante :

La diagonale AC étant menée, on joint son milieu M aux points D et B. On prend le tiers des droites MB, MD : on joint les points g_1 et g_2 par une droite qui coupe la diagonale AC au point K. On porte Kg_2 à partir de g_1 sur la ligne g_1g_2, ce qui détermine le point G, centre de gravité du quadrilatère.

31. Centre de gravité d'un prisme triangulaire.

Soit le prisme ABCDEF (fig. 21). Les points g et g' situés aux tiers des médianes des bases sont les centres de gravité de ces deux triangles. Joignons gg', le centre de gravité du prisme est situé sur cette droite, car une section quelconque parallèle aux bases a son centre de gravité sur cette ligne, attendu qu'on peut considérer le solide comme composé de triangles égaux en fer-blanc superposés. D'autre part, si nous menons par le milieu de gg' un plan parallèle aux bases, il y aura autant de matière de chaque côté de ce plan diamétral. Le point G d'intersection du plan

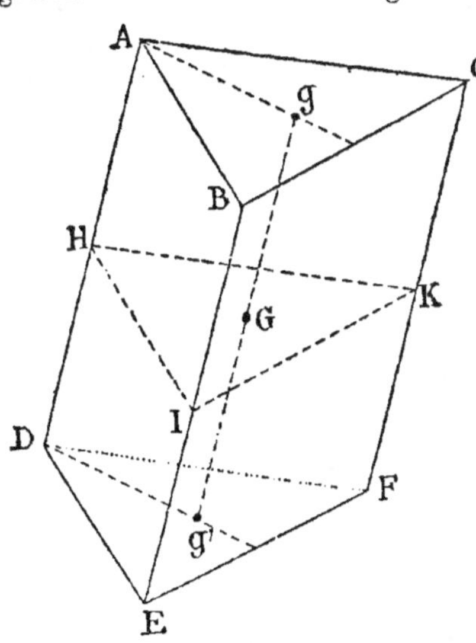

Fig. 21.

HIK et de la droite gg' sera le centre de gravité du prisme.

Par conséquent, *le centre de gravité d'un prisme triangulaire est situé au milieu de la droite qui unit les centres de gravité des bases.*

32. Centre de gravité d'un prisme quelconque.

Un prisme quelconque a pour bases deux polygones égaux, il peut donc se diviser en prismes triangulaires.

On cherchera le centre de gravité du polygone de base en composant les forces appliquées aux centres de gravité des triangles.

On unira les centres de gravité des deux polygones de base et le centre de gravité sera au milieu de cette ligne. *Le centre de gravité d'un prisme quelconque est situé au milieu de la ligne qui joint les centres de gravité des bases.*

33. Centre de gravité d'une pyramide triangulaire.

Soit SABC (fig. 22), la pyramide donnée, menons la ligne Sg qui unit le sommet au centre de gravité de la base ABC, le centre de gravité de la pyramide sera sur cette droite, car le solide peut être considéré comme composé de triangles en fer-blanc qui vont en diminuant jusqu'au sommet. Me-

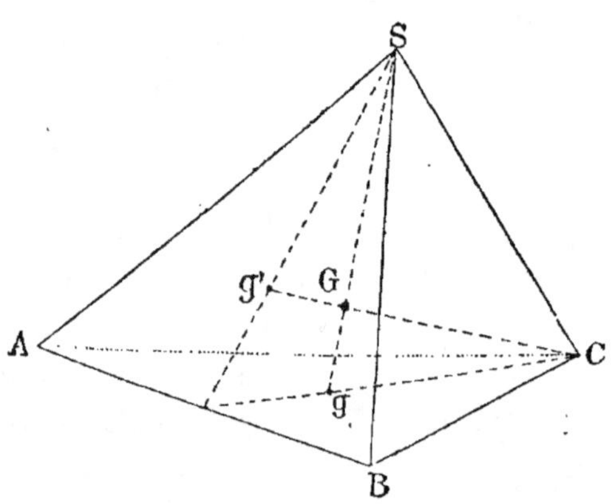

Fig. 22.

nons également la ligne Cg' qui réunit le point C considéré comme sommet, au point g', centre de gravité de la nouvelle base ASB. Pour les motifs que nous avons indiqués plus haut, le centre de gravité de la pyramide est situé sur Cg', mais il est déjà sur Sg, donc il est à leur intersection G.

Ce point est d'ailleurs au quart des longueurs des lignes Sg et Cg' à partir des bases.

Par suite : *le centre de gravité d'une pyramide triangulaire est sur la droite qui unit l'un des sommets au centre de gravité de la face opposée et au quart à partir de cette face.*

34. Centre de gravité d'une pyramide quelconque.

En procédant pour la pyramide comme nous l'avons fait pour le prisme nous dirons que : *le centre de gravité d'une pyramide quelconque est sur la droite qui unit le sommet au centre de gravité de la face opposée et au quart à partir de cette face.*

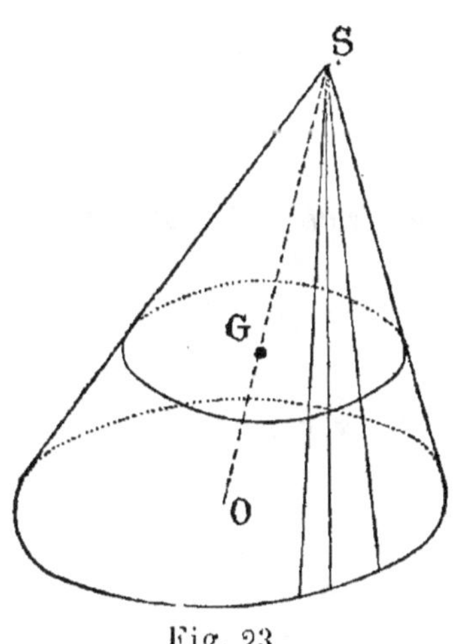

Fig. 23.

35. Centre de gravité d'un cône.

Un cône peut être facilement considéré comme une pyramide ayant une multitude de faces, par conséquent : *Le centre de gravité d'un cône est sur la droite qui unit le sommet au centre de gravité de la base et au quart à partir de cette base.*

36. Centre de gravité de la surface convexe d'un cône.

La surface latérale d'un cône peut être considérée comme composée d'une multitude de triangles ayant tous leurs sommets au sommet du cône et pour bases de très petites portions de la courbe de base du cône. Les centres de gravité de ces triangles sont tous dans un plan parallèle à la base. Ce plan coupe au tiers de sa longueur, à partir de la base, la ligne qui joint le sommet au centre de cette base. Cette intersection donne le centre de gravité cherché.

Ce qui s'énonce : *le centre de gravité de la surface convexe d'un cône est situé sur la droite qui unit le sommet au centre de la base et au tiers à partir de cette base.*

Le centre de gravité de la surface latérale de la pyramide satisfait à cette règle.

37. Centre de gravité d'un arc de cercle.

Appelons R le rayon du cercle, C la corde AB et L la longueur de l'arc AMB. Soit G le centre de gravité.

On aura :

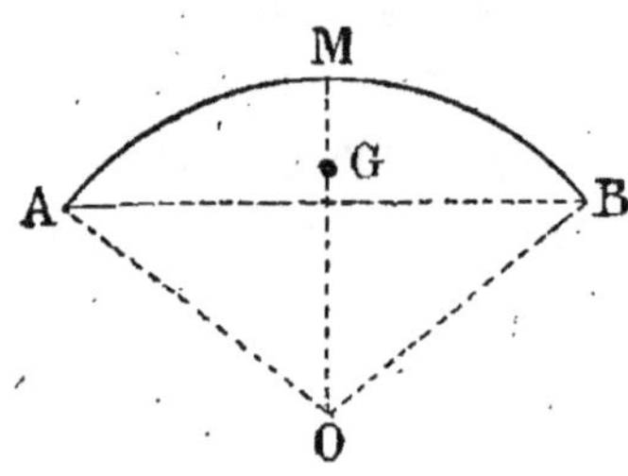

Fig. 24.

$$OG = \frac{R \times C}{L}$$

qui s'énonce :

Le centre de gravité d'un arc de cercle est sur le rayon perpendiculaire à la corde, à une distance du centre égale au produit du rayon par la corde, divisé par la longueur de l'arc.

38. Centre de gravité d'un secteur circulaire.

Soit le secteur AOB (fig. 25). Appelons R le rayon du cercle, C la corde AB et L la longueur de l'arc. Soit aussi G le centre de gravité du secteur.

Nous aurons :

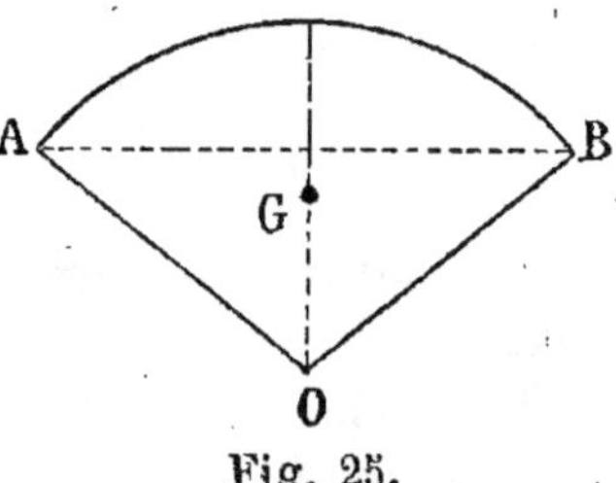

Fig. 25.

$$OG = \frac{\frac{2}{3} R \times C}{L}$$

qui s'énonce :

Le centre de gravité d'un secteur circulaire est situé sur le rayon perpendiculaire à la corde du secteur, à une distance du centre égale aux deux tiers du rayon multipliés par la corde et divisés par la longueur de l'arc.

ÉQUILIBRE DES CORPS SOLIDES

39. Si nous considérons un corps entièrement libre, il subit l'effet de la résultante de la pesanteur, c'est-à-dire de son poids et il tombe.

Pour empêcher sa chute, il faut le soutenir par son centre de gravité ou le placer sur un obstacle comme une table, un plancher ou un support quelconque.

Corps mobile autour d'un axe fixe.

Un corps mobile autour d'un axe MN (fig. 26) doit satisfaire à la condition suivante :

Pour qu'il y ait équilibre, il faut que la verticale du centre de gravité rencontre l'axe ou le point fixe.

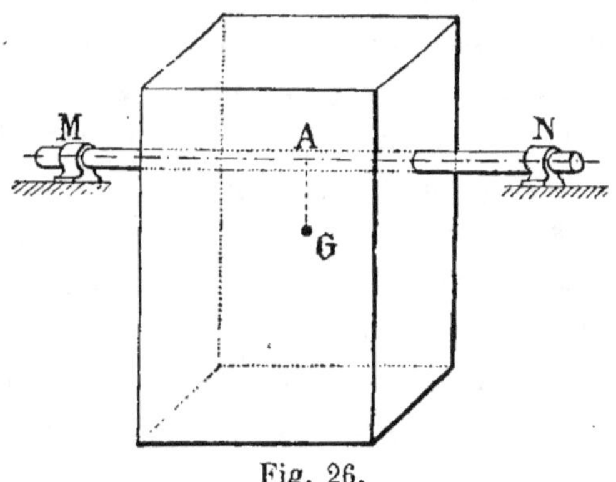

Fig. 26.

Dans ce cas le poids du corps l'appuie sur l'obstacle qui s'oppose à sa chute.

Il y a trois genres d'équilibre.

Un corps peut être en équilibre, *stable*, *instable* ou *indifférent*.

40. Équilibre stable.

L'équilibre stable existe pour un corps quand il revient de lui-même à sa position d'équilibre après en avoir été dérangé. C'est ainsi qu'une lampe suspendue, un fil à plomb, ou un ballon lesté convenablement reviennent après quelques oscillations à la position verticale, après en avoir été écartés.

L'équilibre est stable quand le centre de gravité est situé AU-DESSOUS *du point fixe.*

41. Équilibre instable.

Cet état est caractérisé par ce fait qu'un objet en équilibre instable s'éloigne de plus en plus de sa première position dès qu'il en est écarté.

Un objet dont la base est très petite, un individu debout sur un pied ou monté sur un vélocipède, une queue de billard tenue debout sur le doigt en sont autant d'exemples. Dans l'industrie, il faut éviter ce genre d'équilibre.

L'équilibre est instable quand le centre de gravité est AU-DESSUS *du point fixe.*

42. Équilibre indifférent.

Cette situation est acquise aux objets qui restent dans la position où la main les place quelle que soit cette position·

Une meule montée sur un axe, une pièce tournée, une poulie, une sphère, une règle suspendue par le point d'intersection de ses diagonales sont dans cet état.

L'équilibre est indifférent quand le centre de gravité et le point fixe SE CONFONDENT.

C'est afin d'augmenter la stabilité des machines qu'on leur donne une large base. Les tables à quatre pieds sont plus stables que les tables à un pied. Un homme est moins stable les pieds réunis que les jambes écartées. Les constructions en maçonnerie sont établies sur des fondations plus larges qu'elles-mêmes.

43. Équilibre d'un corps placé sur un plan.

Admettons que le plan d'appui soit horizontal.

Un corps posé sur un plan horizontal est en équilibre sous l'action de son poids quand la verticale du centre de gravité passe par le point d'appui ou quand elle est située dans le polygone formé par les divers points d'appui.

2.

Un objet penché de façon que son centre de gravité soit sur une verticale qui sort de la base, manque évidemment de stabilité, puisqu'il n'y a pas de force directement opposée à la pesanteur.

On distingue encore ici trois genres d'équilibre.

1° L'équilibre *stable* qui existe quand un corps dérangé de sa position d'équilibre y revient de lui-même, ce qui a lieu si le centre de gravité s'élève par le déplacement. Un tronc de cône posé sur la grande base; la plupart des machines outils sont dans ce cas.

2° L'équilibre est *instable* si le centre de gravité se trouve abaissé par suite du mouvement imprimé au corps. Un tronc de cône posé sur sa petite base tombe quand on l'incline d'une notable quantité.

3° L'équilibre est *indifférent* quand le mouvement donné à l'objet ne produit pas un déplacement du centre de gravité. C'est ainsi qu'une boule, un tronc de cône posé sur les génératrices, une tige ronde, un œuf ou un cylindre creux restent immobiles dans toutes les positions où on les met.

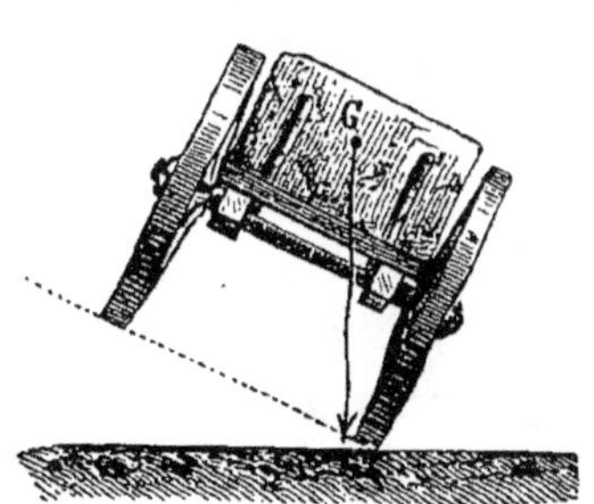

Fig. 27.

Plus la base d'un objet est large, plus son centre de gravité est bas et plus le corps est stable.

C'est pour cela que les bâtiments ont de larges fondations, que les pieds des machines sont écartés et que les navires se chargent dans le fond, près de la quille, au moyen des colis les plus pesants. Une poupée ronde par la base et chargée de plomb vers le point le plus bas, revient toujours à sa position verticale, parce que le centre de gravité est très bas.

Une voiture chargée à une grande hauteur au-dessus de l'essieu peut perdre sa stabilité sur une route en pente, car le centre de gravité est élevé et la verticale qui passe par ce point peut sortir de l'intervalle qui sépare les roues.

Un homme debout fait sans s'en douter des manœuvres pour maintenir son centre de gravité dans le polygone de ses pieds, l'enfant moins habile n'y réussit pas toujours et tombe fréquemment.

Les équilibristes qui marchent sur la corde roide ou sur un fil de fer

Fig. 28.

nous font assister à l'habileté avec laquelle ils maintiennent leur centre de gravité sur une verticale qui passe par la corde ou le fil de fer.

Les vieux murs, les hautes cheminées d'usine, les monuments inclinés, tels que la célèbre tour de Pise, sont stables tant que leur centre de gravité tombe dans la base qui les supporte.

La difficulté grandit pour le maintien de l'équilibre quand le plan sur lequel est posé le corps n'est pas horizontal, car la pesanteur tend alors à déterminer un glissement.

44. Moment d'une force par rapport à un point.

Si nous considérons une manivelle OA (fig. 29) actionnée par une force de direction AF et d'intensité F, nous comprenons de suite que la force F aura pour effet de déterminer la rotation de l'arbre O sur lequel est fixée la manivelle OA. *Le point O est celui autour duquel se produit ou tend à se produire la rotation.* Le milieu du fléau d'une balance est le point autour duquel le mouvement se fait ou tend à se faire sous l'influence d'un excès de charge mise dans l'un des plateaux.

Du point O, autour duquel le mouvement peut se faire,

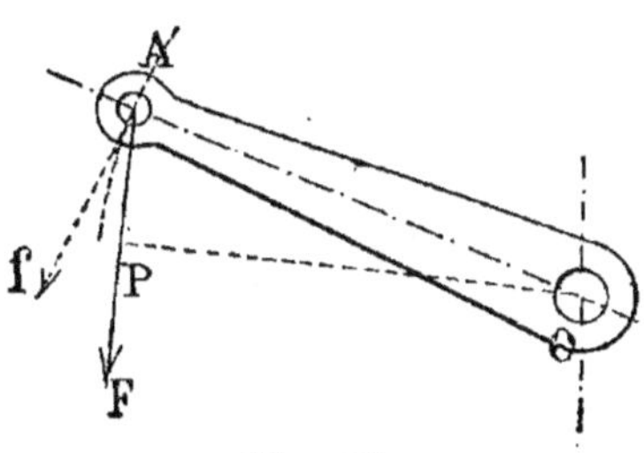

abaissons une perpendiculaire OP sur la direction de la force F. La ligne OP, qui mesure la distance du point O à la force F se nomme *le bras de levier de cette force.*

Le produit de l'intensité de la force F, par la longueur de son bras de levier est le *moment* de la force F par rapport au point O.

Fig. 29.

Le mot *moment* s'écrit en abrégé M_o. C'est ainsi que *le moment de la force* F se note

$$M_o F.$$

On exprime l'intensité de la force en kilogrammes et le bras de levier en mètres.

On aura donc :

$$M_o F = \text{intensité } F \times \text{bras de levier } OP.$$

Le moment d'une force par rapport à un point est le produit de l'intensité de cette force, exprimé en kilogrammes par la longueur de son bras de levier exprimé en mètres.

Le bras de levier d'une force est la longueur, exprimée en mètres, de la perpendiculaire abaissée du point autour duquel peut se faire la rotation, sur la direction de la force.

Le point autour duquel le mouvement peut se produire se nomme le centre des moments.

Le moment de la force F par rapport au point O, centre de la manivelle, sera donc d'après les définitions qui précèdent :

$$M_o F = F^{kg} \times OP^m.$$

45. *Le moment de la résultante de deux forces concou-*

*rantes est égal à la somme des moments des composantes
par rapport au même point.*

Soient F et F' deux
forces concourantes dont
la résultante est R et un
point O par rapport au-
quel on prend les mo-
ments (fig. 30). On aura,
d'après l'énoncé qui pré-
cède et d'accord avec les
définitions précitées :

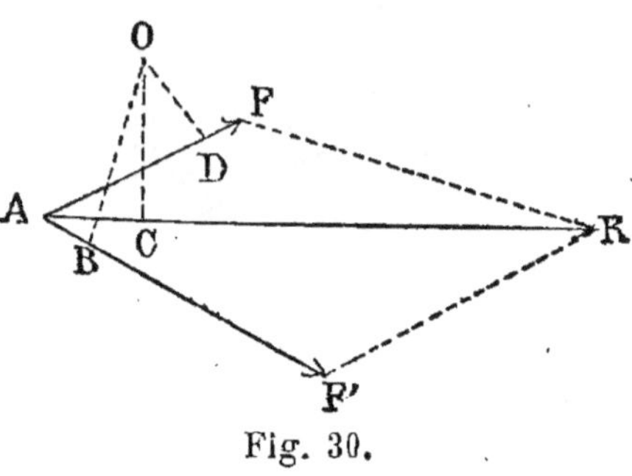

Fig. 30.

$$M_oR = M_oF + M_oF',$$

ou bien, en exprimant ces moments

$$R \times OC = F \times OD + F' \times OB.$$

Si le centre des moments se trouve sur la résultante,
le moment de cette dernière
est nul puisque le bras de levier
est nul lui-même ; aussi en ré-
sulte-t-il que le moment de l'une
des composantes est égal au
moment de l'autre composante.

Si le point O (fig. 31), centre
des moments, est situé sur la
résultante des deux forces F et
F', nous aurons :

$$M_oF = M_oF',$$

ou en exprimant les moments

$$F \times OB = F' \times OC.$$

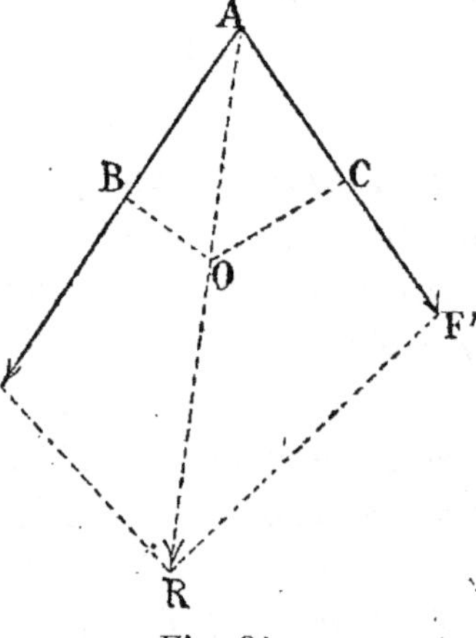

Fig. 31.

ÉQUILIBRE DE QUELQUES MACHINES

46. Leviers.

Un levier est une barre rigide courbe ou droite, appuyée
en un point de sa longueur ou montée sur un axe.

Pour qu'un levier soit en équilibre il faut que la résultante des forces qui l'actionnent passe par le point fixe.

Si cette condition est remplie, le moment de la force qui tend à faire tourner dans un sens est égal au moment de la force qui tend à faire tourner en sens contraire.

Les forces et le point d'appui sont dans un même plan.

Considérons un levier AOB (fig. 32) sollicité par deux forces F et F' qui tendent à le faire tourner en sens contraires autour du point O.

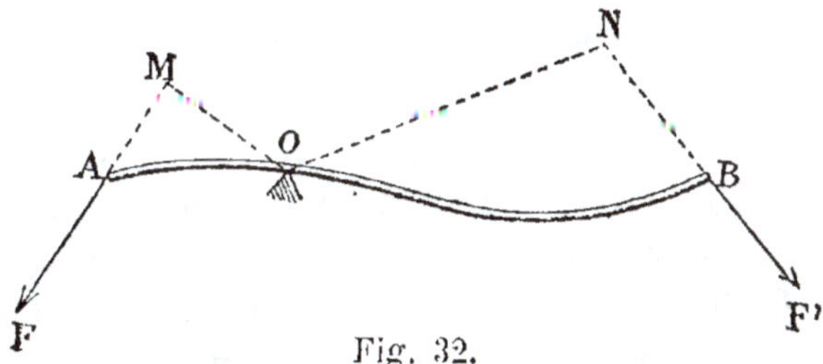

Fig. 32.

Il y aura équilibre quand les moments de ces deux forces par rapport au point O seront égaux, c'est-à-dire quand on aura :

$$M_o F = M_o F',$$

ou bien

$$F \times OM = F' \times ON,$$

ce qui peut s'écrire

$$\frac{F}{F'} = \frac{ON}{OM}.$$

En langage ordinaire : *Les deux forces sont en raison inverse de leurs bras de levier.*

Il est à remarquer que la forme du levier n'est pour rien dans le résultat.

Les trois genres de leviers.

47. On distingue *trois genres de leviers* en tenant compte de la position du point d'appui par rapport aux deux forces ordinairement désignées sous les noms de *puissance* et *résistance*.

48. *1° Levier inter-appui ou du premier genre.*

Le point d'appui est situé *entre* la puissance et la résultante.

L'équilibre aura lieu quand on aura les moments égaux ou

$$R \times Ar = P \times Ap.$$

Supposons la puissance P inconnue,

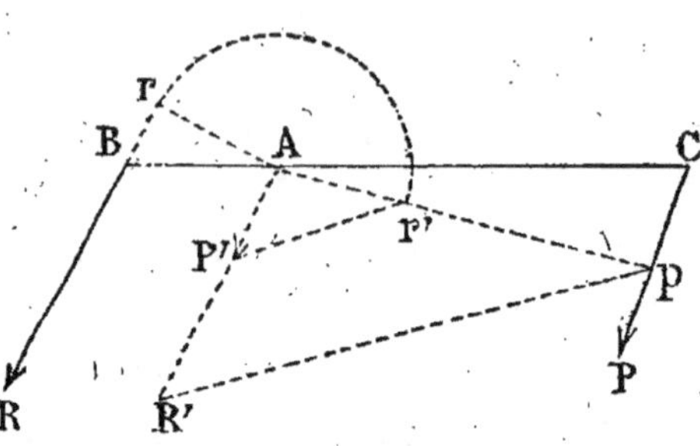

Fig. 33.

pour trouver sa valeur, il suffira de rabattre autour du point A la longueur du bras de levier Ar en Ar' sur le bras de levier Ap de la force inconnue P. Par A menons AR' égale et parallèle à R et joignons $R'p$. Si nous traçons par r' une parallèle à $R'p$, nous déterminons Ap', intensité de la force P qu'il ne reste plus qu'à porter sur la direction CP.

Les leviers inter-appui sont très répandus dans l'industrie : *La pince appuyée sur une cale, la romaine, le fléau de la balance, une paire de ciseaux, les cisailles des ferblantiers, les tenailles du forgeron, les outils du tourneur pendant le travail en sont autant d'applications.*

49. *2° Levier inter-résistant ou du deuxième genre.*

La *résistance* est située *entre* la puissance et le point d'appui.

Soit un levier BCA dans lequel la résistance est au point C et le point d'appui en A. L'équilibre aura lieu quand nous aurons les moments égaux :

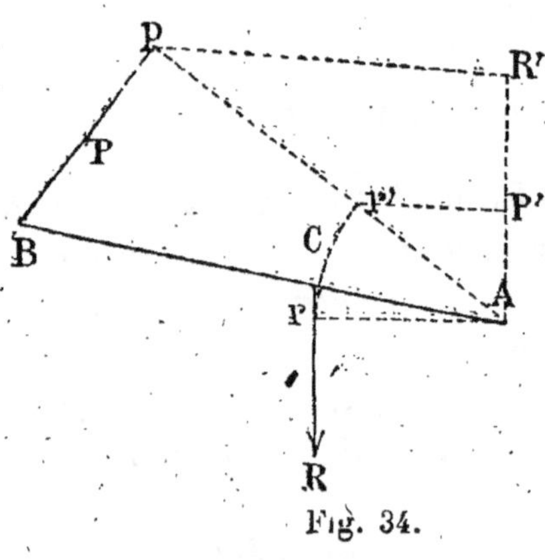

Fig. 34.

$$P \times Ap = R \times Ar.$$

Si la puissance est inconnue, nous l'obtiendrons graphiquement en rabattant Ar en Ar' sur Ap, en menant par A, AR' parallèle et égale à R, en joignant pR' et finalement en traçant r'P' parallèle à pR'. Nous aurons en AP' la grandeur de la puissance qu'il suffit de porter à partir du point B sur la direction Bp.

Le levier inter-résistant se retrouve dans *le couteau du boulanger, les cisailles à tôles munies de leviers, la brouette de Pascal, la pince employée sans cale, les rames, le casse-noisette et la pédale ordinaire des tours à métaux.*

50. 3° *Levier inter-puissant ou du troisième genre.*

La *puissance* est située *entre* le point d'appui et la résistance.

Nous aurons un levier en équilibre s'il satisfait à la condition :

$$P \times Ap = R \times Ar.$$

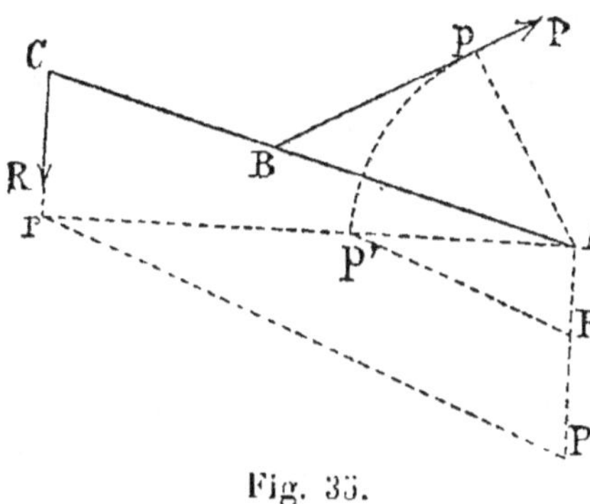

Fig. 35.

Si la puissance est inconnue, rabattons Ap en Ap' (fig. 35), menons AR', parallèle et égale à R, joignons p'R' et par le point r traçons la parallèle à p'R' qui coupe AR' prolongée en P'. Nous aurons en AP' la puissance qu'il ne reste plus qu'à porter à partir de B sur Bp.

Nous avons dans : *les pelles des chauffeurs et des terrassiers, les marteaux de forge dont le manche est levé par une came près de la tête, les pincettes, la pédale du rémouleur et les peignes des tissages,* des exemples de leviers inter-puissants. Chez tous les animaux un certain nombre d'os sont mis en mouvement par des muscles insérés dans le courant de l'os. Ce sont encore des leviers du même genre.

51. Balance.

La balance ordinaire est un levier inter-appui, qui prend le nom de *fléau*. Cette pièce tourne autour de son milieu sur l'arête d'un couteau prismatique en acier trempé reposant sur un plan d'agate ou d'acier. Les extrémités du fléau sont également munies de couteaux qui soutiennent deux plateaux destinés à recevoir les corps à peser et les poids.

Une bonne balance doit remplir les conditions suivantes: fig. 36):

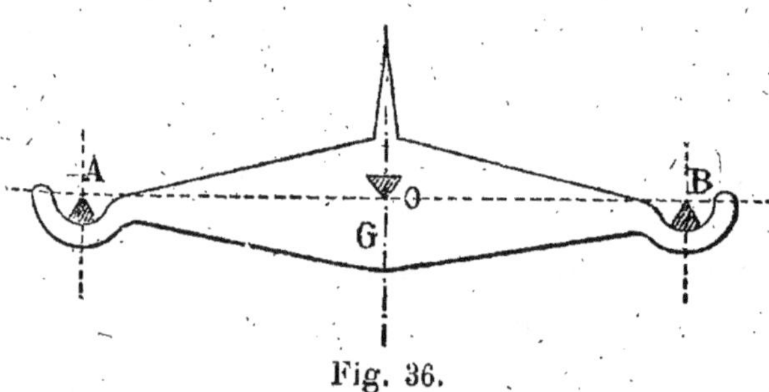

Fig. 36.

1° Les trois couteaux A, O, B, doivent être en ligne droite.

2° Les deux bras de levier AO, OB doivent être rigoureusement égaux.

3° Le centre de gravité G du fléau doit être au-dessous du point O de suspension, très près de ce point et sur une perpendiculaire à AB.

4° Le fléau doit être long, léger et parfaitement rigide.

Une balance peut présenter plusieurs particularités suivant les conditions dans lesquelles elle a été établie.

1° Si le centre de gravité G du fléau est de beaucoup au-dessous du point O de suspension, la balance est lente à s'incliner, elle est *paresseuse*.

2° Le point G étant *voisin* du point O, la balance sera *sensible*.

3° Quand le centre de gravité G coïncide avec le point de suspension O, la balance est en équilibre dans toutes les positions, elle est *indifférente*.

4° Enfin si le point G se trouvait au-dessus du point O, la balance s'inclinerait considérablement sous l'influence de la moindre surcharge, dans ce cas on dit qu'elle est *folle*.

52. Romaine.

La romaine est un levier inter-appui à bras inégaux.

Supposons (fig. 37) le levier chargé de son poids Q et le crochet garni d'un poids P. L'équilibre ayant lieu, nous aurons :

$$Q \times CD = P \times AC.$$

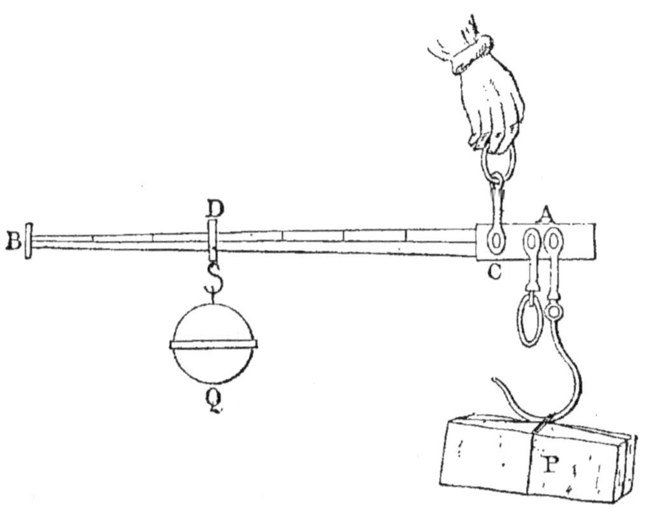

Fig. 37.

Mais AC est une quantité invariable, le poids Q également, donc la charge P est proportionnelle à la distance CD à laquelle il faut placer le poids Q pour établir l'équilibre.

On établit l'équilibre de la romaine sans charge, ce qui donne le point O ; on suspend au crochet 10 kilogrammes, ce qui procure une nouvelle position du poids D ; l'espace OD est divisé en 10 parties égales et les divisions sont prolongées au delà.

53. Balance-bascule de Quintenz.

Cette bascule se compose essentiellement d'un levier inter-appui AOC tournant autour du point O (fig. 38), auquel c suspendu par la tige AA′ un levier inter-résistant A′B′O′ qui tourne autour de O′. Un troisième levier inter-résistant DGE tourne autour du point D. Le point D est situé sur une pièce DB′ fixée au levier O′A′. Le point E est relié par une tige EB au levier AC auquel un plateau sert à suspendre des poids. Le levier DE sert de tablier pour recevoir les corps à peser.

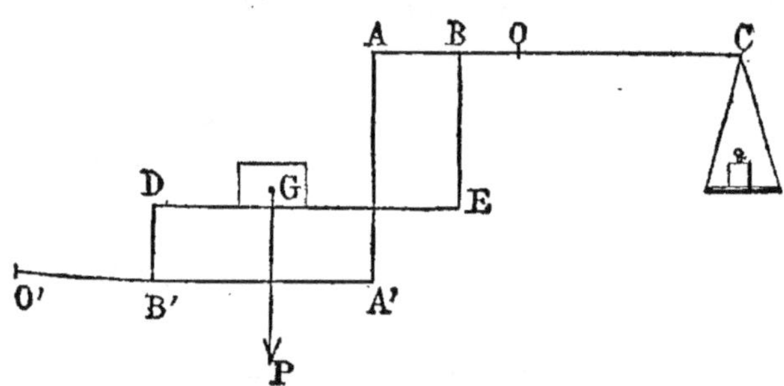

Fig. 38.

Soit P le poids du corps. Admettons que :

$$\frac{O'B'}{O'A'} = \frac{1}{5}.$$

Le poids P étant sur le plateau DE, on peut considérer que les points D et E se partagent la charge. Appelons p l'effort au point D et p' l'effort au point E.

La charge p sera transmise en B′ et par suite en A par la tige AA′. Mais comme

$$\frac{O'B'}{O'A'} = \frac{1}{5},$$

la tige AA′ ne supportera que $\frac{1}{5}p$.

La composante p' est appliquée en B par la liaison EB. Mais le rapport

$$\frac{OB}{OA} = \frac{1}{5}.$$

Il en résulte que $\frac{1}{5}p$ transmis à A sera pour AC une force quintuple appliquée en B, c'est-à-dire p. Tout l'appareil fonctionne donc comme si le poids P actionnait le point B.

Or dans les bascules ordinaires du commerce, on a

$$OB = \frac{1}{10} OC.$$

On dit alors que *la bascule est au dixième*. Le corps placé sur le tablier pèse 10 fois les poids posés sur le plateau. S'il s'agit de faire le pesage des voitures, on construit

$$OB = \frac{1}{100} OC$$

et la bascule est dite *au centième*.

54. Chèvre pour soulever les voitures.

Dans cet appareil un levier inter-appui AOB, mobile autour du point O, actionne un levier inter-résistant BEC par une articulation située au point B. La charge est

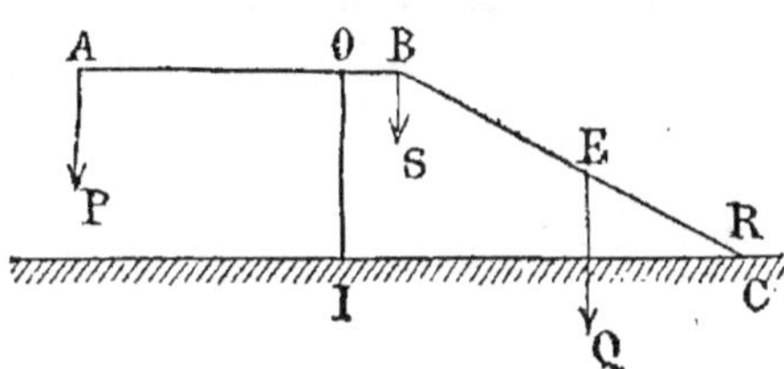

Fig. 39.

appliquée au point E. C'est là que porte l'essieu de la voiture pour graisser ou réparer la roue. En A on exerce une pression P, le point B s'élève et le point E aussi. Le poids Q se répartit entre les deux appuis C et B du levier BC.

Au moment où on appuie en A avec un effort P, le moment de cette force par rapport au point O est :

$$P \times OA. \tag{1}$$

Le levier BC fait au point B une pression.

$$S = Q \times \frac{EC}{BC}.$$

Le moment de S par rapport au point O sera

$$S \times OB = Q \times \frac{EC}{BC} \times OB. \tag{2}$$

Les deux moments (1) et (2) sont égaux puisqu'il y a équilibre et nous avons

$$P \times OA = Q \times \frac{FC}{BC} \times OB. \qquad (3)$$

Si E est aux $\frac{2}{3}$ de CB nous aurons EC $=$ 2 et BC $=$ 3. De même si OA est égal à 10 fois OB, nous aurons :

$$OA = 10 \quad \text{et} \quad OB = 1.$$

Par suite (3) devient :

$$P \times 10 = Q \times \frac{2}{3} \times 1 \qquad (4)$$

et en divisant par dix les deux membres de (4).

$$P = Q \times \frac{2}{30},$$

où bien

$$P = \frac{1}{15} Q.$$

Si le poids de la voiture sur une roue est de 375 kilogrammes, l'effort P nécessaire à déterminer le soulèvement au premier moment du mouvement sera :

$$P = \frac{375}{15} = 25 \text{ kilogrammes.}$$

55. Poulie fixe.

La poulie fixe est une roue à gorge montée librement sur un axe qui forme tourillon. Le boulon-tourillon retient la poulie dans une chape en forme d'étrier, terminée par un crochet de suspension (fig. 40).

Une corde passe dans la gorge et détermine pendant le mouvement la rotation de la poulie. L'un des brins de la corde est vertical d'ordinaire sous l'influence de la charge et l'autre brin reste oblique pendant l'élévation du fardeau.

Il est évident que si nous suspendions aux deux brins deux poids égaux, ils se trouveraient dans la même situation que les plateaux d'une balance à bras égaux, chargés de poids égaux. La poulie ne tournerait pas, il y aurait équilibre, nous pouvons donc en conclure que toujours il y a égalité entre l'effort et la charge.

D'autre part (fig. 40), le brin vertical a pour bras de levier OB et le brin sollicité par le manœuvre a pour bras de levier AO.

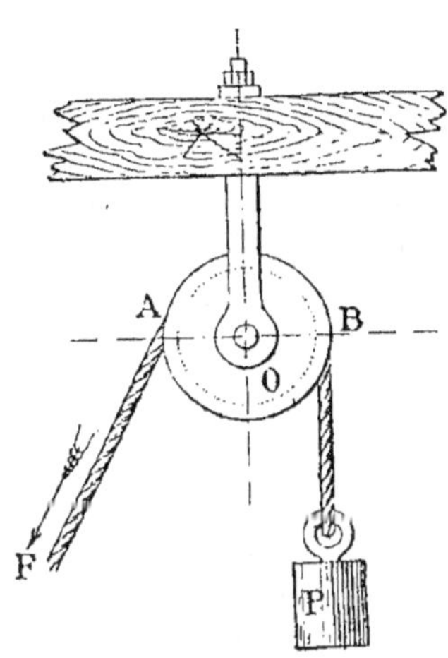
Fig. 40.

Pour qu'il y ait équilibre, les moments par rapport au point O seront égaux et nous aurons :

$$F \times AO = P \times OB.$$

Mais AO = OB comme rayons d'une même circonférence de sorte que F = P.

Quand les brins sont parallèles, le tourillon d'axe de la poulie supporte le plus grand effort possible 2P. Si les brins divergent, le tourillon fatigue d'autant moins qu'ils sont plus écartés.

La poulie fixe n'a d'autre avantage que de faciliter le travail d'élévation des fardeaux en permettant au manœuvre d'agir surtout par le poids de son corps.

La poulie fixe est employée dans *les puits, les greniers, les sapines des maçons, les chèvres des charpentiers, les grues, les navires, etc.*

56. Poulie mobile.

La poulie mobile semblable à la précédente renversée, porte la charge suspendue au crochet. Une corde la soutient par dessous et s'attache à un point fixe C (fig. 41), tandis que l'autre cordon P est maintenu par le manœuvre.

Considérons un appareil de cette nature avec cordons parallèles, supporté par un ouvrier qui tient un brin dans chaque main ; il est évident que la charge se répartit également sur ses deux mains. Une seule main ne supporte donc que $\frac{Q}{2}$. S'il écarte les bras, les efforts restent égaux, mais sont supérieurs à la moitié de la charge.

Les cordons étant également tendus, nous avons $P = T$. Ces deux forces sont concourantes et égales, leur résultante passe par IO, elle est perpendiculaire à AB et sa grandeur est IH. Or les deux triangles MHI et AOB sont isocèles, attendu que $MI = MH$ parce que les tensions sont égales et que $AO = OB$ comme rayons de la poulie. De plus AO est perpendiculaire à la tangente

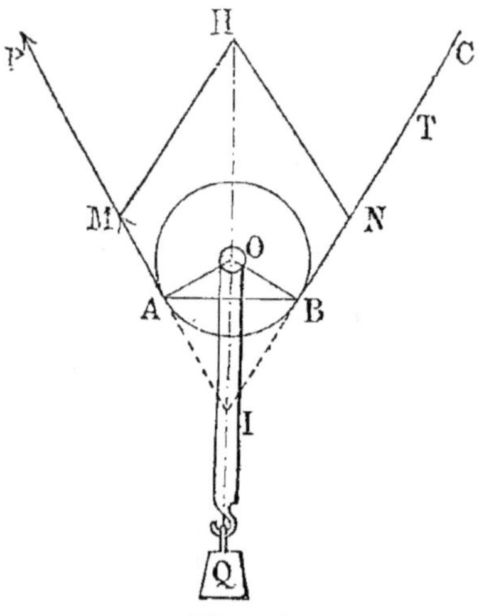

Fig. 41.

MI et AB à l'axe HI, dès lors les angles MIH et OAB sont égaux et les triangles isocèles précités sont semblables comme ayant leurs angles aigus égaux.

Nous aurons donc :
$$\frac{MI}{HI} = \frac{AO}{AB}.$$

Mais $MI = P$ une composante, et $HI = Q$ la résultante ou le poids à soulever, par suite

$$\frac{P}{Q} = \frac{\text{rayon}}{\text{corde}}.$$

Pour qu'il y ait équilibre, il faut que : 1° *La corde de l'arc embrassé soit horizontale*; 2° *La puissance soit à la charge comme le rayon de la poulie est à cette corde.*

Si les cordons sont parallèles, on a :

$$\frac{P}{Q} = \frac{\text{rayon}}{\text{corde}} = \frac{R}{2R} = \frac{1}{2},$$

ou bien,
$$P = \frac{Q}{2}.$$

Dans ce cas l'usage est aussi avantageux que possible. La poulie mobile est employée dans *presque toutes les grues, les treuils, les palans, les tensions de voiles, de cordages de navires* et dans un grand nombre d'apparaux.

57. Moufle-palan.

La moufle est un assemblage de plusieurs poulies montées dans une même chape. Si les poulies sont égales, on les dispose sur le même axe, ce qui donne *la moufle* proprement dite (fig. 42). Quand les poulies sont inégales, chacune à son axe particulier et dans ce cas on a la *moufle plate.*

Un *palan* se compose de *deux moufles* réunies par une corde qui, partant de la chape de la moufle supérieure, enveloppe successivement les poulies. Le cordon fixé à la chape ne change pas de place dans le mouvement, c'est *le dormant.* Le *garant* est le dernier cordon, celui sur lequel tirent les manœuvres.

Considérons un palan à l'état d'équilibre, tous les cordons qui vont d'une poulie à l'autre, seront *également tendus* à cause de la parfaite mobilité des poulies et la tension sera l'effort F appliqué sur le garant. Mais il y a quatre cordons tous tendus par une force égale à F et ces cordons soutiennent la charge P également; donc on a

$$4F = P,$$

chaque cordon supporte une charge

$$F = \frac{P}{4}.$$

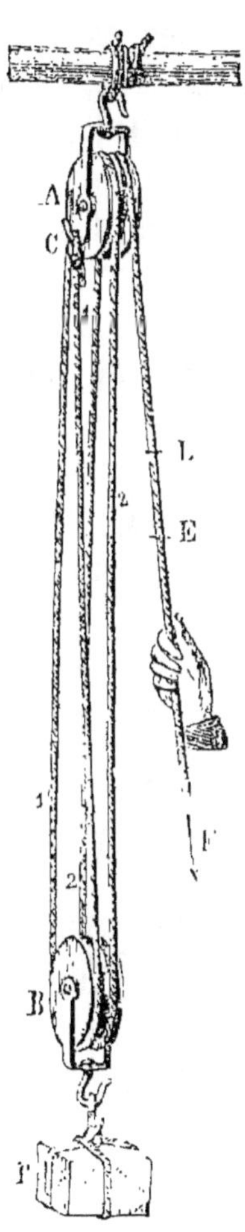

Fig. 42.

La puissance est égale à la charge divisée par le

nombre des poulies du palan ou par le nombre des cordons.

Le *palan simple* comprend une poulie fixe et une poulie mobile ; dans le *palan double*, chaque chape contient deux poulies ; enfin le *palan triple* a deux chapes contenant trois poulies chacune.

Les *palans quadruples* avec quatre poulies par chape sont assez rares. On les emploie dans la marine, surtout pour les *machines à mâter* les navires ; au Havre et à Marseille il y a deux belles machines de cette nature.

Les autres palans servent à élever les pierres, les charpentes et les pièces de machines dans les ateliers.

Suivant la grosseur de la corde qui *garnit* le palan, il est employé à produire des efforts qu'il convient de ne pas dépasser pour éviter les accidents. La force d'un palan, en kilogrammes, est indiquée en chiffres poinçonnés sur les deux moufles. Les crochets doivent avoir une bonne forme et être très résistants, c'est toujours par le crochet que périssent ces appareils.

58. Treuil.

Le treuil est un cylindre horizontal qui tourne sur deux tourillons ; une corde est enroulée sur ce *tambour* et soutient la charge à son extrémité libre. Pour faire équilibre à ce poids, on applique une force P verticale et tangente à la circonférence de rayon OC (fig. 43). La corde est tangente à la

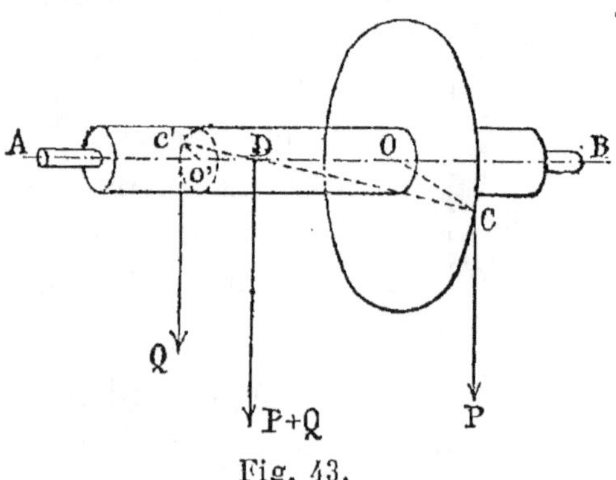

Fig. 43.

circonférence de rayon C'O'. Les deux points d'application sont sur un plan horizontal. La ligne CC' qui les unit coupe l'axe en D. C'est là que sera appliquée la résultante P + Q.

La force Q tend à faire tourner le treuil dans un sens et la force P tend à le faire tourner en sens contraire.

D'autre part le moment de Q par rapport à l'axe AB est

$$Q \times C'O'.$$

Celui de P par rapport au même axe est

$$P \times CO.$$

Ces deux moments sont égaux, puisqu'il y a équilibre et nous avons :

$$P \times CO = Q \times C'O',$$

ou

$$P \times R = Q \times r,$$

en appelant les rayons R et r pour la roue et le tambour du treuil.

Les forces P et Q sont en raison inverse des bras de levier à l'extrémité desquels elles agissent.

Efforts sur les tourillons. Les pressions sur les tourillons et par suite sur les coussinets s'obtiennent en décomposant la résultante P + Q, appliquée au point D en deux forces appliquées en A et B, parallèles à la force P + Q c'est-à-dire en raison inverse des distances AD et DB.

La grande roue du treuil de rayon OC est le plus souvent remplacée par une manivelle ou par une bielle et une manivelle.

59. Cabestan.

Le cabestan (fig. 44) n'est pas autre chose qu'un treuil

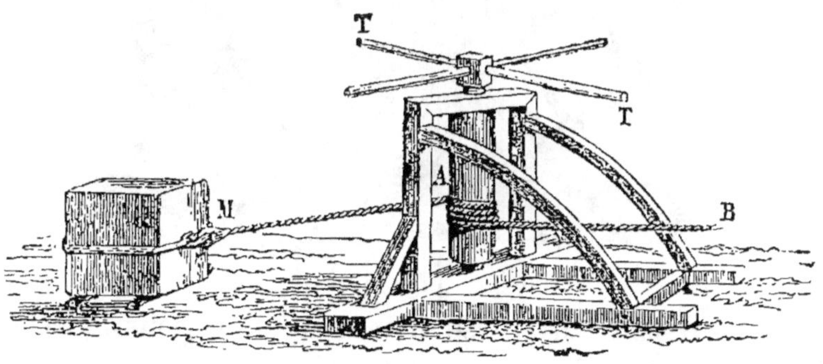

Fig. 44.

dont l'axe est vertical et qui sert d'ordinaire à déplacer les charges dans le sens horizontal. Le *treuil* est employé par *les puisatiers, les maçons, les mécaniciens* et dans les *grues* destinées au levage des matériaux.

Le *cabestan* très répandu *dans la marine*, sert au levage vertical dans les machines à mâter les navires, pour actionner les palans ainsi qu'au halage des bateaux.

60. Treuil des carriers ou roues à chevilles.

La roue à chevilles fort employée comme treuil par les carriers aux environs de Paris (fig. 45) se compose d'un cylindre horizontal en bois de 0^m,30 de diamètre terminé par une roue également en bois de 4 à 6 mètres de diamètre. Cette roue est garnie de chevilles qui traversent sa jante de part en part. Plusieurs hommes montent après les chevilles et l'actionnent par le poids de leur corps.

Fig. 45.

Les ouvriers doivent se maintenir au-dessous du centre du treuil, nous allons voir pourquoi.

Si l'ouvrier se place en M et qu'il y ait équilibre, nous aurons
$$P \times r = F \times b.$$

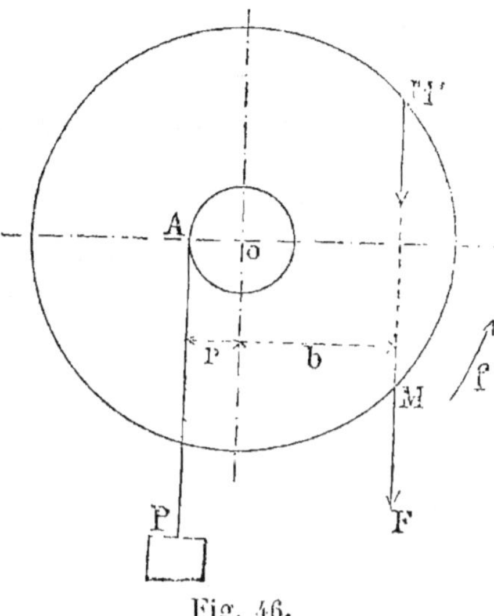

Fig. 46.

Or, si son poids l'emporte sur la charge, son mouvement de descente se ralentit de plus en plus, car son moment diminue, attendu que le bras de levier b décroît pendant que son poids F reste constant. Si, par une cause imprévue, la charge P augmente, le mouvement de l'homme dans le sens de la flèche f fait augmenter la longueur du bras de levier b et par suite le moment de F grandit utilement pour faire équilibre à la surcharge accidentelle. Si le manœuvre était en M', la moindre variation de P lui ferait faire le tour de la roue puisque b diminuerait au moment d'une surcharge de P.

Un homme pèse en moyenne 70 kilogrammes, si la roue a 6 mètres de diamètre et que la verticale du poids du corps de l'ouvrier soit à 2^m,50 du centre de la roue, nous aurons pour un tambour de rayon égal de 0^m,15 :
$$P \times 0^m,15 = 70^k \times 2^m,50,$$

d'où
$$P = \frac{70 \times 2,50}{0,15}$$

et
$$P = 1166 \text{ kilogrammes environ.}$$

On comptera donc sur une moyenne de 1000 kilogrammes par homme, en tenant compte des efforts perdus pendant le travail, pour différentes causes que nous examinerons plus tard.

61. Plan incliné.

Le desssus d'un pupitre nous donne une idée nette du plan incliné. L'eau versée sur ce plan suit une ligne perpendiculaire à l'arête inférieure du pupitre; une bille parcourt le même chemin, c'est-à-dire la *ligne de plus grande pente du plan*.

Considérons le plan incliné BAC (fig. 47). Un corps de poids P appliqué à son centre de gravité G et posé sur ce plan.

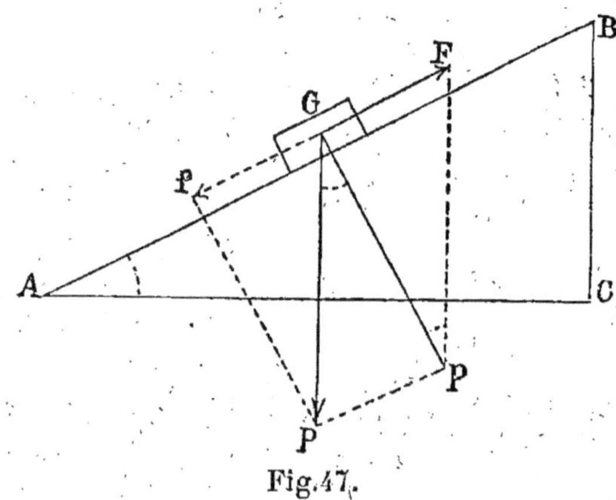

Fig. 47.

Cette force agit verticalement ou perpendiculairement à *la base* AC du plan incliné. Nous pouvons considérer la force P comme la résultante de deux forces dont l'une G*f* est parallèle à *la longueur* BA du plan, et l'autre perpendiculaire à cette même direction.

La première G*f* tend à faire glisser le corps suivant la ligne de plus grande pente du plan.

La seconde détermine la pression de l'objet sur le plan, c'est ce dernier qui lui résiste.

Pour équilibrer la première force, appliquons au point G une force F égale et de sens contraire à *f*, le corps sera maintenu en équilibre sur le plan incliné. Ainsi GF = G*f*. Sous l'influence du poids P du corps et de la force F qui se font équilibre, leur résultante G*p* appuie l'objet sur le plan.

Les deux triangles rectancles CBA ot GFp sont semblables parce que l'angle CAB est égal à l'angle GpF comme ayant leurs côtés perpendiculaires, il en résulte que

$$\frac{GF}{Fp} = \frac{BC}{BA}.$$

Mais

$$GF = F$$

et

$$Fp = GP = P,$$

donc, on a :

$$\frac{F}{P} = \frac{\text{hauteur du plan}}{\text{longueur du plan}}.$$

Par conséquent l'effort parallèle au plan est au poids du corps comme la hauteur du plan est à sa longueur, ce qui peut s'énoncer encore:

Le rapport de l'effort équilibrant, au poids du corps, est égal à la pente du plan.

La force F est aussi petite que possible quand elle est parallèle à AB.

62. Construction graphique de F.

Nous avons BAC le plan tracé à l'échelle et la force P également. Menons Gp perpendiculaire à AB, par le point P traçons une parallèle à AB jusqu'à sa rencontre avec Gp et par le point p, menons une parallèle pF à PG. Cette parallèle coupe la direction GF au point F en déterminant l'intensité de la force qui équilibre la chute du corps. Il suffit de mesurer GF à l'échelle du dessin pour l'évaluer en kilogrammes. Le plan incliné fut un des plus puissants moyens de construction des anciens. On enterrait les monuments au fur et à mesure de leur avancement en établissant des rampes ou plans inclinés sur lesquels on avançait les matériaux. Le bâtiment terminé, la terre était enlevée. Actuellement le plan incliné est employé aussi fréquemment que possible, car il est très économique.

Supposons un plan incliné de 5 mètres de longueur, admettons que sa hauteur soit $0^m,50$. La pente sera

$\dfrac{0,50}{5} = \dfrac{1}{10}$, et la force F nécessaire au maintien de l'équilibre sera de $\dfrac{P}{10}$ kilogrammes.

Si la force F agit horizontalement, c'est-à-dire parallèlement à la base AC du plan, son rapport à la résistance P est égal au rapport de la hauteur CB du plan à sa base AC. Ce qui s'écrit :

$$\frac{F}{P} = \frac{\text{hauteur du plan}}{\text{base du plan}}.$$

Si nous admettons que l'angle BAC diminue, la résultante G*p* se rapproche de GP avec laquelle elle se confond si AB devient horizontal. Dans ce cas le poids P du corps l'appuie sur le plan et *la force F devient nulle*, ce qui était à prévoir puisque AB est de niveau.

Si nous augmentons au contraire l'angle BAC, G*p* s'écarte de GP et la force F grandit jusqu'à devenir égale à P, quand BA est arrivé à la verticale, ce qui est évident puisque le corps est en quelque sorte placé contre un mur vertical. Il faut pour empêcher sa chute un effort F égal à son poids P.

63. Vis.

On obtient une vis, en creusant sur le tour une rainure en *hélice*, dans un cylindre, un cône ou toute autre pièce dont les formes sont symétriques par rapport à un ou plusieurs axes de figure. La forme de la rainure peut d'ailleurs être quelconque.

Dans tous les cas la vis est une application de la courbe géométrique nommée *hélice*.

L'*hélice* est engendrée par un point qui se meut d'un mouvement uniforme suivant la génératrice d'un cylindre pendant la rotation uniforme de la pièce autour de son axe.

L'outil, après avoir rencontré une génératrice du corps monté entre pointes, la coupe au bout d'un certain temps, en un point différent, après avoir tracé une *spire*. Une suite de spires constitue l'hélice de la vis.

La distance rectiligne, évaluée suivant une génératrice, entre deux spires consécutives, mesure ce qu'on nomme *le pas* de la vis. Si nous développons la surface latérale du cylindre, l'hélice devient sur le développement une ligne droite et en même temps l'hypothénuse d'un triangle rectangle dont un côté de l'angle droit est la circonférence de base du cylindre. L'autre côté est la portion de génératrice comprise entre deux spires.

Dans le développement, si nous prenons deux points F et K de l'hélice, *les avancements* AI' et AH' *suivant la circonférence sont proportionnels aux montées* I'K' *et* H'F' *suivant les génératrices*, à cause de la similitude des triangles K'AI' et F'AH'.

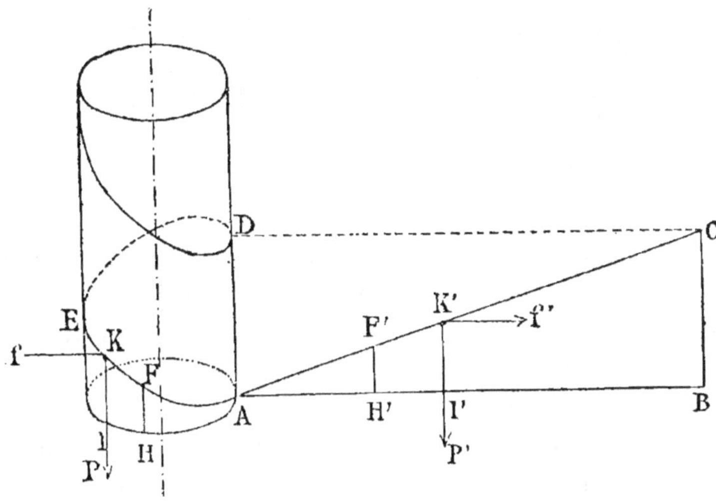

Fig. 48.

La rainure creusée sur le tour peut avoir une section de forme carrée (fig. 49) ou une section triangulaire (fig. 50), ce qui donne une vis à filet carré ou une vis à filet triangulaire.

Ces deux formes sont les plus usitées dans l'industrie. Quoi qu'il en soit, la portion cylindrique de métal qui subsiste au fond du *filet* porte le nom de *noyau* de la vis, c'est-à-dire qu'on pourrait considérer le *filet* comme rapporté autour du *noyau* suivant une hélice déterminée. C'est d'ailleurs une opération qu'on fait souvent pour construire les boîtes

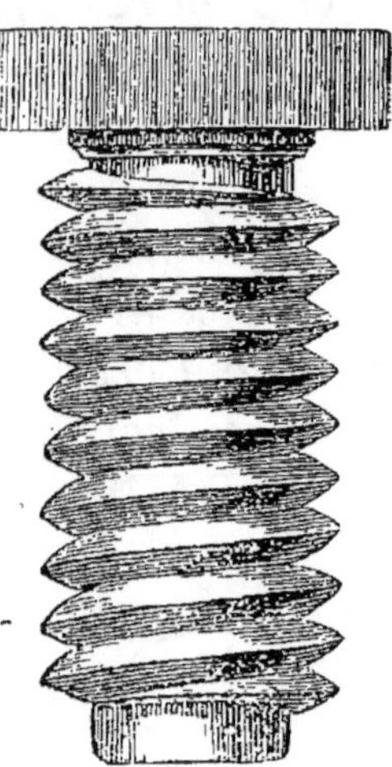

Fig. 49.   Fig. 50.

d'étaux et même les vis. Un fer carré, de dimension convenable, est roulé sur un cylindre, puis brasé soigneusement.

La vis s'emboîte dans une *vis creuse* ou *écrou* entièrement semblable et peut y tourner aisément. Supposons l'écrou fixé; en faisant faire une rotation complète à la vis, la tête de cette dernière s'élèvera ou s'abaissera *d'un pas*.

Admettons que la vis soit fixée par ses deux extrémités, c'est l'écrou qui se déplacera d'un pas, pour un tour de la vis.

Dans certains cas, la vis fait aussi mouvoir son écrou tout en tournant elle-même.

Voyons dans quelles conditions aura lieu l'équilibre de l'appareil vis et écrou.

64. Equilibre de la vis.

Soit un point matériel K placé sur l'hélice (fig. 48). Il est sur un plan incliné qui fait le tour du noyau de la vis. En développement sa position est K'. Dès lors ce point est sollicité verticalement par son poids P et par une force f horizontale, et nous avons d'après ce que nous avons dit à propos du plan incliné

$$\frac{f}{P} = \frac{\text{hauteur}}{\text{base}}. \tag{1}$$

La *hauteur* est le *pas* p de la vis.

La *base* est le développement $2\pi r$ de la circonférence de base du cylindre.

Donc (1) devient ; $$\frac{f}{p} = \frac{p}{2\pi r}. \tag{2}$$

Nous supposons ici l'effort f placé sur la vis elle-même, mais nous pouvons considérer un effort F situé à l'extrémité d'un levier de longueur L, comme une baguette d'étau, et dans ce cas $2\pi r$ devient $2\pi L$. Il en résulte que (2) devient :

$$\frac{F}{P} = \frac{p}{2\pi L}. \tag{3}$$

Dans une vis en équilibre, la puissance F est à la résistance P comme la longueur du pas p est à la circonférence décrite par le point d'application de la puissance.

La vis reçoit un très grand nombre d'applications dans la pratique. Les *vérins*, les *machines à raboter à vis*, les *tendeurs des chemins de fer*, les *boulons de scellements*, les *boulons d'assemblages* et les *vis de jonction* en sont des exemples. La *machine à diviser* comporte l'emploi d'une vis aussi parfaite que possible. Les *tours à fileter* exigent pour qu'ils soient bons, une *vis-mère* exacte, c'est-à-dire ayant des pas égaux, d'une mesure bien déterminée et d'une grande régularité.

65. APPLICATION. Le *vérin* est un appareil de levage qui consiste en une vis à large tête percée de deux trous perpendiculaires, mobile dans un écrou résistant monté sur un pied de fonte. Cet écrou est par conséquent fixe, mais la vis est mobile par des leviers en fer qui actionnent sa tête.

66. APPLICATION. *Quelle sera la charge à laquelle pourront faire équilibre deux hommes agissant sur un vérin avec des leviers de 2 mètres de longueur, sachant que l'effort moyen produit par chaque manœuvre est de 15 kilogrammes et que le pas de la vis est de 30 millimètres?* Ici P est inconnu.

La relation (3) déjà trouvée

$$\frac{F}{P} = \frac{p}{2\pi L}.$$

nous donne en faisant le produit des extrêmes et le produit des moyens

$$P \times p = F \times 2\pi L,$$

qui devient en divisant les deux termes par un même nombre p : le pas de la vis ;

$$P = \frac{F \times 2\pi L}{p}.$$

Remplaçons dans cette expression, F par sa valeur : 2 fois 15 kilogrammes, l'effort des deux hommes $= 30$ kilogrammes, $2\pi L$ la circonférence de rayon L $= 2$ mètres décrite par les mains des hommes, p le pas de la vis du vérin $= 30$ millimètres. Il faut avoir grand soin d'exprimer les longueurs $2\pi L$ et p en unités de même espèce, en millimètres par exemple. Nous aurons donc :

$$P = \frac{30^{kg} \times 2\pi \times 2000^{m/m}}{30^{m/m}}.$$

il vient en simplifiant

$$P = 2\pi \times 2000,$$

ou bien, $\qquad$ P $= 12366$ kilogrammes.

C'est-à-dire que dans les conditions de l'énoncé, les deux hommes élèveront 12 tonnes à 3 centimètres de hauteur à chaque tour complet.

Les vérins sont avec les presses hydrauliques les plus puissants appareils de levage employés actuellement dans l'industrie.

67. Treuil à vis sans fin.

Une vis qui ne peut se déplacer dans le sens longitudinal ou suivant son axe et qui agit en tournant sur une roue dentée pour lui imprimer la rotation, nous donne un exemple de la *vis sans fin*. Sur l'axe de la roue dentée on place un tambour autour duquel s'enroule une corde chargée à son extrémité d'un poids Q (fig. 51).

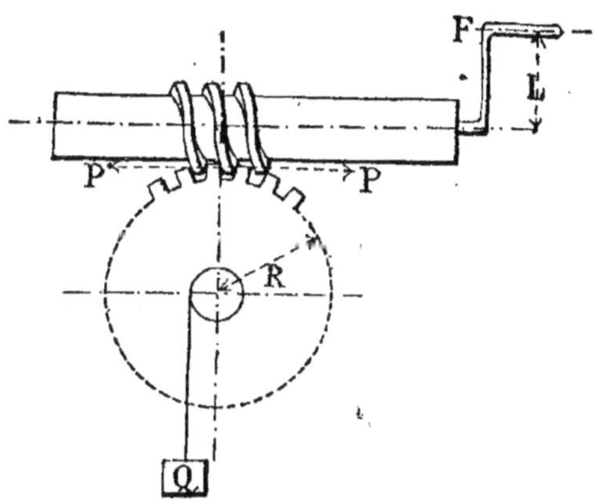

Fig. 51.

Examinons les conditions d'équilibre de cet appareil.

Soient L, la longueur du levier qui mène la vis et p le pas de cette vis. L'effort transmis au filet sera comme précédemment

$$P = \frac{F \times 2\pi L}{p}, \qquad (1)$$

en appelant F l'effort appliqué à l'extrémité du levier.

La roue dentée de rayon R reçoit cette force P sur sa denture et la transmet au tambour de rayon r. Nous sommes ici dans les conditions d'un treuil ordinaire qui possède une manivelle de rayon R et un tambour de rayon r. Un effort P est appliqué au bout du rayon R.

Nous aurons égalité des moments pour qu'il y ait équilibre, c'est-à-dire :

$$Q \times r = P \times R. \qquad (2)$$

Mais si nous remplaçons P par sa valeur déjà trouvée (1), il vient :

$$Q \times r = \frac{F \times 2\pi L}{p} \times R,$$

et en divisant les deux membres par le même nombre r, rayon du tambour, on a :

$$Q = \frac{F \times 2\pi L}{p} \times \frac{R}{r}. \tag{3}$$

Cette expression (3) nous permet de savoir, par de simples opérations arithmétiques, ce que peut faire un treuil donné, de cette espèce. L'appareil que nous venons d'étudier a servi à l'élévation des matériaux pour l'établissement du tunnel de Blanzy.

M. Frey, habile constructeur, les fournissait en grand nombre pour cet usage. Ils ont en effet l'avantage de ne pas se dérouler seuls, d'éviter les accidents et de ne pas nécessiter d'organes de sûreté. La manœuvre d'un grand nombre de gouvernails et celle de certaines détentes de machines à vapeur, s'exécute par cette combinaison.

68. APPLICATION. *Soit un treuil à vis sans fin, dans lequel la vis portant une manivelle à chaque extrémité est manœuvrée par deux ouvriers, exerçant chacun un effort de 8 kilogrammes, les manivelles ont toutes deux un rayon L = 350 millimètres, le pas de la vis est p = 20 millimètres, le rayon de la roue dentée est R = 400 millimètres et celui du tambour r = 50 millimètres.*

Nous aurons :

$$F = 2 \times 8^{kg} = 16 \text{ kilogrammes} ;$$
$$2\pi L = 2\pi \times 350^{m/m} = 2199 \text{ millimètres};$$
$$p = 20 ; \qquad R = 400 \qquad \text{et} \qquad r = 50.$$

En remplaçant dans l'expression (3) les lettres par leurs valeurs nous avons la valeur de la charge à laquelle le treuil peut faire équilibre

$$Q = \frac{16^{kg} \times 2199}{20} \times \frac{400}{50},$$

et en simplifiant par division au numérateur et au dénominateur

$$Q = \frac{4 \times 2199}{5} \times 8,$$

d'où, enfin : $Q = 14073$ kilogrammes,

C'est-à-dire que deux manœuvres, avec l'appareil indiqué
dans l'énoncé, peuvent aisément enlever 10 tonnes. La vis
est en effet une combinaison mécanique très avantageuse tant
au point de vue de la force qu'au point de vue de la précision, mais la perte en frottements est importante.

69. Palan différentiel.

Un palan différentiel se compose de deux poulies et d'une

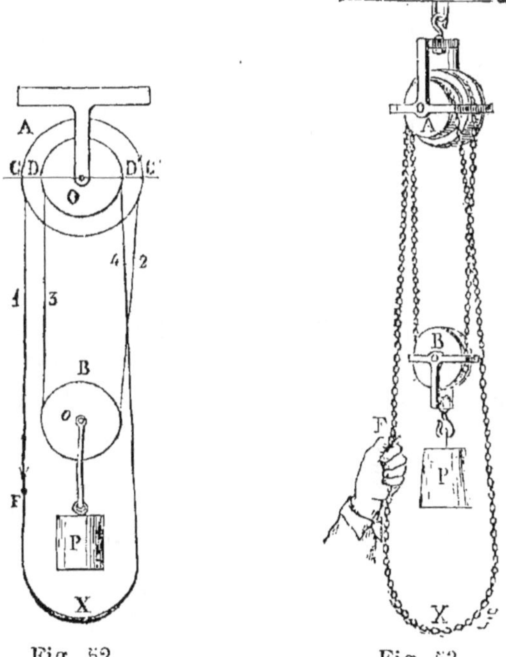

Fig. 52.   Fig. 53.

chaîne sans fin. L'une des poulies A est fixe, l'autre B est
mobile ; cette dernière supporte le poids P.

La poulie supérieure est double, elle comprend deux gorges CC′, DD′ inégales en diamètre, mais peu différentes cependant. Ces gorges sont garnies d'empreintes qui reçoivent les maillons pour empêcher la chaîne de glisser. Cette chaîne sans fin passe sur les trois poulies comme l'indiquent les figures 52 et 53.

La charge étant P et la poulie B mobile, les tensions sur les brins 2 et 3 sont égales entre elles et à $\frac{P}{2}$. Le brin 4 n'est soumis à aucun effort, mais le brin 1 est actionné par la force F.

Il en résulte que la poulie A est sollicitée par trois forces: F appliquée à l'extrémité du rayon $OC = R$; $\frac{P}{2}$ a pour bras de levier le rayon $OD = r$.

Ces deux efforts tendent à faire tourner l'appareil dans le sens de la flèche F.

Enfin $\frac{P}{2}$ est appliquée au bout du rayon $OC′ = R$ et tend à faire tourner la poulie A en sens inverse. Nous nous trouvons en présence d'un treuil soumis à trois forces F, $\frac{P}{2}$ et $\frac{P}{2}$ ayant pour bras de leviers R, r et R.

Pour qu'il y ait équilibre, écrivons que les moments qui tendent à faire tourner dans un sens, sont égaux aux moments qui tendent à faire tourner en sens contraire et nous aurons :

$$\frac{P}{2} R = FR + \frac{P}{2} r,$$

retranchons de chaque côté la même quantité $\frac{P}{2} r$ et nous aurons :

$$\frac{P}{2} R - \frac{P}{2} r = FR,$$

qui revient encore à

$$P \times \frac{R - r}{2} = FR.$$

En divisant les deux termes par $\dfrac{R - r}{2}$ on a :

$$P = \frac{FR}{\dfrac{R - r}{2}} = \frac{2FR}{R - r},$$

ou bien, de même

$$P = F \times \frac{2R}{R - r}. \tag{1}$$

APPLICATION. *Soit un palan différentiel dont les rayons de la poulie supérieure double, sont respectivement* : R = 200 *millimètres et* r = 190 *millimètres. Admettons que l'ouvrier, en tirant énergiquement sur la chaine puisse produire un effort* F *de* 25 *kilogrammes, cet homme enlèvera une charge évaluée par la relation* (1) *à* :

$$P = 25 \times \frac{2 \times 200}{200 - 190},$$

ou bien, $$P = 25 \times \frac{400}{10} = 25 \times 40,$$

et par suite $$P = 1000 \text{ kilogrammes.}$$

Aujourd'hui tous les ateliers sont munis de palans différentiels.

70. Coin.

Le coin est une pièce formée de deux plans inclinés unis par leurs bases. Sa figure est celle d'un triangle isocèle. On le construit en fer, en acier ou en bois dur. Il sert à empêcher une fente incomplète de se refermer, à soulever à de faibles hauteurs de lourdes charges et à caler les objets exposés à tomber. On frappe sur sa *tête* à coups de marteau.

Equilibre du coin. Il est évident que les deux faces du coin (fig. 54) touchent les côtés de l'objet à fendre et que ces derniers appuient sur le coin perpendiculairement à ses deux faces. Soient OF et OF' les efforts de la pièce à fendre sur le coin. Nous pouvons construire le parallélogramme de ces deux forces, la résultante sera OR directement opposée au coup de marteau qui agit d'aplomb sur AB. Par conséquent OR est perpendiculaire à AB. Par suite les triangles isocèles ORF et ABC sont semblables comme ayant les angles à la base égaux attendu que R est perpendiculaire à AB et OF à AC.

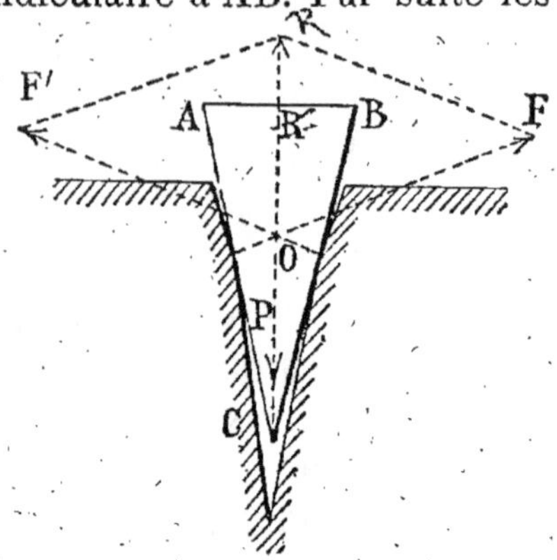

Ces deux triangles nous donnent :

$$\frac{OF}{OR} = \frac{AC}{AB}.$$

Mais $OF = F$ la réaction du corps sur le coin, et $OR = P$ la puissance qui vient agir sur la tête du coin.

On a donc :

$$\frac{F}{P} = \frac{AC}{AB}.$$

Ce qui s'exprime ainsi :

La réaction d'un corps sur un coin en équilibre est à la puissance qui agit sur sa tête, comme le côté long du coin est à sa base.

Plus le rapport $\frac{AC}{AB}$ sera grand, c'est-à-dire plus le coin sera effilé, plus la puissance P nécessaire à l'enfoncement sera petite par rapport à la réaction.

En d'autres termes un coin mince et long s'enfonce mieux qu'un coin court et gros.

La plupart des instruments et des outils agissent à la façon d'un coin. *Les bisaiguës des charpentiers, les haches, les couperets, les ciseaux, tous les outils pointus, les tranches, les pointes et les clous* en sont autant d'applications habiles.

71. Presse hydraulique.

Vers le milieu du XVIIᵉ siècle, Blaise Pascal fit connaître le principe suivant :

Les liquides transmettent également dans tous les sens une pression exercée en un point quelconque de leur masse.

La pression totale que supporte une surface est proportionnelle à son étendue,

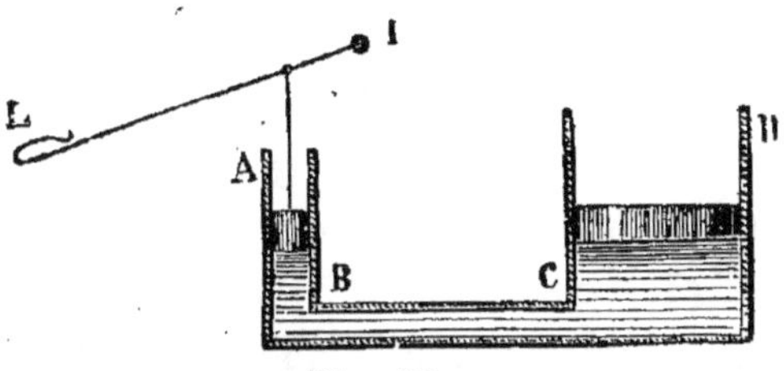

Fig. 55.

C'est sur ce principe qu'est fondée la presse hydraulique imaginée par Pascal. Elle se compose de deux corps de pompe inégaux AB, CD, garnis de pistons justes et unis par un tube BC de communication. Un levier inter-résistant LI permet d'actionner le petit piston.

Soient S l'aire de la section du piston CD, s l'aire de la section du piston AB, P et p les pressions qui sont appliquées sur le grand et le petit piston pour produire l'équilibre. D'après le principe de Pascal on aura :

$$\frac{P}{p} = \frac{S}{s}. \qquad (1)$$

72. APPLICATION. *Soient* S $= 600$ *centimètres carrés et* S $= 5$ *centimètres carrés, les aires des deux pistons. Admettons que le levier* LI *ait* 1 m. 40 *de longueur et que la distance du point* I *d'articulation du levier, à la tige de piston* A *soit* 10 *centimètres. Supposons que la force* F *appliquée au point* L *soit de* 5 *kilogrammes.* La pression p reçue par le petit piston sera :

$$p \times 0{,}10 = 5 \times 1{,}40,$$

ou bien,

$$p = \frac{5 \times 1{,}40}{0{,}10},$$

et enfin : $p = 5 \times 14 = 70$ kilogrammes.

Mais, d'après la relation (1) qui exprime le principe de Pascal, on a :

$$\frac{P}{70} = \frac{600}{5} ;$$

d'où

$$P = \frac{70 \times 600}{5} ,$$

et en simplifiant, $P = 70 \times 120$,

par suite, $P = 8400$ kilogrammes.

Un homme faisant un effort de 5 kilogrammes produit une pression de plus de 8 tonnes, à l'aide de cette machine.

73. On peut encore énoncer le principe de Pascal appliqué à la presse hydraulique de la manière suivante :

Les poids qui se font équilibre dans les deux corps de pompe sont proportionnels à la section de ces corps de pompe.

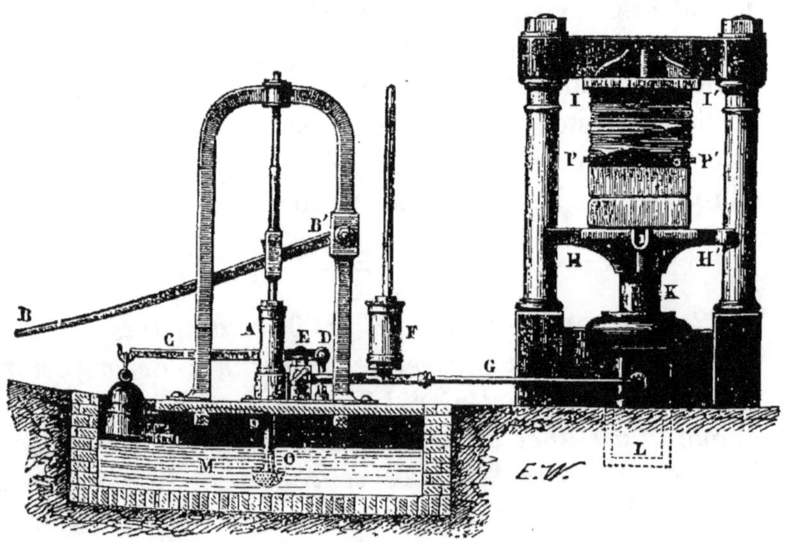

Fig. 56.

Les pressions énormes qui se produisent dans le gros cylindre déterminent des fuites qui n'ont pu être évitées qu'après l'invention du *cuir embouti autoclave,* faite par

H. Maudslay en 1785. Le grand mécanicien anglais imagina ce moyen de fermeture à l'époque où il était encore contre-maître de Bramah, le célèbre inventeur des serrures de sûreté, aussi attribue-t-on souvent le cuir embouti à ce dernier. Dès lors la presse hydraulique passa dans la pratique et devint le plus puissant moyen de produire de grandes pressions. Elle prit sa forme actuelle et sert à *faire des levages* ou des *compressions considérables, à extraire le jus* sucré des betteraves rapées en pulpe, à *exprimer l'huile* des graines oléagineuses, à *serrer les balles de drap, de coton, de papier, de foin* et de toutes les autres marchandises qui pèsent peu sous un grand volume. La presse hydraulique a été appliquée dans ces dernières années par M. Tweddell aux *machines à river, à poinçonner et à cisailler*, transformant ainsi une industrie très bruyante en une profession presque silencieuse.

74. APPLICATION. *Presses hydrauliques remarquables.* **Presse de Conway.** Pour mettre en place le pont métallique de Conway construit par Fairbairn en 1848 sur le projet de Robert Stephenson, on fit usage d'une presse hydraulique dont les dimensions étaient les suivantes :

Diamètre du gros piston 460 millimètres; pression de l'eau 402 atmosphères; or la pression d'une atmosphère sur un centimètre carré vaut $1^{kg},0336$.

Quelle était la charge soulevée par la presse de Conway?

Evaluons en kilogrammes l'action de l'eau sur le piston et nous aurons cette charge.

La surface du piston en centimètres carrés sera

$$\frac{1}{4}\,\pi\,\overline{46}^{2}\,;$$

une atmosphère de pression exercera sur ce piston un effort en kilogrammes mesuré par

$$\frac{1}{4}\,\pi\,\overline{46}^{2} \times 1^{kg},0336,$$

sous l'influence de 402 atmosphères, la force transmise sera en la nommant P ;

$$P = \frac{1}{4}\,\pi\,\overline{46}^{\,2} \times 1^{\mathrm{kg}},0336 \times 402^{\mathrm{atm}},$$

ou en faisant les calculs

$$P = 690000 \text{ kilogrammes.}$$

Presse du pont de Britannia. Pendant le montage du pont de Britannia, on construisit une presse hydraulique sur les dimensions ci-dessous. Diamètre du gros piston 510 millimètres; la pression de l'eau dans le cylindre s'éleva à 573 atmosphères. Quelle était la charge à soulever?

En raisonnant comme nous venons de le faire à l'occasion du problème précédent, nous aurons :

$$P = \frac{1}{4}\,\pi\,\overline{51}^{\,2} \times 1^{\mathrm{kg}},0336 \times 573^{\mathrm{atm}},$$

et les calculs faits

$$P = 1210000 \text{ kilogrammes.}$$

Presse de Hummel de Berlin.

Cette presse, une des plus puissantes qui existent, comprend deux cylindres juxtaposés. Le diamètre des pistons est de 601 millimètres. La pression sur chaque piston peut aller à un million de kilogrammes, ce qui donne deux millions pour la pression totale de la presse. La pression correspondante de l'eau est de 352 atmosphères.

75. Machine Thomasset à essayer les métaux.

Une très élégante application de la presse hydraulique est *la machine à essayer les métaux* de M. Thomasset. Les grandes usines et les compagnies de chemins de fer l'ont adoptée pour essayer la résistance des matériaux et des pièces ouvrées qui leur sont livrés par l'industrie.

CINÉMATIQUE

76. Ampère, illustre savant français qui vécut de 1775 à 1836 donna le nom de *cinématique* à la branche de la mécanique qui *étudie le mouvement à un point de vue purement géométrique en tenant compte du temps.*

La cinématique est la mécanique géométrique, elle fait abstraction des forces qui déterminent le mouvement.

77. Mouvement.

Nous avons tous des notions sur le mouvement, car nous sommes à chaque instant témoins de déplacements bien caractérisés, puisque nous comparons les corps qui sont dans cet état à d'autres dont l'immobilité est certaine comme les arbres, les maisons, les saillies de terrain, les rochers, etc. Nous pouvons donc dire *qu'un corps en mouvement occupe successivement divers points de l'espace.* Nous le voyons passer d'un endroit à un autre progressivement et si tous les corps en mouvement laissaient trace de leur passage, comme le font certains animaux rampants, tels que les limaces et les escargots, nous pourrions reconstituer toutes les phases de leur mouvement et reproduire sur le papier un dessin du chemin qu'ils ont parcouru. Ce chemin peut être droit ou courbe, il peut être très capricieux de forme comme celui que suit une mouche ou un oiseau. Dans tous les cas, la ligne suivie par le corps quel qu'il soit se nomme la *trajectoire.*

En cinématique le corps en mouvement prend le nom de *mobile.* Ainsi un homme, une mouche, une pierre qui tombe, une locomotive, un boulet ou un navire en mouvement sont autant de mobiles.

Chaque point d'un corps qui se meut décrit sa trajectoire,

aussi dit-on de la ligne parcourue qu'elle est la *trajectoire* de ce point.

Considérons une quille qui tombe; tandis que les points situés près du pied ne changent pas ou peu de place, plus on remonte vers sa tête et plus les points observés décrivent en tombant de grandes circonférences. Le sommet de la tête produit la plus grande. Si la quille en tombant tournait sur elle-même, la trajectoire de chaque point serait assez compliquée. Ainsi chaque point d'un corps qui se déplace possède sa trajectoire.

78. Mouvements divers.

Le tablier d'une machine à raboter, le chariot d'un tour, les coulisseaux d'une machine à vapeur, un corps qui tombe ont pour trajectoire une ligne droite; on dit leur *mouvement rectiligne*. Les diverses parties d'une meule, une pierre lancée obliquement possèdent le *mouvement curviligne*.

Les poulies de transmission et leurs arbres, les volants et les meules ont un mouvement curviligne particulier puisque *tous leurs points décrivent des circonférences* aussi dit-on qu'ils sont animés d'un *mouvement de rotation* ou encore d'un *mouvement circulaire*.

Si nous suivons des yeux un point remarquable d'un volant de machine à vapeur en mouvement, nous voyons de suite que ce point tourne toujours dans le même sens, de gauche à droite ou de droite à gauche; un corps qui tombe poursuit sa route vers la terre jusqu'à ce qu'un obstacle vienne l'arrêter, ce sont là des *mouvements continus*.

Mais un balancier de machine à vapeur, le coulisseau fixé à la tige du piston et qui se meut entre les glissières, le tablier d'une machine à raboter, le petit balancier circulaire des montres, sont animés d'un *mouvement de va-et-vient*. Ils avancent dans un sens, reviennent en arrière pour reprendre ensuite leur première direction, nous avons là le *mouvement alternatif*.

Actuellement nous savons observer et reconnaître plusieurs espèces de mouvements en tenant compte de la figure de la trajectoire.

Or, chacun des objets que nous avons pris comme exemple peut se déplacer d'une manière régulière comme le volant d'une machine, les aiguilles d'une montre, le chariot d'un tour et nous assistons à un *mouvement uniforme*. Sur un lac, le bateau à vapeur affecté au service des voyageurs possède au moment de son départ un mouvement de plus en plus rapide, il avance à chaque instant avec une vivacité plus grande, son *mouvement est accéléré*; à quelque distance du rivage, nous le voyons marcher avec régularité, il parcourt par exemple un kilomètre tous les quarts d'heure, le *mouvement est uniforme*, mais voici qu'il approche du quai d'arrivée, il ralentit son allure de plus en plus et son déplacement est à peine sensible au moment où il accoste, son *mouvement est retardé* pendant toute la période de ralentissement. Un train, une voiture attelée, les animaux, présentent des phases de même nature pendant leurs déplacements.

D'après ce que nous venons de dire, pour juger de la nature d'un mouvement, il faut l'étudier en tenant compte du temps pendant lequel il se produit.

Un objet en mouvement aperçu pendant un instant ne révèle rien. C'est l'observation prolongée qui nous permet, en comparant les distances parcourues et les temps employés à les parcourir, de décider de la nature du mouvement. Ces deux quantités se mesurent au moyen des unités suivantes :

79. Unités employées.

Les distances parcourues sont mesurées en mètres; quand il en est autrement, on indique la longueur prise pour unité.

L'unité de temps est la seconde sexagésimale, c'est la 3600me partie de l'heure.

On représente cette unité par le signe ($''$), c'est ainsi qu'on écrit $25''$ et t'' pour exprimer 25 secondes ou t secondes.

Nœud marin. Les marins comptent la vitesse de leurs navires *en nœuds*. Le nœud est la 120ᵉ partie du *mille marin* qui vaut 1852 mètres. Le nœud est donc égal à $\frac{1852}{120} = 15^m,432$. Le mille marin est contenu 60 fois dans un degré du méridien, il est donc égal à une minute.

80. Mouvement rectiligne et uniforme.

Le mobile décrit une ligne droite et parcourt des espaces égaux dans des temps égaux.

Vitesse. *La vitesse dans le mouvement uniforme est l'espace parcouru pendant l'unité de temps.*

Considérons un mobile qui parcourt pendant chaque seconde 5 mètres, on dira que son mouvement est uniforme et que sa vitesse est 5 mètres.

Désignons par e le nombre de mètres parcourus; par t le temps, exprimé en secondes, employé à franchir cet espace et par v sa vitesse ou le nombre de mètres que parcourt le mobile en une seconde.

Au bout de $1''$ le mobile aura franchi v mètres.

Id.	$2''$	id.	$v \times 2$	mètres.
Id.	$3''$	id.	$v \times 3$	mètres.
. . . .				
Id.	t''	id.	$v \times t$	mètres.

Mais après t'' l'espace e est parcouru tout entier, donc, on aura :

$$e^m = v^m \times t'', \qquad (1)$$

par une simple division, nous aurons :

$$v = \frac{e}{t}, \qquad (2)$$

comme aussi

$$t = \frac{e}{v}. \qquad (3)$$

Ce qui s'énonce en langage ordinaire:

(1) L'espace est égal à la vitesse multipliée par le temps.

(2) La vitesse est égale à l'espace divisé par le temps.

(3) Le temps est égal à l'espace divisé par la vitesse.

Applications. *Un train animé d'un mouvement uniforme possède une vitesse de 25 mètres et voyage pendant 55 secondes, on demande quel espace il a parcouru au bout de ce temps ?* Nous avons $v = 25^m$ et $t = 55''$.

La relation (1) nous permet d'écrire

$$e = 25^m \times 55''$$

ou
$$e = 1375 \text{ mètres.}$$

Un espace de 6,300 mètres a été parcouru d'un mouvement uniforme par une locomotive en 21 secondes. Quelle était sa vitesse ? Ici $e = 6,300^m$ et $t = 21''$.

La relation (2) nous donne

$$v = \frac{6300}{21},$$

ou bien
$$v = 30 \text{ mètres.}$$

Un cheval attelé à un tilbury trotte sur une route horizontale d'un mouvement uniforme. Il a parcouru 15,000 mètres à la vitesse de $2^m,50$ par seconde. On demande quelle est la durée de la course ?

Dans ce cas $e = 15,000^m$ et $v = 2^m,50$.

La relation (3) nous dit :

$$t = \frac{15000}{2,5},$$

ou bien
$$t = \frac{150000}{25},$$

et par division, $t = 6000$ secondes,

ou $t = 100$ minutes,

et enfin, $t = 1$ heure 40 minutes.

81. Représentation graphique d'un mouvement uniforme.

Dans le mouvement uniforme, les espaces sont proportionnels aux temps employés à les parcourir, puisque la vitesse reste la même pendant toute la durée du mouvement. La relation (2) est l'expression de cette idée. Considérons deux lignes perpendiculaires OT et OE : sur la ligne OT nous marquerons les temps et sur la ligne OE les espaces parcourus correspondants (fig. 57). A l'échelle du dessin 3″ sont représentées par 03 et l'espace parcouru par 03′. Si par les points 3 et 3′ nous menons des parallèles à OE et à OT, leur intersection B sera un point de la ligne représentative du mouvement. Au bout de 6″ le temps représenté est 06, l'espace parcouru correspondant sera 06′. Les parallèles menées donneront le point D situé aussi sur la ligne représentative.

Si par 4 et 4′, nous traçons de même des parallèles à OE et OT, le point C sera sur la ligne BD à cause de la similitude des triangles ; nous en concluons que :

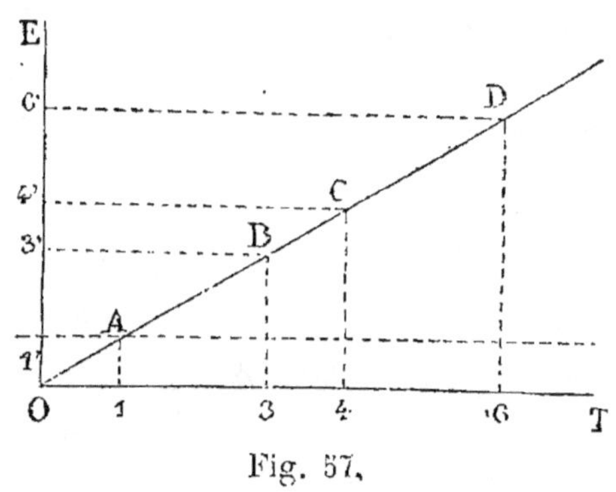

Fig. 57.

Le mouvement uniforme est représenté par une ligne droite.

82. La parallèle à OT, menée par le point A situé sur OD à l'intersection de 1A avec cette ligne, sera représentative de la vitesse puisque la vitesse est l'espace parcouru au bout de une seconde.

Solution graphique des problèmes relatifs au mouvement uniforme.

83. La relation (2) nous dit que :

$$v = \frac{e}{t},$$

mais un nombre est toujours égal à lui-même divisé par l'unité, de sorte que nous pouvons écrire :

$$\frac{v}{1} = \frac{e}{t}. \tag{4}$$

Donnons-nous deux lignes OX et OY (fig. 58) faisant entre elles un angle quelconque, sur la ligne OY, portons à l'échelle adoptée pour le dessin, une longueur OC égale à l'unité, à la suite une longueur CD égale à v. Sur OX, OA sera égal à t et AB à e. Unissons CA et DB, nous aurons deux lignes parallèles qui reproduiront la relation (4).

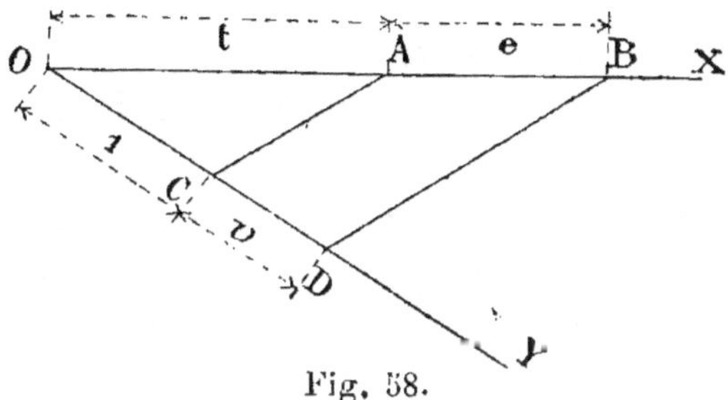

Fig. 58.

Le premier problème nous dit : $v = 25^m$, $t = 55''$; l'espace parcouru s'obtiendra en portant sur OY (fig. 58) l'unité et CD $= v$; sur OX on portera OA $= 55$, on joindra AC et par le point D menant une parallèle à CA, nous déterminerons AB, longueur égale, à l'échelle du dessin, à l'espace parcouru.

Les deux autres problèmes se traiteront de la même manière avec une grande facilité.

84. Vitesse moyenne.

Il est facile de comprendre que, le plus souvent, les animaux ou les objets qui nous semblent se mouvoir uniformément ne sont pas rigoureusement dans ce cas. Ainsi, un fantassin ne fait pas exactement, dans le même temps, le même nombre de pas de la même longueur. Il y a quelques inégalités dans le mouvement, la vitesse n'est pas continuellement la même, et, pour nous faire une idée de ce que serait un déplacement uniforme, nous devons mesurer la vitesse en divisant l'espace parcouru par le temps employé à le parcourir. Nous avons ainsi rigoureusement la vitesse que devrait conserver le soldat pour cheminer uniformément.

De même, une locomotive partie depuis cinq minutes, possédant d'abord une vitesse v qui va en s'augmentant jusqu'à devenir v', aurait parcouru d'un mouvement uniforme le même espace si elle avait été animée d'une vitesse moyenne

$$\frac{v + v'}{2},$$

évaluée par la moyenne des deux vitesses précitées.

Ainsi un cavalier parti à la vitesse $v = 1^m,20$ par seconde, qui presse sa monture de plus en plus jusqu'au point d'arrivée où il touche avec une vitesse de $7^m,60$, aurait parcouru d'un mouvement uniforme le même espace, dans le même temps, en imprimant à son cheval une *vitesse* régulière *moyenne* de

$$\frac{1^m,20 + 7^m,60}{2},$$

ou

$$\frac{8^m,80}{2} = 4^m,40.$$

Nous venons d'examiner des mobiles doués d'une vitesse croissante, il sont animés d'un *mouvement varié*.

Supposons la trajectoire rectiligne et la variation régulière. Dans ce cas le *mouvement* sera *rectiligne* et *uniformément varié*, c'est-à-dire que le corps franchira à chaque instant des espaces de plus en plus grands, comme un train à son départ ou un bateau en quittant le quai d'embarquement. Mais le mouvement sera encore uniformément varié dans le cas d'une bille de billard dont le mouvement se ralentit progressivement jusqu'à l'arrêt complet. Un train qui approche d'une gare se trouve dans les mêmes conditions. L'augmentation de vitesse ou le ralentissement, c'est-à-dire la diminution de la vitesse, se fait de quantités égales dans les temps égaux.

C'est ainsi qu'un objet qui fait $1^m,00$ dans la 1re seconde, $1^m,25$ dans la 2e seconde, $1^m,50$ dans la 3e, $1^m,75$ dans la

4e, et ainsi de suite progressivement, possède un mouvement uniformément accéléré.

De même une bille qui parcourt $20^m,00$ dans la 1re seconde, $19^m,50$ dans la 2e, 19^m dans la troisième, $18^m,50$ dans la 4e, est animé d'un mouvement uniformément retardé.

Dans le premier cas, $0^m,25$ est la quantité dont s'accroît la vitesse à chaque seconde, c'est ce qu'on nomme *l'accélération*. Comme *la vitesse augmente*, on dit de plus que *l'accélération est positive*. Le deuxième exemple nous fait assister à un mouvement dans lequel la vitesse décroit à chaque seconde de $0^m,50$, nous avons là aussi une accélération, mais comme la *vitesse diminue*, cette *accélération est négative*,

En peu de mots :

Si la vitesse augmente, l'accélération s'ajoute, elle est positive. Si la vitesse diminue, l'accélération se retranche, elle est négative.

85. Mouvement rectiligne uniformément varié.

La vitesse du mobile varie de quantités égales dans des temps égaux.

L'accélération est la quantité dont varie la vitesse pendant l'unité de temps.

Soient v_0 la vitesse du mobile au moment où nous commençons à observer son mouvement, t le temps pendant lequel nous considérons le mouvement et a l'accélération.

Au commencement de la 1re seconde la vitesse est v_0.

A la fin de la 1re seconde la vitesse est $v_0 + a$.

Id.	2me	id.	$v_0 + a \times 2$.
Id.	3me	id.	$v_0 + a \times 3$.
Id.	4me	id.	$v_0 + a \times 4$.
. . . .	. . . .	. . . .	. . . .
Id.	$t$me	id.	$v_0 + a \times t$.

Appelons v cette vitesse au bout du temps t, nous pourrons écrire

$$v = v_0 + a \times t. \qquad (1)$$

Si le mobile, au lieu de marcher avec une vitesse sans cesse croissante, avait parcouru le même espace, dans le même temps, d'un mouvement uniforme, la vitesse qui lui eut été nécessaire nous est donnée par la moyenne des vitesses aux points extrêmes du parcours.

Or la vitesse au commencement est v_0 et la vitesse finale $v_0 + at$, la moyenne sera :

$$\frac{v_0 + v_0 + at}{2},$$

ou bien,

$$\frac{2v_0 + at}{2}$$

et identiquement

$$\text{vitesse moyenne} = v_0 + \frac{1}{2} at. \qquad (2)$$

Cette vitesse est nécessaire au mobile pour parcourir l'espace e dans le temps t d'un mouvement uniforme.

Mais, dans ce cas, $\qquad e = v \times t,$

ou
$$e = \text{vitesse moyenne} \times t, \qquad (3)$$

remplaçons dans (3) la vitesse moyenne par sa valeur (2),

nous aurons : $\qquad e = \left(v_0 + \frac{1}{2} at \right) t. \qquad (4)$

Or, pour multiplier une somme de deux nombres par un troisième, il faut multiplier chacun des deux premiers par le troisième.

Exemple : $\qquad (5 + 7) 4 = 5 \times 4 + 7 \times 4 = 48,$
car
$$12 \times 4 = 48.$$

Faisons les deux multiplications indiquées par la relation (4),

il vient : $\qquad e = v_0 t + \frac{1}{2} at^2. \qquad (5)$

L'expression (1) peut se traduire ainsi :

La vitesse au bout d'un temps t, se compose de la vitesse initiale augmentée du produit de l'accélération par le temps.

De même, la relation (5) nous dit :

L'espace parcouru au bout d'un temps t, se compose du produit de la vitesse initiale par le temps, augmenté de la moitié du produit de l'accélération par le carré du temps.

APPLICATION. Considérons un mobile pour lequel la vitesse au commencement de l'observation ou vitesse initiale est $1^m,20$, la durée de l'examen du mouvement 22 secondes et l'accélération $0^m,05$. Quelle sera sa vitesse v au bout de 22 secondes ? Quel sera l'espace parcouru dans ce temps ?

Au commencement de la 1re seconde la vitesse est $1^m,20$, c'est la vitesse initiale.

A la fin de la 1re seconde, la vitesse est $1,20 + 0,05$.

$$\text{Id.} \quad 2^{me} \quad\quad \text{id.} \quad\quad 1,20 + 0,05 \times 2.$$
$$\text{Id.} \quad 3^{me} \quad\quad \text{id.} \quad\quad 1,20 + 0,05 \times 3.$$
$$\text{Id.} \quad 4^{me} \quad\quad \text{id.} \quad\quad 1,20 + 0,05 \times 4.$$

$$\cdots\cdots\cdots\cdots\cdots$$

$$\text{Id.} \quad 22^{me} \quad\quad \text{id.} \quad\quad 1,20 + 0,05 \times 22.$$

On aura : $v = 1^m,20 + 0,05 \times 22.$ (6)

Si le mobile avait fourni sa course dans le même temps, d'un mouvement uniforme, sa vitesse eut été la vitesse moyenne ou moyenne des vitesses extrêmes qui sont :

$$1,20 \quad\text{et}\quad 1,20 + 0,05 \times 22.$$

Par suite :

$$\text{vitesse moyenne} = \frac{1,20 + 1,20 + 0,05 \times 22}{2},$$

ou $$\text{vitesse moyenne} = \frac{2 \times 1,20 + 0,05 \times 22}{2},$$

qui se réduit à

$$\text{vitesse moyenne} = 1,20 + \frac{1}{2}\, 0,05 \times 22.$$

Mais dans le mouvement uniforme, l'espace parcouru est

égal au produit de la vitesse par le temps. Appelons e cet espace et nous aurons :

$$e = \left(1{,}20 + \frac{1}{2}\,0{,}05 \times 22\right) 22$$

et en exécutant la double multiplication indiquée :

$$e = 1{,}20 \times 22 + \frac{1}{2}\,0{,}05 \times \overline{22}^2. \qquad (7)$$

Les résultats (6) et (7) sont les réponses aux questions posées ; nous eussions pu les obtenir de suite en remplaçant, dans les relations (1) et (5), les lettres par leurs valeurs numériques correspondantes, indiquées à l'énoncé du problème.

86. Cas où la vitesse initiale est nulle.

Si la vitesse initiale est nulle, évidemment le corps part du repos.

La relation (1) a son terme v_0 qui devient égal à o, elle se réduit donc simplement à

$$v = at. \qquad (8)$$

Dans l'expression (5) qui donne l'espace parcouru, l'un des deux facteurs du produit $v_0 \times t$ étant nul, ce produit est égla à O et nous n'avons plus que :

$$e = \frac{1}{2}\,at^2. \qquad (9)$$

Par suite nous dirons que dans le cas où un mobile partant du repos est animé d'un mouvement uniformément accéléré :

Les vitesses sont proportionnelles aux temps, ce que nous indique (8).

Les espaces sont proportionnels aux carrés des temps résulte de (9).

En langage ordinaire, on énonce ainsi les relations (8) et (9).

La vitesse au bout du temps t est égale au produit de l'accélération par le temps. L'espace parcouru au bout du temps t est égal à la moitié du produit de l'accéléra-tion par le carré du temps.

APPLICATION. Un corps partant du repos possède une accélération de $9^m,8088$. Le mouvement dure 10 secondes. On demande la vitesse et le chemin parcouru au bout de ce temps ? Ici $a = 9^m,8088$ et $t = 10''$. Les expressions (8) et (9) nous permettent d'écrire :

$$v = 9,8088 \times 10$$

et
$$e = \frac{1}{2} 9,8088 \times \overline{10}^2,$$

ou calculs faits

$$v = 98^m,088 \text{ par seconde,}$$
$$e = 490^m,44.$$

87. Si l'accélération était négative les expressions (1) et (5) deviendraient

$$v = v_0 - at, \tag{10}$$

et
$$e = v_0 t - \frac{1}{2} at^2; \tag{11}$$

elles s'appliqueraient aux problèmes qui concernent les mouvements dont la vitesse va en diminuant.

APPLICATION. Un corps soumis au mouvement uniformé-ment retardé possède une vitesse initiale de 500 mètres par seconde, l'accélération négative est de $9^m,8088$, la durée du mouvement est de $10''$. On demande la vitesse et l'espace parcouru au bout de ce temps ?

Dans ce cas : $v_0 = 500$; $a = 9^m,8088$; $t = 10''$.

Les relations (10) et (11) nous donnent, en remplaçant les lettres par leurs valeurs numériques :

$$v = 500 - 9,8088 \times 10,$$

et
$$e = 500 \times 10 - \frac{1}{2} 9,8088 \times \overline{10}^2;$$

en exécutant les calculs

$$v = 401^m,912,$$
$$e = 4509^m,560.$$

88. *Espaces comparés aux temps dans le mouvement uniformément accéléré d'un corps qui part du repos.*

Soient c_1, c_2, c_3, c_4 les espaces parcourus au bout des temps $1''$, $2''$, $3''$, $4''$. Les expressions (8) et (9)

$$v = at \qquad (8)$$

et

$$c = \frac{1}{2} at^2, \qquad (9)$$

nous donnent, en y introduisant les valeurs du temps indiquées plus haut :

$$t = 1'', \qquad v_1 = a \times 1, \qquad c_1 = \frac{1}{2} a \times 1,$$

$$t = 2'', \qquad v_2 = a \times 2, \qquad c_2 = \frac{1}{2} a \times 4,$$

$$t = 3'', \qquad v_3 = a \times 3. \qquad c_3 = \frac{1}{2} a \times 9,$$

$$t = 4'', \qquad v_4 = a \times 4. \qquad c_4 = \frac{1}{2} a \times 16.$$

Si nous cherchons les différences $c_1 - o$; $c_2 - c_1$; $c_3 - c_2$; $c_4 - c_3$, nous aurons les espaces parcourus pendant la 1^{ie} seconde, pendant la 2me, pendant la 3me et pendant le 4me seconde ; ou bien

$$c_1 - o = \frac{1}{2} a \times 1, \qquad c_3 - c_2 = \frac{1}{2} a \times 5,$$

$$c_2 - c_1 = \frac{1}{2} a \times 3, \qquad c_4 - c_3 = \frac{1}{2} a \times 7.$$

Donc *les espaces parcourus de seconde en seconde successivement, sont entre eux comme la suite des nombres impairs.*

REMARQUE. Il est à remarquer qu'au bout de la deuxième seconde, la vitesse et l'espace parcouru sont égaux tous deux à $2a$.

89. Représentation graphique des relations (8) et (9).

Soient deux lignes perpendiculaires (fig. 59) OT et OE sur lesquelles on comptera les temps et les espaces.

Portons sur OT des temps égaux, $0 - 1, 1 - 2, 2 - 3,$

3—4; la ligne OV représentera les vitesses, puisque ces dernières sont proportionnelles aux temps et qu'au bout de deux secondes, 2—B la vitesse est égale à l'espace. Élevons

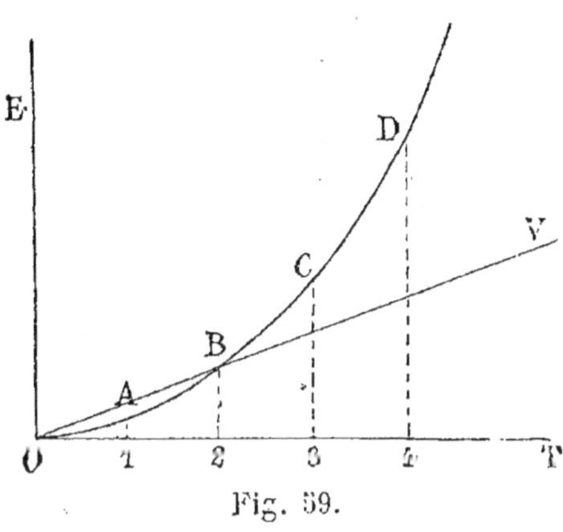

Fig. 59.

aux points 1, 2, 3, 4, des verticales 1 — A, 2 — B, 3 — C, 4 — D proportionnelles aux produits de $\frac{1}{2}\,a$ par les nombres 1, 4, 9, 16. Unissons les extrémités O, A, B, C, D par une courbe et nous aurons la représentation des espaces.

Cette courbe est une *parabole*.

Dans les ateliers et les bureaux de dessin, la parabole se construit par points qui sont ensuite réunis par une courbe tracée au pistolet.

90. Construction par points de la parabole.

Nous pouvons à l'aide d'une construction géométrique obtenir une ligne qui donne les vitesses et une parabole qui détermine les espaces parcourus.

Menons deux lignes perpendiculaires OE et OT. La ligne OE, parallèle aux espaces parcourus, sera l'axe de symétrie de la parabole. Admettons que nous sachions qu'un corps partant du repos a parcouru au bout de 4 secondes un espace 4—A. On nous demande de trouver la ligne représentative des vitesses, la courbe des espaces et l'accélération a (fig. 60).

A l'échelle du dessin prenons une longueur $O - 4 = 4$ secondes et par 4 menons une perpendiculaire 4 — A égale à l'espace donné.

Le point A qui appartient à la courbe est placé.

Menons du point A une perpendiculaire à OE et prenons A′ — 4′ = 4′ — A. Le point A′ sera le symétrique du point A par rapport à OE. Divisons O — 4 en quatre parties égales par les points 1, 2, 3, et divisons également la ligne O — 4′

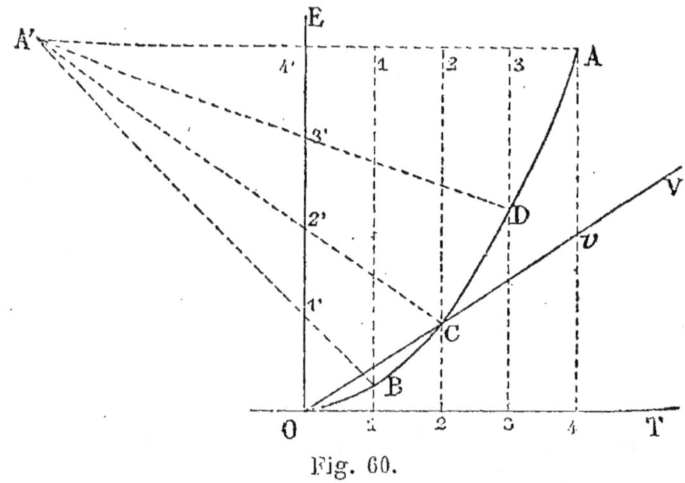

Fig. 60.

en quatre parties égales par les points 1′, 2′, 3′. Numérotons ces lignes en partant du point O et joignons le point A′ à chacun d'eux en prolongeant A′ — 1′, A′ — 2′, A′ — 3′ jusqu'à la rencontre des perpendiculaires élevées sur OT, aux points 1, 2, 3.

Les intersections B, C, D seront des points de la courbe ainsi que le point A qui est donné et le point O, puisque le le corps part du repos.

Faisons passer une courbe régulière par ces cinq points, nous aurons la courbe des espaces. Les longueurs 1 — B, 2 — C, 3 — D, et 4 — A mesurent les espaces à chaque seconde. Mais, d'après la remarque faite plus haut, l'espace 2 — C parcouru au bout de 2 secondes est égal à la vitesse en cet instant. Menons OC que nous prolongeons et nous avons la ligne OV des vitesses. La vitesse au bout de 4″ est 4 — v. Puisqu'au bout de 2 secondes la vitesse

7.

et l'espace sont le double de l'accélération, il suffira, pour avoir cette dernière, de mesurer la moitié de 2 — C.

91. Chute des corps.

Dans un tube de verre préalablement vidé d'air à l'aide de la machine pneumatique, une plume, un morceau de liège et une balle de plomb tombent également vite, ces trois objets partant d'un bout du tube arrivent à l'autre extrémité en même temps. Chacun de nous sait que dans l'air les choses ne se passent pas de la même manière, l'air résiste au mouvement.

Pour étudier expérimentalement la chute des corps dans l'air, nous devrons choisir un corps très pesant, pointu dans le sens du mouvement et présentant peu de surface.

L'illustre Galilée, né à Pise en 1564, trouva les lois de la chute des corps au commencement du XVIIe siècle. Depuis, elles ont été vérifiées un grand nombre de fois. Actuellement on les démontre à l'aide de plusieurs machines.

92. Appareil Morin.

Morin profita de cette circonstance que les corps tombent verticalement pour construire un appareil qui enregistre automatiquement toutes les phases du mouvement.

Un corps pesant I, présentant peu de résistance à l'air, est guidé par deux fils métalliques M verticaux. Ce poids est muni d'un crayon c qui trace sur un cylindre A enveloppé d'une feuille de papier, une ligne droite, quand on abandonne le corps I à l'action de la pesanteur. Par contre, si nous faisons tourner le cylindre A pendant que le poids I reste à la partie supérieure (fig. 61), le crayon trace une circonférence.

Si le cylindre A tourne uniformément autour de son axe ET pendant que le poids I exécute sa descente verticale, le crayon c trace sur la feuille de papier, une courbe dont l'examen révèle les lois de la pesanteur.

La figure obtenue est représentée par la fig. 62. Partageons

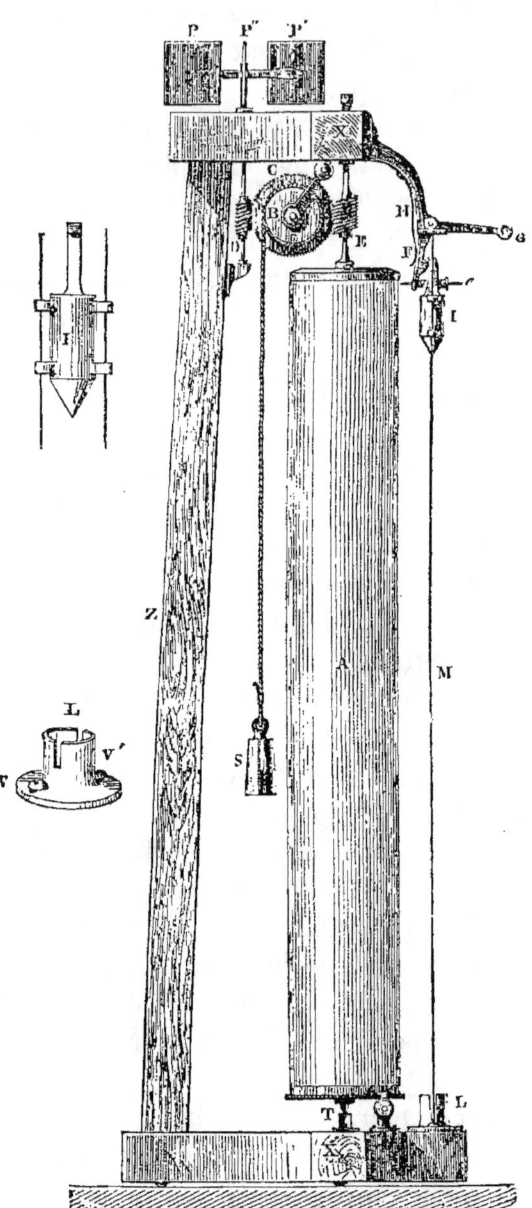

Fig. 61.

BC en quatre parties égales répondant à quatre fractions égales d'un tour du cylindre obtenues dans le même temps.

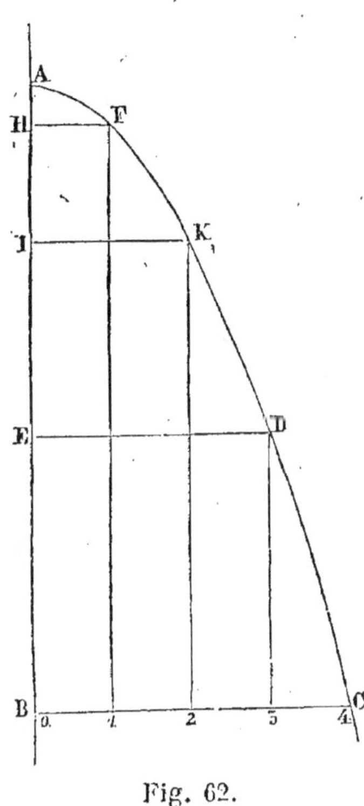

Fig. 62.

Par les points de division 1, 2, 3, menons des parallèles à AB, génératrice du cylindre tracée par le crayon pendant l'immobilité de A. Les chutes AH, AI, AE, AB, correspondent aux points F, K, D, C. Si la chute AH a duré 1″, la chute AI a duré 2″, AE correspond à 3″ et AB à 4″.

Si, prenant AH comme unité, nous le portons sur AI, il est contenu 4 fois, 9 fois sur AE et 16 fois sur AB.

Nous en concluons que si les temps sont

$$1, \quad 2, \quad 3, \quad 4,$$

les chutes correspondantes sont

$$1, \quad 4, \quad 9, \quad 16.$$

D'où : *les espaces parcourus sont proportionnels aux carrés des temps employés à les parcourir.*

Par expérience, on a déterminé l'espace parcouru par un corps qui tombe à Paris pendant la première seconde, et cet espace a été trouvé égal à 4^m,9044.

La loi des espaces vérifiée à l'aide de l'appareil précédent nous permet de conclure que : *La chute des corps se fait d'un mouvement uniformément accéléré.*

Or nous avons vu que dans un mouvement de cette nature l'accélération est égale au double de l'espace parcouru pendant la première seconde.

Désignons, comme c'est l'usage, l'accélération due à la pesanteur par la lettre g, nous aurons :

$$g = 4{,}9044 \times 2,$$

ou

$$g = 9^{\mathrm{m}}{,}8088.$$

Soit h la hauteur de chute parcourue pendant un temps t secondes, nous aurons :

$$v = g \times t \qquad\qquad (1)$$

et

$$h = \frac{1}{2} g t^2 ; \qquad\qquad (2)$$

ce qui s'énonce :

Les vitesses sont proportionnelles aux temps.

Les hauteurs de chute sont proportionnelles aux carrés des temps.

93. *Vitesse v due à la hauteur h de la chute.*

Élevons au carré la relation (1), nous aurons

$$v^2 = g^2 t^2, \qquad\qquad (3)$$

or,

$$h = \frac{1}{2} g t^2. \qquad\qquad (4)$$

De (4) nous obtenons par division

$$t^2 = \frac{2h}{g}.$$

Remplaçons dans l'expression (3) t^2 par sa valeur $\frac{2h}{g}$, il vient :

$$v^2 = g^2 \times \frac{2h}{g},$$

et en divisant au numérateur et au dénominateur par g.

$$v^2 = 2gh.$$

Extrayons les racines carrées dans les deux membres et nous aurons

$$v = \sqrt{2gh} \qquad\qquad (5)$$

La relation (5) est *la vitesse v due à la hauteur h*, elle permet, connaissant la hauteur de la chute, de trouver de suite la vitesse à l'arrivée.

APPLICATION. Un corps tombe de 80^{m} de hauteur, avec quelle vitesse arrivera-t-il sur le sol ?

On aura :
$$v = \sqrt{2 \times 9,8088 \times 80},$$
d'où,
$$v = 39^m,61.$$

94. Corps lancés verticalement.

Nous pouvons jeter une pierre dans un puits ou la lancer en l'air verticalement.

Dans le premier cas, la vitesse initiale sera v_0 et nous aurons l'action de la pesanteur qui viendra s'ajouter à chaque instant.

Les relations (1) et (2) deviendront :
$$v = v_0 + gt \qquad (5)$$
et
$$h = v_0 t + \frac{1}{2} g t^2. \qquad (6)$$

Dans le second cas, la pesanteur actionne le mobile qui s'éloigne de la terre, éteint petit à petit sa vitesse et ralentit le mouvement progressivement jusqu'à ce que la vitesse du mobile soit nulle. À ce moment, le corps retombe vers le sol et redescend comme un objet abandonné à lui-même.

Nous avons affaire ici à un mouvement uniformément retardé représenté par :
$$v = v_c - gt \qquad (7)$$
et
$$h = v_0 t - \frac{1}{2} g t^2. \qquad (8)$$

Si le corps est lancé verticalement, la durée de l'ascension sera donnée par
$$o = v_0 - gt.$$
car l'ascension durera jusqu'à ce que la *vitesse soit nulle*, c'est-à-dire qu'on aura :
$$v_0 = gt,$$
d'où.
$$t = \frac{v_0}{g}; \qquad (9)$$

telle est la durée de l'ascension.

La hauteur à laquelle parviendra le mobile, tirée de
$$v^2 = 2gh,$$

sera
$$h = \frac{v_0^2}{2g}. \qquad (10)$$

L'expression (10) se nomme *la hauteur due à la vitesse* v_0.

La durée de la chute est égale à la durée de l'ascension.

La vitesse au point d'arrivée est égale à la vitesse au moment du départ en ce même point.

Les relations (9) et (10) nous permettent de résoudre plusieurs problèmes intéressants.

APPLICATION. Un corps est lancé dans un puits de mine avec une vitesse $v_0 = 50^m$ par seconde. On demande la vitesse v au bout de 4 secondes de descente et l'espace h parcouru ? Les expressions (5) et (6) nous donnent, en remplaçant les lettres par leurs valeurs numériques :

$$v = 50 + 9,8088 \times 4,$$
$$h = 50 \times 4 + \frac{1}{2} 9,8088 \times 4^2.$$

Calculs faits, on a :
$$v = 39^m,235,$$
$$h = 278^m,470.$$

APPLICATION. Un corps lancé verticalement avec une vitesse $v_0 = 400^m$ monte à une certaine hauteur et pendant un certain temps. On demande de trouver ces deux éléments ?

Les expressions (9) et (10) nous donnent :

$$t = \frac{400}{9,8088},$$
$$h = \frac{400^2}{2 \times 9,8088},$$

d'où,
$$t = 40'',77 \qquad \text{et} \qquad h = 8163^m,26.$$

REMARQUE. Par expérience on constate que la pesanteur est une force constante dans un même lieu. Elle agit *continuellement* sur tous les corps. Nous venons de vérifier que le mouvement engendré par elle est uniformément accéléré.

Ainsi cette force constante engendre un mouvement uniformément accéléré.

Nous aurons l'occasion de revenir bientôt sur cette remarque.

MOUVEMENTS COMPOSÉS

95. Un bateau à vapeur est muni d'ordinaire d'une sorte de pont supérieur placé en travers du navire. Les officiers s'y promènent en surveillant la marche du bateau. C'est la passerelle du capitaine. Pendant la promenade, l'officier de service se déplace perpendiculairement à l'axe du navire, tandis que ce dernier avance suivant son axe même.

Un passager placé sur le pont situé sous la passerelle, juge que cet officier parcourt une ligne droite en allant et en revenant.

Mais si le bateau sort du port et qu'un observateur surveille le mouvement du capitaine, le spectateur aura conscience du déplacement du navire en avant et du cheminement de l'officier sur la passerelle, c'est-à-dire perpendiculairement à l'axe du bateau.

Le mouvement du capitaine, observé par le passager, est *relatif.*

Le mouvement du capitaine pour l'observateur placé sur la jetée est *absolu.*

Le déplacement du capitaine et celui du bateau sont *simultanés.*

Pour le spectateur placé sur le quai, la trajectoire du capitaine *résulte* des deux mouvements.

Si nous voulons nous rendre compte par un nouvel exemple de ce qui résulte de ces mouvements simultanés ; faisons rouler une bille dans une règle en forme de V et pendant le roulement déplaçons cette règle, à la main, parallèlement à elle-même. La bille aura parcouru une ligne qui partant du point A (fig. 63), aboutira au point D, car si nous laissons la règle en V immobile suivant AB, la bille cheminera de A en B.

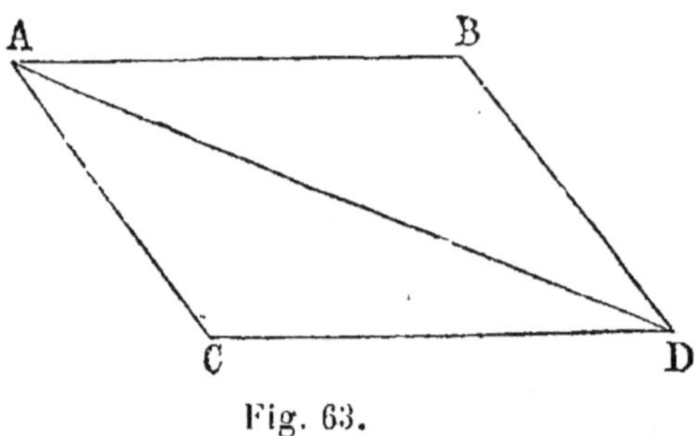

Fig. 63.

Si nous déplaçons cette règle jusqu'en CD pendant le roulement de la bille, cette dernière aura passé de A en D sans quitter la règle et en avançant toujours. Nous verrons que AD est une ligne droite.

Le mouvement de la bille suivant AB est *relatif*, son déplacement suivant AD est *absolu*.

Les mouvements relatifs existent seuls sur le globe, car la terre tournant sur elle-même, entraîne avec elle tous les corps en mouvement placés sur sa surface.

La terre tournant autour de son axe de l'ouest à l'est, supposons un train venant de Moscou et se dirigeant vers Paris, c'est à-dire de l'est à l'ouest, en sens contraire du mouvement de la terre. Admettons un instant que nous soyons placés hors du globe et que nous puissions assister à ce spectacle. Pour nous, il sera comparable à la course d'un chien, qui placé sur une voiture en mouvement, quitte le cocher et s'élance vers l'arrière du véhicule pendant le déplacement en avant de ce dernier.

Les mouvements du train et du chien sont relatifs. Mais le spectateur placé hors de la terre assiste au mouvement *absolu* du train, tandis que le promeneur placé sur le trottoir voit le déplacement *absolu* du chien.

Maintenant nous pouvons imaginer la marche des aiguilles d'une montre tenue par un coureur, tandis que ce dernier est entraîné de l'ouest à l'est par la terre.

Tous ces mouvements ont lieu en même temps et nous savons qu'ils ne se gênent pas, puisque notre montre marche de la même façon, qu'elle soit pendue au mur, dans notre poche durant une marche ou même dans le gousset d'un capitaine violemment ballotté sur les flots pendant le déplacement de son bateau.

96. Indépendance des mouvements simultanés.

Galilée observa que les mouvements simultanés sont indépendants les uns des autres.

Ainsi, il est possible de jouer au tonneau sur un bateau en mouvement comme sur la terre ferme. Les exemples cités tout à l'heure viennent apporter de nouvelles preuves à l'appui de l'indépendance des mouvements simultanés.

Chacun d'eux s'exécute comme si l'autre n'existait pas.

COMPOSITION DES MOUVEMENTS RECTILIGNES

97. Composition de deux mouvements rectilignes et uniformes.

Reprenons l'exemple du capitaine qui se promène d'un mouvement uniforme sur son bateau pourvu aussi d'un avancement uniforme.

Soient v_r la vitesse du capitaine sur la passerelle et v_e la vitesse d'entraînement du bateau (fig. 64).

Au bout d'un temps t, la passerelle OX sera venue en BX, de sorte que : $$OB = v_e \times t.$$

Mais le capitaine pendant ce temps t a parcouru OA avec sa vitesse v_r.

et nous avons : $\qquad OA = v_r \times t.$

Et comme il a cheminé sur son pont comme si ce dernier était au repos, il en résulte que

$$BM = OA.$$

Donc OAMB est un parallélogramme. Au bout d'un temps double ou triple, le point M′ sera encore tel que OA′M′B′ sera aussi un parallélogramme. Or OM et OM′ sont proportionnels aux temps, donc *le mouvement sur* OM′ *est uniforme.*

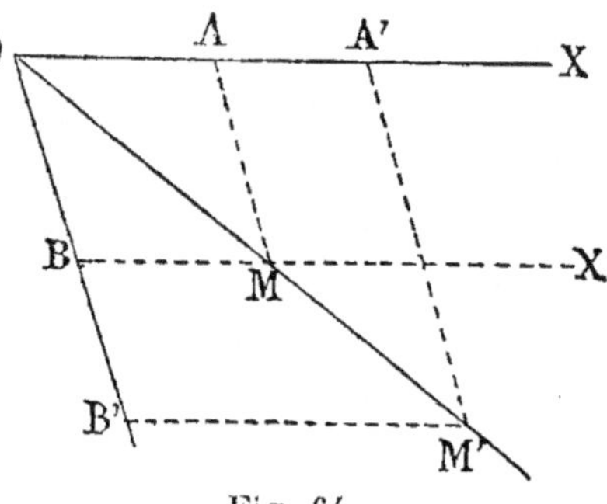

Fig. 64.

Si OA $= v_r$ et OB $= v_e$, OM sera la vitesse résultante ou V et nous pourrons dire :

98. *Le mouvement résultant de deux mouvements simultanés rectilignes et uniformes, est un mouvement rectiligne et uniforme.*

La vitesse de ce mouvement est en grandeur et en direction la diagonale du parallélograme construit sur les vitesses des mouvements composants.

Nous avons des exemples de ce mouvement dans le mouvement en avant ou en arrière de la goupille qui réunit les deux branches d'une paire de ciseaux.

99. *Composition de trois vitesses concourantes non situées dans un même plan.*

La vitesse résultante est la diagonale du parallélipipède construit sur les trois vitesses.

100. *Composition d'un mouvement rectiligne uniforme et d'un mouvement rectiligne uniformément accéléré.*

Admettons qu'un corps tombe suivant une droite OA′ pendant que celle-ci se déplace uniformément dans le sens OB′

parallèlement à elle-même (fig. 64). Au bout d'un temps t, le mobile a parcouru OA, mais en même temps OA est venu prendre la position BM, de sorte que le mobile est véritablement au point M.

Nous nous trouvons dans le cas d'un appareil Morin dans lequel le cylindre, animé d'un mouvement uniforme, serait remplacé par un tableau plan mobile pourvu d'un mouvement uniforme pendant la chute du poids. La chute du corps muni d'un crayon décrirait encore une parabole, car il est évident que la courbe tracée ne dépend pas de la rotation du cylindre.

Le mouvement résultant d'un mouvement rectiligne uniforme et d'un mouvement rectiligne uniformément accéléré est donc parabolique.

Une bille lancée sur une table suit une ligne droite ; en quittant la table, elle est abandonnée à l'action de la pesanteur et à son mouvement uniforme. Sa chute se fait suivant une parabole. L'eau qui sort du tonneau du porteur d'eau en veine continue, est encore un bel exemple de ce mouvement parabolique.

101. Mouvement apparent.

C'est le cas d'un mouvement observé par un homme situé à son insu sur l'un des mobiles.

Ainsi pour nous, les étoiles se déplacent de l'est à l'ouest, tandis qu'en vérité c'est la terre qui tourne de l'ouest à l'est.

MOUVEMENTS

102. Translation.

On nomme mouvement de *translation* celui dans lequel une droite qui unit deux points d'un corps se transporte parallèlement à elle-même.

Le chariot d'un tour, le tablier d'une machine à raboter,

les ascenseurs et les monte-charges sont animés de mouvements de translation.

103. Rotation.

Un point qui décrit une circonférence est animé d'un
mouvement circulaire ou de rotation.

Un corps qui tourne auteur d'une ligne droite possède
un mouvement de rotation, cette ligne droite est *l'axe de
rotation*. Le temps employé par le corps pour revenir à son
point de départ est la *durée d'un tour* ou *d'une révolution*.

Les deux battants d'une porte ont pour axes de rotation
les charnières ou les gonds. La grande aiguille d'une montre
met une heure à faire un tour ou une révolution autour de
son axe.

Le mouvement de rotation est extrêmement commun,
nous le rencontrons partout, c'est celui qu'on produit presque toujours dans les ateliers avant de le diviser entre toutes
les machines d'une usine.

104. Mouvement uniforme de rotation.

*Un mobile qui décrit sur une circonférence des arcs
égaux dans des temps égaux, possède un mouvement
uniforme de rotation.*

Une pièce de machine qui fait toujours *le même nombre
de tours en une seconde ou en une minute* est animée d'un
mouvement uniforme de rotation.

Considérons un point de la jante d'une poulie mobile
dans les conditions précitées.

Soient t le temps qu'il met à faire un tour complet et v sa
vitesse pendant ce mouvement.

Au bout du temps t, l'espace parcouru d'un mouvement
uniforme sera :

$$v \times t.$$

Mais cet espace est justement la circonférence de la jante
de rayon R, c'est-à-dire

$$2\pi R.$$

Nous aurons donc : $v \times t = 2\pi R.$ (1)

Un point d'un bras de la poulie, c'est-à-dire un point plus voisin de l'axe, décrira dans le même temps t, une circonférence de rayon R' ; il tournera donc avec une vitesse différente v' et nous aurons comme tout à l'heure :

$$v' \times t = 2\pi R'. \qquad (2)$$

Divisons (1) par (2), il viendra :

$$\frac{v \times t}{v' \times t} = \frac{2\pi R}{2\pi R'}.$$

Simplifions, nous aurons :

$$\frac{v}{v'} = \frac{R}{R'}. \qquad (3)$$

C'est-à-dire, que dans un corps qui tourne, *les vitesses de deux points sont proportionnelles à leurs distances à l'axe.*

Le fait est évident dans les conversions ; tandis que les hommes voisins du pivot piétinent sur place, ceux qui en sont éloignés doivent faire de grandes enjambées pendant le mouvement, pour conserver l'alignement. Ils doivent faire des pas d'autant plus grands qu'ils sont plus écartés du pivot.

La relation (1) nous donne par division.

$$v = \frac{2\pi R}{t},$$

c'est la vitesse en mètres d'un point situé à la distance R.

105. Vitesses angulaires.

Supposons R égal à 1 mètre, nous aurons

$$v = \frac{2\pi}{t} = W.$$

Nommons cette quantité W, c'est la *vitesse angulaire*, nous aurons en remplaçant dans la relation (3), v' par W et R' par 1 :

$$\frac{v}{W} = \frac{R}{1},$$

ou bien, $v = WR$,   (4)

ce qui s'énonce: *la vitesse d'un point d'une poulie est égale à la vitesse angulaire multipliée par le rayon de la circonférence décrite.*

De même, la vitesse angulaire peut être exprimée à l'aide du nombre N de tours que fait la poulie en un certain temps.

106. *D'ordinaire les nombres de tours sont mesurés pendant une minute.*

Ainsi une poulie de 1 mètre de rayon a pour circonférence 2π, comme elle fait N tours à la minute, un de ses points aura développé dans ce temps

$$2\pi N,$$

et en une seconde,

$$\frac{2\pi N}{60},$$

sa vitesse angulaire sera

$$W = \frac{2\pi N}{60} = \frac{\pi N}{30},$$

ou

$$W = 0,1047 \, N \text{ mètres.}$$

APPLICATION. 1° Une poulie de 3 mètres de rayon fait un tour en 6 secondes, on demande la vitesse d'un point de la jante ?

Nous avons la relation :

$$v = \frac{2\pi R}{t},$$

qui donne en remplaçant les lettres par leurs valeurs numériques :

$$v = \frac{2\pi \times 3}{6},$$

ou

$$v = 3^m,,1416.$$

C'est-à-dire qu'un point de la jante parcourt en une seconde $3^m,1416$.

Si cette poulie est chaussée d'une courroie, ce sera également la vitesse du cuir.

2º Pour cette même poulie, *la vitesse angulaire* W sera :

$$W = \frac{2\pi}{t} = \frac{2\pi}{6} = 1^{m},047,$$

et si nous nous servons de cette vitesse angulaire pour calculer la vitesse d'un point de la jante, la relation (4) :

$$v = W\,R$$

donnera $\qquad\qquad v = 1,047 \times 3^{m}$

et $\qquad\qquad v = 3^{m},141$

ou la valeur trouvée déjà.

3º Une poulie fait 10 tours à la minute. On demande quelle est sa vitesse angulaire.

Un point de cette poulie situé à un mètre de l'axe développe à chaque tour

$$2\pi.$$

Pour N = 10 tours, il développera en une minute

$$2\pi \times 10,$$

et en une seconde $\qquad \dfrac{2\pi \times 10}{60},$

ce qui donne la valeur de la vitesse angulaire W

$$W = \frac{2\pi \times 10}{60},$$

ou $\qquad\qquad W = \dfrac{\pi}{3} = 1^{m},047.$

Il est donc facile de trouver la vitesse angulaire d'une pièce en mouvement, quand on connaît son rayon et la durée d'une révolution ou le nombre de tours qu'elle fait en une minute. Réciproquement, connaissant la vitesse angulaire, on peut aisément calculer la vitesse d'un point situé à une distance donnée de l'axe.

107. Poulies et roues qui se conduisent.

Deux poulies ou deux roues dentées qui se touchent en tournant, se développent l'une sur l'autre, c'est-à-dire que leurs circonférences de contact ont *la même vitesse v.*

Soient W et W′ leurs vitesses angulaires, R et R′ leurs rayons, nous aurons d'après la relation (4) :

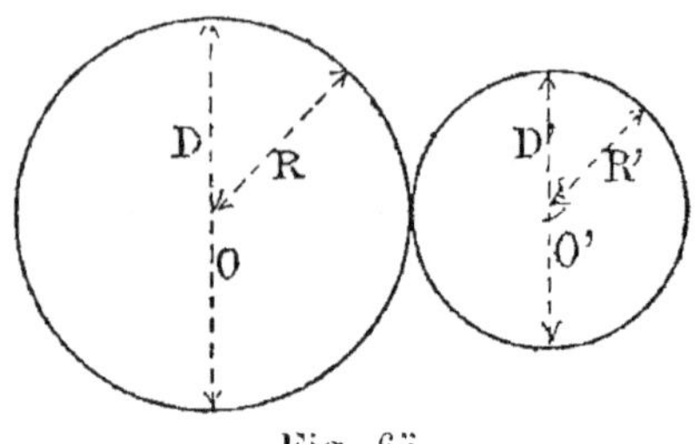

$$v = WR,$$

et

$$v = W'R',$$

ou bien

$$WR = W'R'; \quad (5)$$

Fig. 65.

c'est-à-dire que : *les vitesses angulaires ou les nombres de tours que font deux poulies ou deux roues dentées qui se conduisent sont inversement proportionnelles à leurs rayons.*

REMARQUE I. Appelons N et N′ les nombres de tours que font les deux poulies de rayons R et R′ en contact : nous aurons donc :

$$NR = N'R'. \quad (6)$$

REMARQUE II. Les rayons sont proportionnels aux diamètres, nous pouvons donc écrire :

$$ND = N'D', \quad (7)$$

ce qui s'énonce : *Les nombres de tours faits par les poulies ou les roues qui se conduisent, sont en raison inverse de leurs diamètres.*

La remarque qui précède est presque évidente, attendu que les circonférences étant proportionnelles aux diamètres, si nous supposons D double de D′ (fig. 65), la circonférence O′ fera deux tours pour développer la circonférence O. Si D était triple de D′, la circonférence O′ ferait trois tours pour développer la circonférence O, et ainsi de suite.

EXAMEN ÉLÉMENTAIRE
DE QUELQUES MÉCANISMES

108. Poulie fixe.

La chape est immobile, par suite la poulie roule sur son axe et la longueur de corde appartenant au brin montant qui s'enroule sur la poulie, cède une même longueur de corde au brin descendant, puisque la longueur du cordon ne change pas.

Si les deux brins sont parallèles, les mouvements de l'objet et de la main sont parallèles et de sens contraires. Les seaux fixés aux extrémités d'une corde à puits donnent ces résultats. Si l'on tire la corde de un mètre, le seau montant s'élève de cette longueur.

109. Poulie mobile.

Avec cette poulie, si la main tire le brin mobile d'une certaine longueur, la charge monte de la *moitié* de cette quantité, attendu que le raccourcissement se répartit évidemment sur les deux cordons d'une manière égale.

110. Palan à moufles.

Si nous tirons sur le *garant,* le raccourcissement produit se répartit entre tous les cordons et la montée du mobile est égale au quotient de la longueur de corde tirée, par le nombre des cordons ou par celui des poulies.

111. Plan incliné.

Ici le rapport des chemins parcourus par le mobile dans le sens de la base, au chemin fait dans la direction de la longueur du plan est égal au rapport de la base du plan à sa longueur.

112. Poulies et roues d'engrenage.

Deux poulies ou deux roues d'engrenage qui se conduisent transforment un mouvement circulaire continu en un autre mouvement de même nature.

Nous avons vu que dans ce cas : *les nombres de tours faits par les deux organes sont en raison inverse de leurs diamètres.*

113. Poulies pour arbres parallèles.

Les poulies ne sont pas d'ordinaire en contact, un certain espace les sépare et pour déterminer le mouvement d'entraînement de l'une à l'aide de l'autre, on les enveloppe toutes deux d'une bande de cuir tanné nommée *courroie.*

Concurremment au cuir, on emploie un grand nombre d'autres matières. Ces courroies sont larges et minces. Elles courent sur des surfaces qui sont cylindriques ou à peu près.

114. Courroie sans fin.

Deux poulies réunies par une courroie sans fin sont

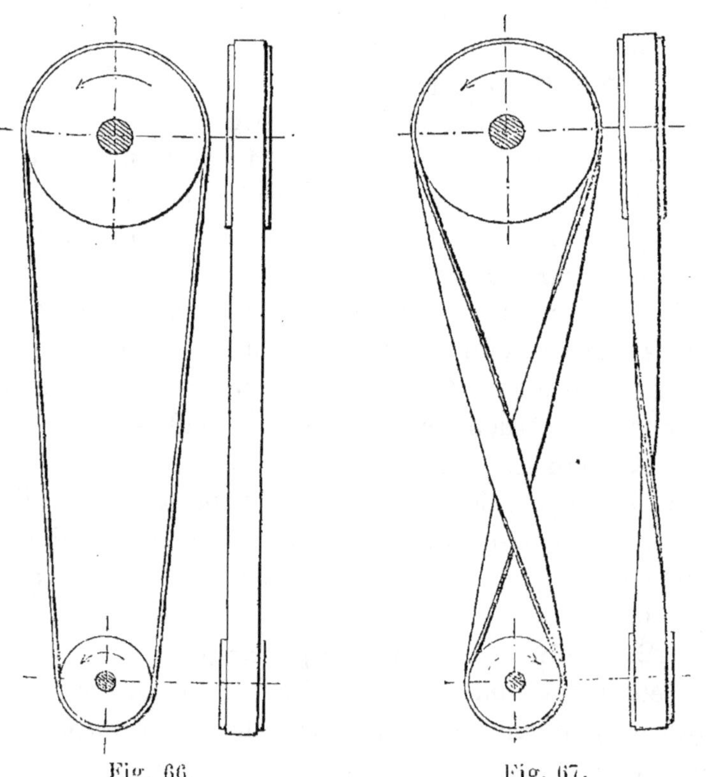

Fig. 66.   Fig. 67.

chaussées. Si les brins ne se rencontrent pas, les arbres tournent dans le même sens, et la courroie est dite ouverte (fig. 66).

Si les brins se rencontrent, les arbres tournent en sens contraires et la courroie est dite *croisée* (fig. 67).

APPLICATION. Un arbre fait 90 tours à la minute, il est garni d'une poulie dont le diamètre est égal à $0^m,70$. Une courroie ouverte transmet son mouvement à une poulie de de $0^m,50$ de diamètre, placée sur un arbre situé plus bas. On demande le nombre de tours fait par la dernière poulie et le sens de sa rotation.

La courroie étant ouverte, les deux poulies tourneront dans le même sens. Enfin, nous aurons d'après la relation (7) citée plus haut :

$$90^t \times 0^m,70 = N' \times 0^m,50,$$

attendu que :

$$N = 90 ; \quad D = 0^m,70 \quad \text{et} \quad D' = 0^m,50.$$

Par division, il vient :

$$N' = \frac{90 \times 0,70}{0,50},$$

et, calculs faits : $\quad N = 126$ tours.

APPLICATION. Une poulie de $0^m,70$ de diamètre fait 90 tours et détermine sur une poulie menée, 105 tours avec une courroie croisée. On demande le sens du mouvement et le diamètre de la poulie menée.

La courroie croisée fera tourner les deux poulies en sens contraires.

Mais ici $\quad N = 90 ; \quad D = 0^m,70 \quad \text{et} \quad N' = 105,$

nous aurons : $\quad 90^t \times 0^m,70 = 105^t \times D',$

d'où, par division : $\quad D' = \frac{90 \times 0,70}{105},$

et enfin, $\quad D' = 0^m,60.$

APPLICATIONS. 1° Une poulie fixe sert à élever, à l'aide

d'une corde, l'eau d'un puits. Chaque extrémité de la corde porte un seau de 18 litres. Quel effort faudra-t-il faire pour déterminer l'élévation du seau plein d'eau? Le seau vide descendant, fait équilibre au seau plein montant, par conséquent l'ouvrier devra produire une traction de 18 kilogrammes augmentée de l'effort nécessaire pour plier la corde sur la poulie et pour faire rouler cette dernière sur son axe.

2° Un poids de 30 kilogrammes est lié à la chape d'une poulie mobile soutenue par une corde à brins parallèles. On demande de combien aura monté la charge quand l'ouvrier aura amené à lui 9 mètres de corde et quel effort il devra produire?

Le poids de 30 kilogrammes aura monté de $\frac{9}{2}$ mètres ou ou de $4^m,50$ et l'effort nécessaire sera de 15 kilogrammes, plus les efforts destinés à plier la corde, à faire tourner la poulie et à élever la corde avec chape et poulie.

3° Une charge de 1,800 kilogrammes est suspendue à un palan à moufles muni de six poulies. Quel effort faut-il exercer sur le garant pour soutenir ce poids et de combien montera-t-il quand les manœuvres amèneront 12 mètres de corde?

L'effort nécessaire sera

$$\frac{1800}{6} = 300 \text{ kilogrammes,}$$

et la montée, $\qquad \frac{12}{6} = 2 \text{ mètres.}$

4° Un plan incliné a 6 mètres de base et 8 mètres de longueur. On demande quel est le chemin parcouru horizontalement par la charge quand elle est arrivée à $3^m,50$ suivant la longueur du plan incliné?

On aura : $\qquad \dfrac{3,50}{7} = \dfrac{8}{6},$

ou
$$l = \frac{6 \times 3,50}{8} = 2^m,625.$$

5° Une poulie de $1^m,20$ de diamètre mène par courroie une deuxième poulie de $0^m,40$ de diamètre. La première fait 50 tours à la minute, on demande combien la poulie menée fera de tours?

On aura :
$$\frac{N}{50} = \frac{1,20}{0,40};$$

d'où
$$N = 50 \times \frac{1,20}{0,40} = 150 \text{ tours.}$$

115. Longueur des courroies.

Pour obtenir la longueur des courroies et ne pas couper

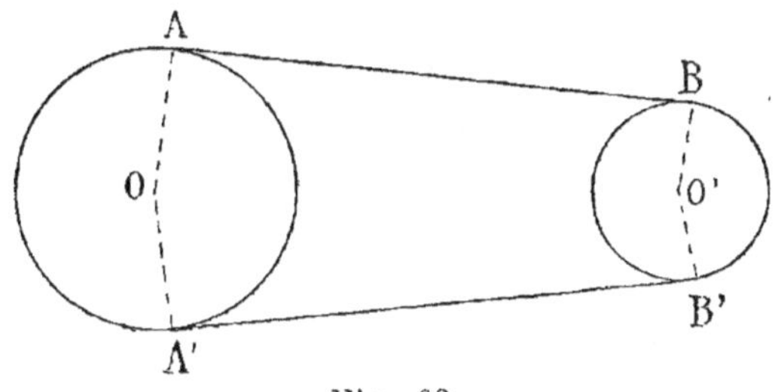

Fig. 68.

le cuir au hasard, il convient de tracer l'une des deux épures (fig. 68 et 69), suivant que la courroie est droite ou

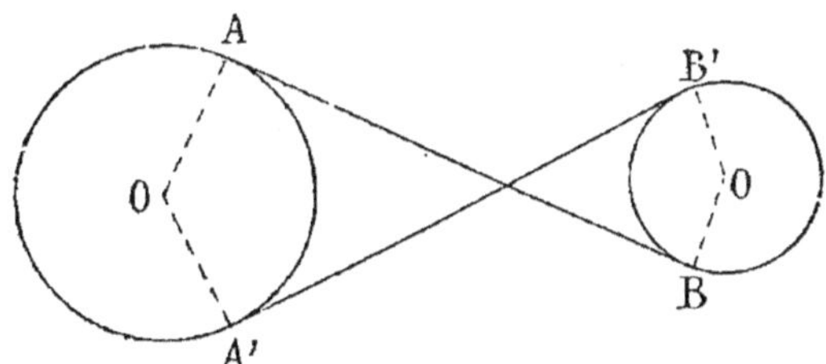

Fig. 69.

croisée, puis on mesure à l'échelle du dessin la longueur du contour suivi par elle.

Cette épure est simplement le problème des tangentes

extérieures ou celui des tangentes intérieures à deux circonférences.

Dans les deux cas, les arbres qui se projettent en O et O' sont parallèles.

116. Poulies étagées ou cônes de transmission.

Il arrive souvent qu'un outil, tel qu'un tour, une fraiseuse ou une machine à percer, ont besoin de marcher à des vitesses différentes pour satisfaire aux nécessités du travail.

On installe d'ordinaire sur *l'arbre menant* ou arbre supérieur une poulie multiple, poulie étagée ou cône de vitesses.

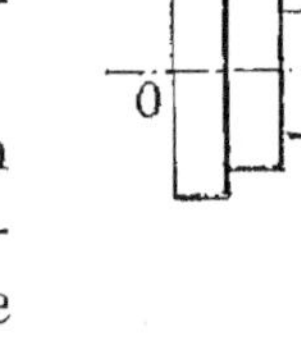

Sur l'arbre mené se trouve également un cône semblable, mais tourné en sens contraire. Au plus grand diamètre du cône de l'arbre menant correspond le plus petit diamètre de l'arbre mené, comme l'indique la figure 70.

Il faut qu'une courroie unique puisse chausser les différentes paires de poulies qui se correspondent.

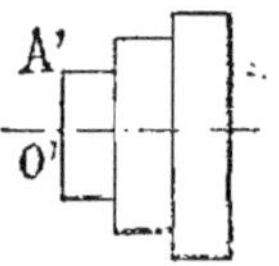

Soient $OA = R$ et $O'A' = R'$, pour que la même courroie convienne à tous les étages, il faut que :

$$R + R' = \text{une quantité fixe S.} \qquad (1)$$

Fig. 70.

Si nous appelons V la vitesse du cône O et V' la vitesse du cône O', nous aurons comme précédemment :

$$\frac{V}{V'} = \frac{R'}{R}. \qquad (2)$$

Mais puisque

$$R + R' = S, \qquad \text{on a} \qquad R' = S - R.$$

Dans l'expression (2), remplaçons R' par sa valeur S-R et nous avons

$$\frac{V}{V'} = \frac{S-R}{R} = \frac{S}{R} - \frac{R}{R} = \frac{S}{R} - 1,$$

ou
$$\frac{V}{V'} = \frac{S}{R} - 1. \tag{3}$$

Ajoutons 1 aux deux membres de (3), il vient :

$$1 + \frac{V}{V'} = \frac{S}{R} - 1 + 1 ,$$

ou
$$1 + \frac{V}{V'} = \frac{S}{R} :$$

de là
$$R = \frac{S}{1 + \dfrac{V}{V'}} . \tag{4}$$

APPLICATION. Soit $\frac{1}{4}$ le rapport de vitesse qu'il s'agit de produire.

Supposons la somme des rayons égale à $0^m,55$. Déterminons chacun des rayons R et R'.

Dans ce cas :

$$\frac{V}{V'} = \frac{1}{4} \qquad \text{et} \qquad R + R' = 0^m,55 .$$

Remplaçons dans la relation (4) les lettres par leurs valeurs, nous aurons :

$$R = \frac{0.55}{1 + \dfrac{1}{4}} ,$$

ou
$$R = \frac{0,55 \times 4}{5} ,$$

et enfin, $R = 0,44.$

et par différence, $R' = 0,11.$

Les rayons des poulies sont donc respectivement $0^m,44$ et $0^m,11$.

C'est un problème qui se présente fréquemment pour la mise en marche des outils ou pour les modifications nécessitées par des travaux inusités.

La courroie peut d'ailleurs être ouverte ou croisée; sa

longueur se déduit d'une épure très simple indiquant les poulies correspondantes dans leurs positions à l'échelle du dessin.

Remarques. Les poulies et les cônes doivent être montés sur leurs arbres, de manière que le fil à plomb placé sur le milieu de la largeur de l'une corresponde au milieu de la largeur de l'autre poulie.

117. Longueur de la courroie.

Une courroie a pour mesure approximative deux fois la distance des centres des poulies, plus la moitié de la circonférence de chacune des poulies, ce qui se traduit par la formule :

$$L = 2 \text{ fois la distance des centres} + \pi\,(R + R').$$

Application. Deux poulies éloignées de 3^m,00 de centre en centre sont unies par une courroie ouverte, leurs diamètres respectifs sont de 1^m,20 et 0^m,80. On demande la longueur de la courroie.

Nous aurons :

$$L = 2 \times 3,00 + \pi\,(0,60 + 0,40),$$
ou
$$L = 6,00 + 3,14 \times 1,00,$$
et
$$L = 9^m,14.$$

118. Courroies qui unissent deux arbres non parallèles.

Deux arbres non parallèles peuvent être réunis par courroie, si les poulies sont convenablement disposées. La condition unique et suffisante pour que la courroie se tienne bien est celle-ci : *Le point auquel la courroie quitte chaque poulie doit être dans le plan de l'autre poulie.*

Cette condition ne peut être remplie que pour une courroie qui marche toujours dans le même sens.

La figure 71 donne trois vues de cette disposition, appliquée à deux arbres placés à angle droit. Les flèches indiquent le sens du mouvement. En les suivant, il est facile de voir que

*le point auquel la courroie quitte chacune des poulies
se trouve dans le plan qui passe par le milieu de l'autre.*

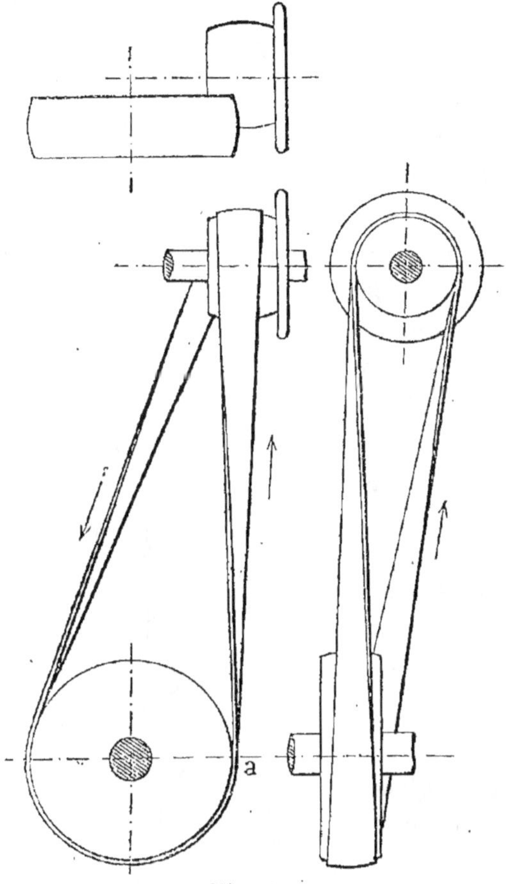

Fig. 71.

On dit alors que la courroie est *tordue au quart.*

119. Poulies guides.

Deux arbres qui ne sont pas parallèles et dont les directions sont quelconques, peuvent être réunis par une courroie, à la condition d'employer des poulies guides, qui dévient la courroie sans modifier le rapport des vitesses des arbres.

La figure 72 représente en plan et en élévation une disposition de poulies et de rouleaux guides. La ligne *ab* est l'intersection des plans médians des poulies. Si nous choisissons deux points *a* et *b* sur cette ligne, et si nous menons les tangentes *ac* et *bd* aux poulies, les directions de la courroie seront *cac* et *dbd*. La courroie peut courir dans les deux sens.

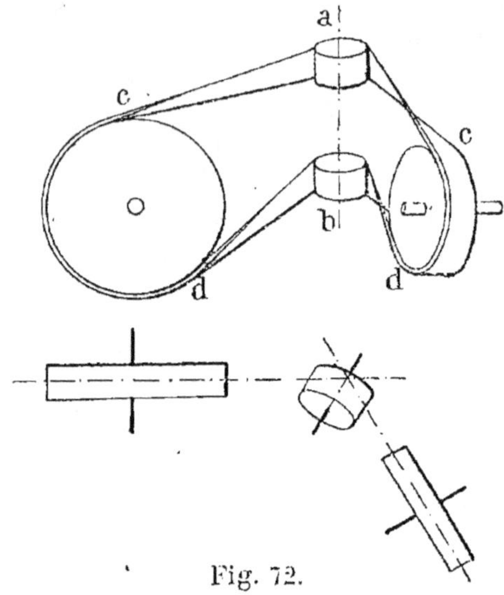

Fig. 72.

120. Courroie trop courte.

Une courroie qui relie deux arbres trop voisins fonctionne dans de mauvaises conditions. On peut augmenter la longueur de cette courroie en employant des galets.

La figure 73 donne une disposition de cette nature. Les plans moyens des poulies-guides sont déterminés comme ci-dessus. Il est néanmoins possible de placer les rouleaux sur des axes parallèles ; il suffit pour cela que la courroie qui quitte cha-

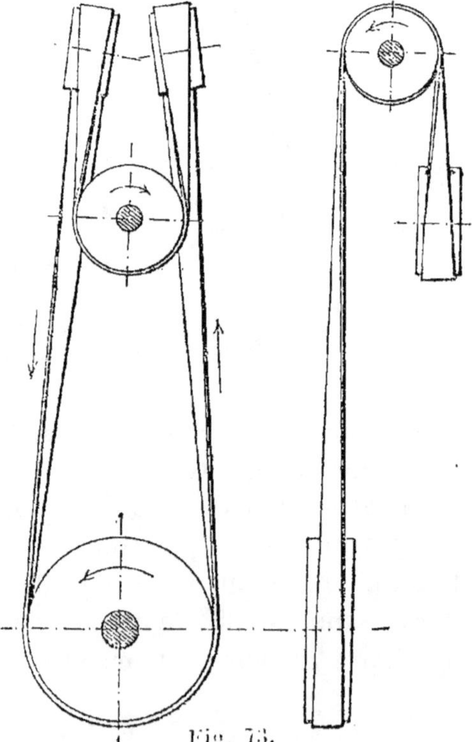

Fig. 73.

cune des poulies soit dans le plan de la poulie vers laquelle elle se dirige. Avec cette disposition, la courroie ne peut fonctionner que dans une seule direction.

121. Arbres placés à angle droit.

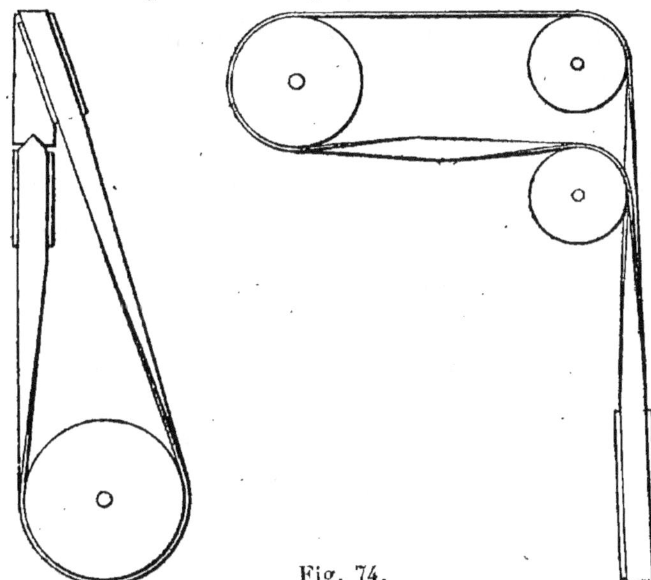

Fig. 74.

Les fig. 74 et 75 représentent deux combinaisons de

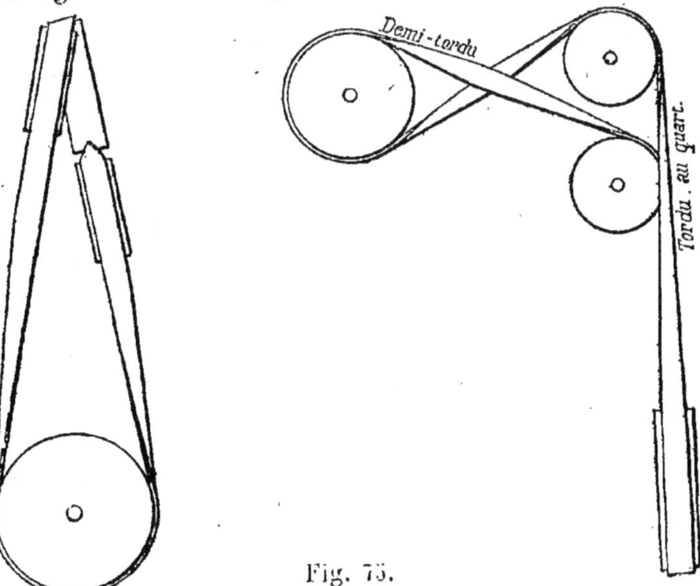

Fig. 75.

courroies et de galets pour arbres placés à angle droit. En suivant le parcours de la courroie, il est facile de voir que son ventre, c'est-à-dire, le côté rugueux, est toujours sur les poulies.

Pour arriver à ce résultat, les courroies sont tordues d'un quart ou d'un demi-tour entre les poulies sur lesquelles elles passent.

REMARQUE I. L'installation de ces dispositions se fait, d'après une épure soignée, à l'aide du fil à plomb et de la règle.

REMARQUE II. Toutes les poulies de transmission sont bombées sur leur jante de $\frac{1}{15}$ de leur largeur. Ce bombement aide la courroie à se maintenir au milieu de la poulie pendant la marche du cuir.

122. Écartement des arbres qui se mènent.

1° L'écartement entre les poulies doit être d'au moins *deux fois* le diamètre de la plus grande.

2° Le diamètre de la poulie menante étant D et l sa largeur; l'écartement entre les deux poulies doit être supérieur à

$$10 \sqrt{l.D}.$$

Le plus grand nombre fourni par ces deux règles est celui qu'on doit adopter.

123. Transmission par corde-courroie.

Actuellement, on remplace fréquemment les courroies de

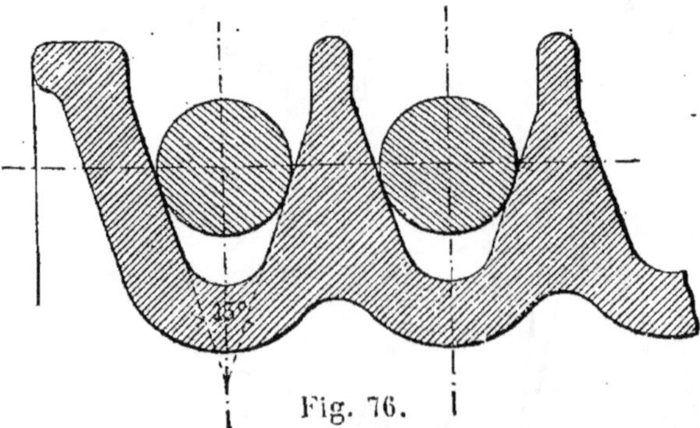

Fig. 76.

cuir par des câbles ronds en chanvre. Les courroies de cette nature sont montées sur des poulies garnies de rainures en V et chaque rainure porte sa *corde-courroie*. Le diamètre de cette dernière varie de 25 à 50 millimètres. Les deux bouts de la corde sont réunis par une *épissure* dont la longueur doit être de 2^m,50 à 3 mètres. Il faut d'ailleurs que les poulies soient distantes de 6 mètres au moins.

124. Transmission par câbles métalliques.

Les transmissions par câbles métalliques, nommées câbles *télédynamiques*, sont dues à G.-A. Hirn. Depuis une vingtaine d'années elles se sont répandues et permettent de transmettre des forces considérables à de grandes distances. Les poulies doivent être éloignées de 40 mètres au moins.

Ces transmissions marchent à grande vitesse, un point du câble parcourt en effet de 25 à 50 mètres par seconde.

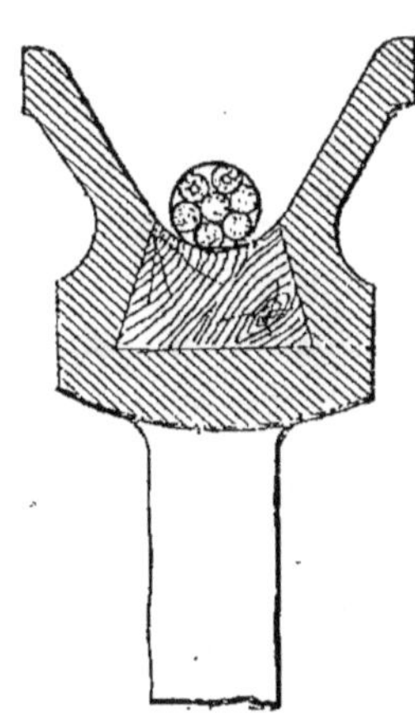

Fig. 77.

Les poulies sont munies d'une gorge profonde et large dans laquelle repose le câble.

Le fond de cette gorge est garni de bois, de gutta-percha ou de cuir.

Le câble est formé de six *torons* qui contiennent chacun six fils répartis autour d'une *âme* en chanvre. Le centre du câble est également occupé par une âme en chanvre goudronné.

Torons et câble sont tordus légèrement. Le diamètre du fil de fer ou d'acier varie de $\frac{1}{2}$ à 2 millimètres.

125. Poulies cônes.

Elles se composent de deux troncs de cônes placés en sens contraires.

La courroie guidée par une fourchette F, peut voyager sur ces cônes construits de manière que la somme des

rayons ne change pas, de sorte que la longueur de la courroie reste constante. Les vitesses sont encore en raison
inverse des rayons.

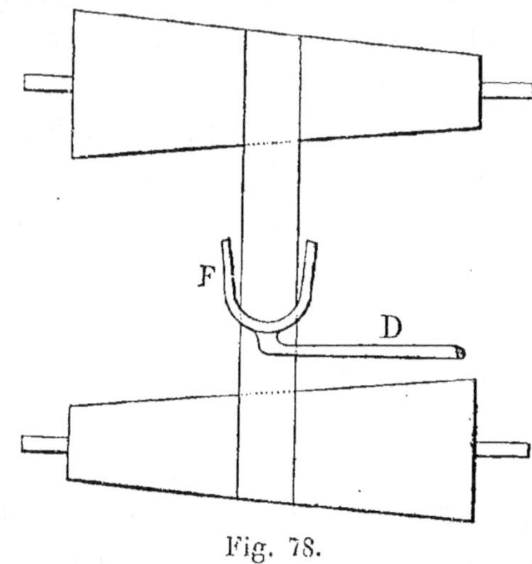

Fig. 78.

Ces organes permettent de modifier à volonté le rapport
des vitesses. On les rencontre dans certaines machines à
papier.

126. Équipages de poulies.

Quand un arbre de transmission A donne le mouvement

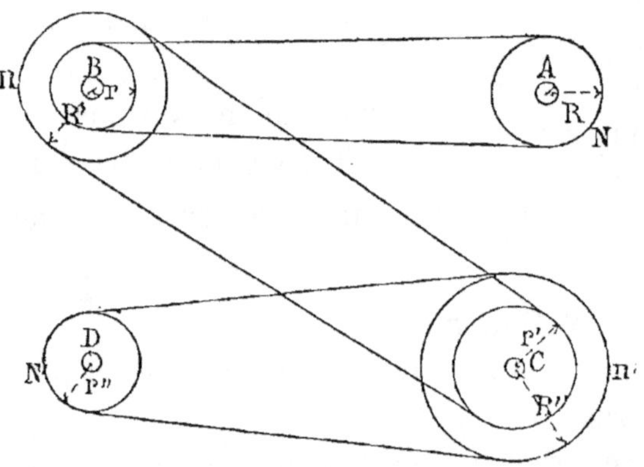

Fig. 79.

à un arbre extrême D, au moyen de plusieurs arbres intermédiaires B et C, il est possible de calculer le rayon, le diamètre ou le nombre de tours de l'arbre D.

En effet, nous savons que les nombres de tours de deux poulies liées par courroie sont en raison inverse des rayons ou des diamètres.

$$A \text{ menant } B \qquad R \times N = r \times n, \qquad (1)$$
$$B \text{ menant } C \qquad R' \times n = r' \times n', \qquad (2)$$
$$C \text{ menant } D \qquad R'' \times n' = r'' \times N'. \qquad (3)$$

Multiplions, membre à membre, les expressions (1), (2), (3), il vient :

$$R \times R' \times R'' \times N \times n \times n' = r \times r' \times r'' \times N' \times n \times n'.$$

Divisons les deux membres par les deux facteurs n et n', il nous reste :

$$R \times R' \times R'' \times N = r \times r' \times r'' \times N', \qquad (4)$$

en remplaçant les rayons par les diamètres, on aurait identiquement :

$$D \times D' \times D'' \times N = d \times d' \times d'' \times N'. \qquad (5)$$

Ce qui peut s'énoncer ainsi :

Dans un équipage de poulies ;

Le produit de tous les rayons (ou diamètres) *des poulies menantes multiplié par le nombre de tours de la première menante, est égal au produit de tous les rayons* (ou diamètres) *des poulies menées, multiplié par le nombre de tours de la dernière menée.*

APPLICATION. Dans la fig. 79 donnons les valeurs suivantes : $N = 15$ tours ; $R = 0^m,30$; $R' = 0^m,40$; $R'' = 0^m,50$ et $r = 0,20$; $r' = 0^m,35$; $r'' = 0,25$. On demande le nombre de tours N' fait par la dernière menée D.

La relation (4) nous donne, en remplaçant les lettres par leurs valeurs :

$$0^m,30 \times 0^m,40 \times 0^m,50 \times 15 = 0^m,20 \times 0^m,35 \times 0^m,25 \times N',$$

d'où
$$N' = \frac{15 \times 0,30 \times 0,40 \times 0,50}{0,20 \times 0,35 \times 0,25},$$

et en simplifiant : $N' = \dfrac{15 \times 6 \times 2 \times 2}{7}$,

c'est-à-dire, $N' = 51^{\text{tours}},43$ environ.

Remarque. En se donnant le nombre de tours à faire, on déterminerait le rayon r'' de la dernière menée.

ENGRENAGES

127. **Organes rigides en contact.**

Les engrenages servent à transmettre le mouvement d'un arbre à un autre. Les roues utilisées dans ce but sont toujours garnies de dents, aussi le glissement est-il impossible et les rapports des vitesses sont assurés d'une manière rigoureuse.

Les nombres de tours N et N' de deux roues de rayons R et R' donnent, comme pour les poulies, la relation :

$$NR = N'R'.$$

Les *roues droites* ou *engrenages cylindriques* correspondent aux poulies, on les monte sur des arbres parallèles (fig. 80).

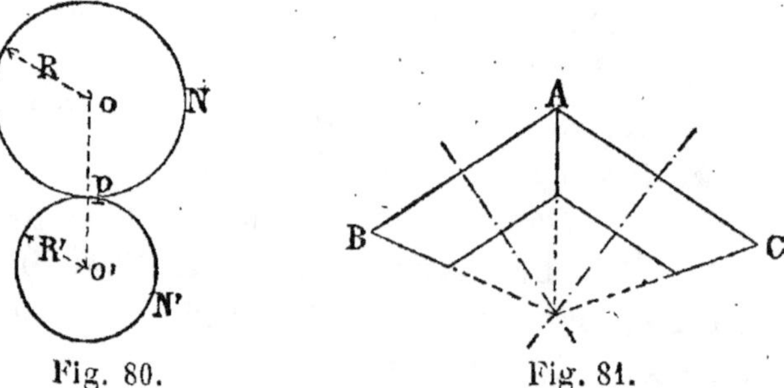

Fig. 80.   Fig. 81.

Les surfaces en contact sont les *surfaces primitives*. Une coupe verticale donne les *cercles primitifs* de rayons R et R'. Le *point de contact* est l'origine du *pas*.

Si les arbres se coupent, on les réunit par deux cônes (fig. 81).

A ces cônes correspondent des *roues coniques, engrenages coniques* ou *roues d'angle.*

Le plus souvent, dans les ateliers, les arbres sont à angle droit. D'ordinaire, on mesure le rayon ou le diamètre des roues d'angle sur le plus grand côté AB , AC.

128. Dents des roues droites.

On peut donner aux dents des roues droites une forme ou *profil* tel, que toutes les roues *de même pas* puissent engrener et marcher ensemble.

On nomme *cercles primitifs* ou *cercles de division* ceux sur lesquels on compte le pas des dents (fig. 80).

Si deux roues engrènent ensemble, les cercles primitifs sont tangents (fig. 80).

On distingue dans une dent de roue droite :

La *tête de la dent* au-dessus du cercle primitif pp' (fig. 82).

Le *pied de la dent* au-dessous du cercle primitif. La surface *abcd* est le *sommet de la dent.* La surface ABCD est la *base ou racine de la dent.*

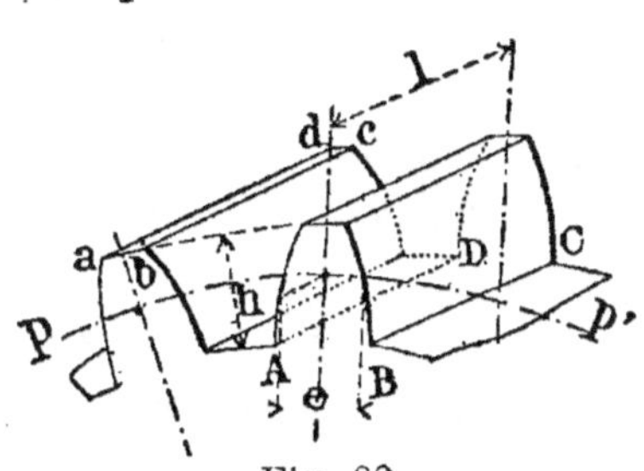

Fig. 82.

La *hauteur h de la dent* est comprise entre la base et le sommet.

La *largeur l de la dent* est comprise entre les surfaces extrêmes.

L'*épaisseur e de la dent* est la longueur de l'arc du cercle primitif compris entre les flancs qui limitent la dent latéralement.

Le *creux de la dent* est pris sur le même cercle entre deux dents consécutives.

Ce creux est un peu supérieur à l'épaisseur, il y a donc un certain *jeu* entre les flancs des dents d'une paire de roues qui engrènent. Un creux, plus une épaisseur forment *le pas.*

Le pas p est aussi égal à la distance des axes de deux dents consécutives prise sur le cercle primitif.

Il y a deux choses très importantes dans les engrenages : une bonne division des cercles primitifs et une forme convenable pour les dents.

129. Rayon du cercle primitif.

Soit une roue de N dents et du pas p, la circonférence contenant N fois le pas, on aura, si R est son rayon :

$$2\pi R = N \times p,$$

ou

$$R = \frac{N}{2\pi} \times p = 0{,}15915 \times N \times p.$$

APPLICATION. Une roue de 15 dents ayant un pas de 7 mill. aura un cercle primitif, dont le rayon R sera :

$$R = \frac{15}{2\pi} \times 7 \text{ en millimètres,}$$

ou bien

$$R = 0{,}15915 \times 15 \times 7 \text{ en millimètres.}$$
$$R = 17 \text{ millimètres.}$$

130. Dents épicycloïdales.

On démontre que si les têtes des dents de chaque roue sont, ainsi que leurs pieds, limités respectivement par des *épicycloïdes* et des *hypocycloïdes* engendrées par le même *cercle générateur* roulant à l'extérieur et à l'intérieur du *cercle directeur* ou *primitif*, les dents se conduiront ou se mèneront de façon *qu'une vitesse uniforme sera obtenue*.

Mais il est difficile de dessiner des arcs d'épicycloïde de petite dimension avec exactitude. On peut leur substituer un arc de cercle qui coïncide avec eux sur le cercle primitif et aux $\frac{2}{3}$ de leur longueur à partir de ce cercle.

131. PREMIER PROCÉDÉ. Dans la figure 83, le cercle en traits pleins bpb' est le cercle primitif, p est l'origine du pas. Les cercles ponctués complets sont les cercles générateurs. La tête de la dent est pv et son pied ps.

Les circonférences qui passent par r et s sont les circonférences de tête et de pied de la dent. Les arcs vpw indiquent le chemin des contacts.

Le cercle R en roulant sur le cercle primitif jusqu'à la position R' a son point p qui vient en m en traçant l'épicycloïde pm qui constitue la tête de la dent.

Cela dit, prenons $pc = \frac{2}{3} pr$ et traçons l'arc ce concentrique au cercle directeur, soit l'arc pb égal à l'arc pe.

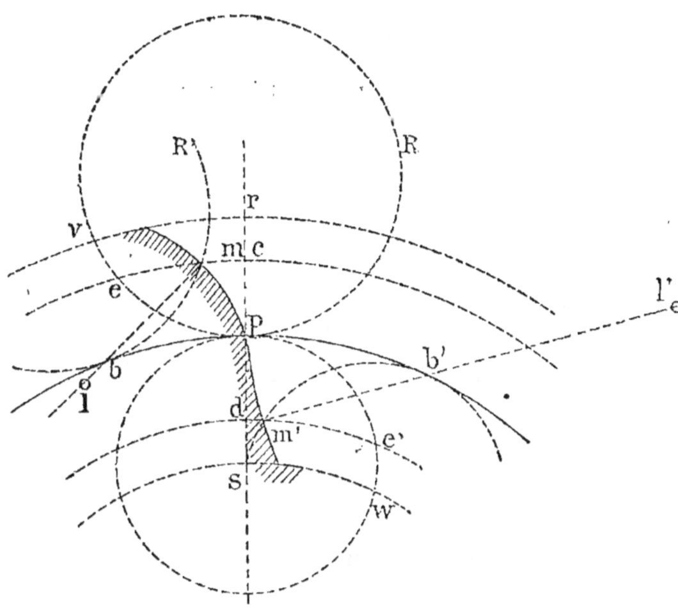

Fig. 83.

Prenons au compas la corde pe et du centre b menons $bm = pe$; m sera un point de l'épicycloïde et mb est la normale à la courbe au point m. Il est dès lors facile de trouver sur mb, *par tâtonnement*, un centre l d'arc de cercle qui passe par m et par p. Cet arc sera un arc approché d'épicycloïde.

Pour le pied de la dent, faisons $pd = \frac{2}{3} ps$ et traçons l'arc *de'*. Prenons au compas l'arc $pb' = $ arc pe'. Du centre b' avec un rayon égal à la corde pe', coupons de' en m'. Le point m' sera un point de l'hypocycloïde et $m'b'$ est une normale à la courbe en m'. Par tâtonnement, cherchons le centre l', sur $m'b'$, de l'arc de cercle qui passe par m' et p. Cet arc sera un arc approché de l'hypocycloïde.

132. DEUXIÈME PROCÉDÉ. M. Hey, de Manchester, obtient par le tracé suivant d'excellents résultats. Soient OA la ligne des centres, P le cercle primitif et x le point origine du pas.

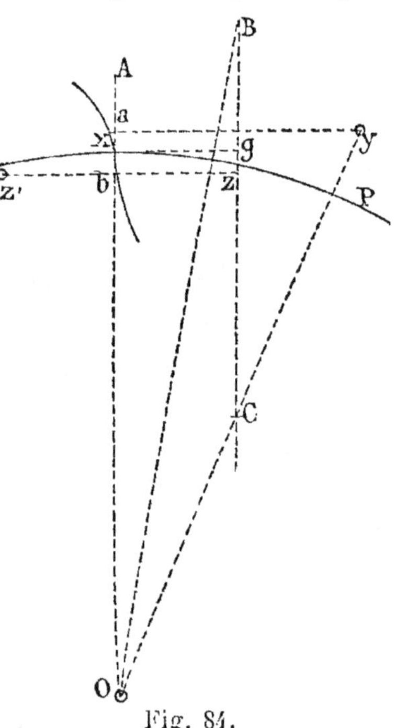

Fig. 84.

Au point x menons la tangente xg, et prenons $xg = 0,571$ du diamètre du cercle générateur. Par g, parallèlement à OA, menons BC. Faisons $gB = gx$ et $gC = $ au diamètre du cercle générateur. Joignons OB et OC, que nous prolongerons. Menons ay, bz parallèles à xg et distants de cette dernière de $\frac{1}{8}$ de xg. Faisons $bz' = bz$. Il en résulte que y est centre d'un arc de cercle très rapproché du pied hypocycloïdal de la dent et que yx est son rayon.

De même, z' est le centre d'un arc de cercle de rayon $z'x$, très approché du profil de la tête de la dent.

En pratique, il est suffisamment exact de prendre, si p est le pas,

$$xg = gB = 1,125 p$$
$$BC = 3 p$$
$$xa = xb = \frac{1}{7} p.$$

7.

133. **Denture par développante·**

La développante est une courbe qui convient également pour limiter le profil des dents des roues.

Le chemin des contacts est une ligne droite inclinée sur la ligne des centres de 74°,5 et de 15°,5 avec la tangente au cercle primitif. Par suite, le diamètre du cercle développé, qui donne naissance à la développante, a comme diamètre 0,969 du diamètre du cercle primitif.

Soient A_1 et A_2 les cercles primitifs des roues (fig. 85.) Traçons le chemin des contacts d_1pd_2 faisant l'angle voulu avec la ligne des centres.

Les cercles B_1 et B_2 sont concentriques à A_1 et A_2 et touchent le chemin des contacts en d_1 et d_2 dont la plus grande longueur possible est d_1d_2.

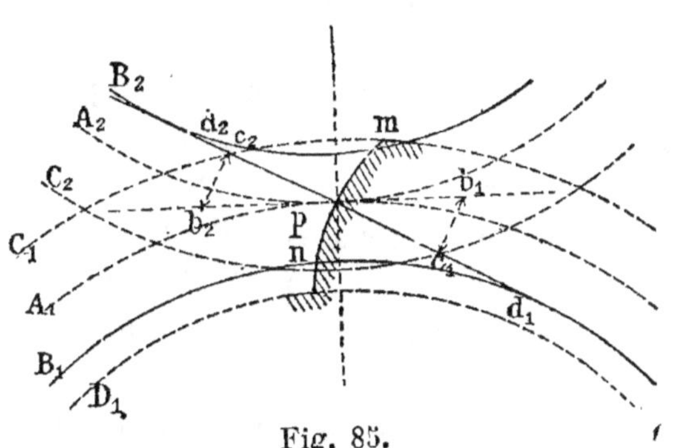

Fig. 85.

Si la longueur de cette ligne est donnée, traçons la tangente b_1pb_2. Prenons b_1p et pb_2 égaux aux arcs donnés d'approche et de retraite. Menons des perpendiculaires b_1c_1; b_2c_2 sur le chemin des contacts.

Un cercle C_1 concentrique à A_1 et passant par c_2 limitera la longueur de la dent de A_1 et un cercle C_2 concentrique à A_2 limitera celle de la dent A_2.

Le cercle de pied D_1 doit être tracé de manière à se trouver au-dessous de C_2, sur la ligne des centres, à une distance égale au jeu du fond des dents, égal à 0,08 ou 0,1 du pas.

La développante est assez facile à tracer, mais le procédé suivant donne par arc de cercle un tracé très approximatif.

Soient e_1e_2 (fig. 86), la hauteur de la dent qui travaille ou la distance entre les cercles C_1 et C_2 de la fig. 85 mesurée sur la ligne des centres.

Prenons $e_1g = \frac{2}{3} e_1e_2$, menons une tangente gh au cercle développé et faisons $hk = \frac{1}{4} hg$. Un cercle mn tracé de k

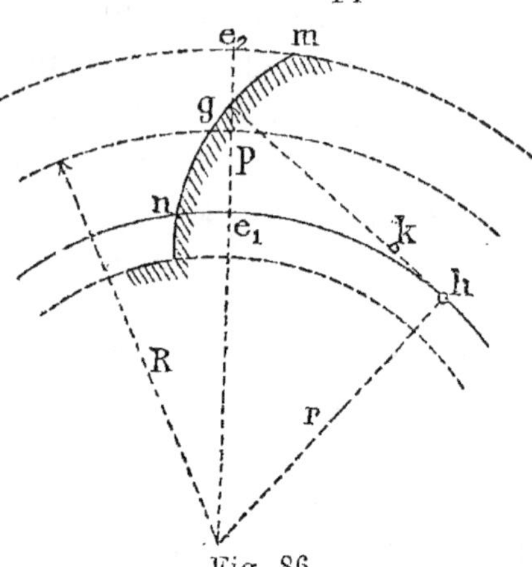

Fig. 86.

comme centre avec kg comme rayon, donnera le tracé approché de la développante. Il coïncidera avec la développante en n et g et aura même normale au point g. La partie de la dent située au-dessous du cercle développé peut être une tangente à l'arc au point n. Cette portion de la dent ne vient pas en contact avec celles de l'autre roue.

Dans une paire de roues par développante, on peut éloigner les centres des roues sans nuire à l'exactitude, mais l'arc de contact diminue.

Une roue par développante, avec un angle de 74°,5, doit avoir au moins 25 dents.

134. Denture des roues d'angle.

Soient les troncs de cônes primitifs CDEF, CDE′F′ qui, s'ils étaient en contact, produiraient le rapport de vitesse cherché. Ces troncs de cônes font partie de deux cônes de même sommet O. Nous allons en déduire les engrenages coniques qui donneront le même résultat.

Par le point D menons une perpendiculaire AA′ à la génératrice OCD commune aux deux cônes.

Le point A est le sommet d'un cône ADF, dont les géné-

ratrices sont perpendiculaires à celles du cône ODF; de
même le point A' est le sommet d'un cône A'DF' perpendiculaire au cône ODF'.

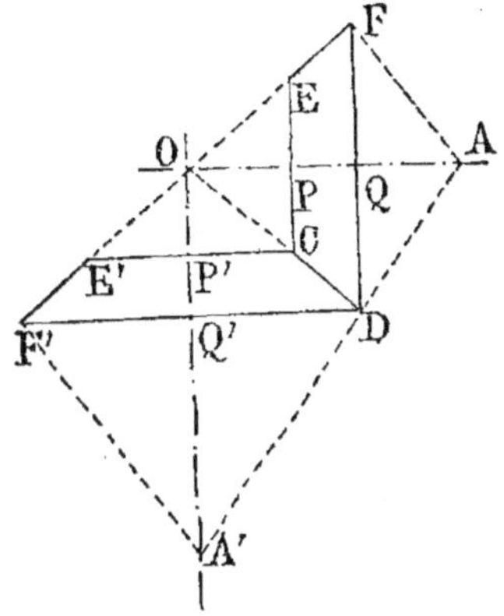

Fig. 87.

Ces deux cônes sont *supplémentaires* des premiers. On obtient des formes convenables pour les dents, si on reporte sur les surfaces développées des cônes supplémentaires, *les profils des dents correspondant aux roues auxiliaires*, considérées comme roues droites et si on joint les divers points de ces profils au point d'intersection des axes.

Les *roues auxiliaires* de deux roues coniques DQ et DQ' sont les roues droites de même pas, dont les rayons DA et DA' sont les génératrices des cônes supplémentaires de ces roues.

Le profil des roues d'angle peut être épicycloïdal ou à développante. On les trace, de la même manière que les dents des roues droites, sur le développement des surfaces coniques qui limitent leur longueur.

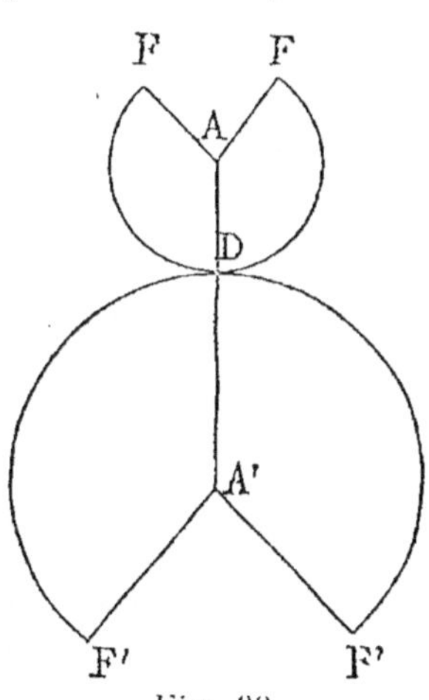

Fig. 88.

Considérons la section de la jante d'une roue conique (fig. 89).

O*a* est l'intersection de la surface primitive conique avec le plan du papier et *od* l'axe de la roue. Soit aussi *ac* la longueur de la dent. Menons *ad* et *ce* perpendiculaires à O*a* qui coupent l'axe de l'engrenage en *c* et *d*. Les dents seront limitées en longueur par des surfaces coniques dont les intersections avec le papier sont *ec* et *da*, ayant pour axe *od*.

Du centre d, avec le rayon da, traçons un cercle, qui sera le cercle primitif virtuel des extrémités des dents.

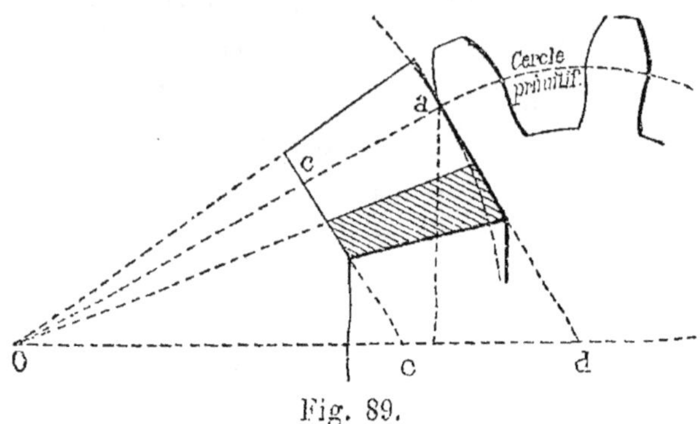

Fig. 89.

Les dents seront tracées sur ce cercle comme s'il était le cercle primitif réel.

Pour les deux roues qui engrènent, on fait le tracé (fig. 88), sur les circonférences F′DF′ et FDF.

135. Axes non situés dans un même plan.

Une vis et son écrou transmettent le mouvement en transformant une rotation en une translation.

Une vis qui tourne dans un écrou fixe éprouve à chaque tour une translation égale à la longueur de son pas; son mouvement est hélicoïdal.

136. Vis sans fin.

Si deux axes sont perpendiculaires entre eux et non situés dans un même plan; une vis, dite *vis sans fin* en communication avec un engrenage, servira à transmettre le mouvement.

Supposons que la vis considérée n'a qu'un seul filet, la pente de l'hélice sera donnée par le développement. Si nous donnons aux dents d'une roue droite la pente de cette hélice et si les dents ainsi placées sur la couronne de l'engrenage peuvent s'engager dans les spires de la vis, *un tour de la vis fera tourner la roue d'une dent* (fig. 90).

Au lieu d'employer une roue d'engrenage avec dents

inclinées sur la couronne, on peut incliner le plan de la roue suivant la pente de l'hélice de la vis (fig. 91).

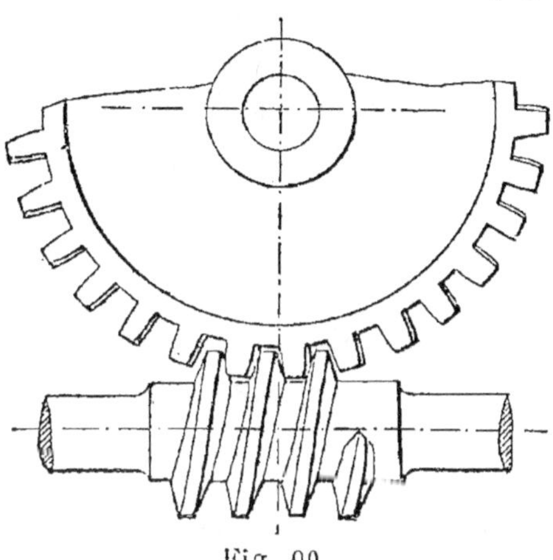

Fig. 90.

Dans les deux cas, nous aurons le dispositif usité en mé-

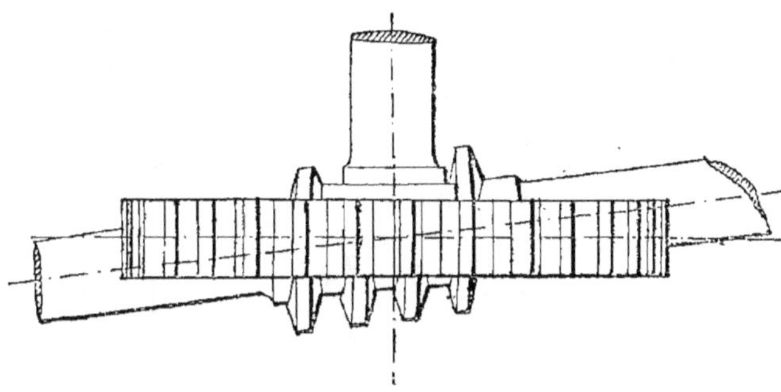

Fig. 91.

canique sous le nom de *roue et vis sans fin*. Les dents de la roue ne touchent la vis *que par une ligne*.

137. Vis tangente.

Une vis qui engrene avec une roue à gorge demi-ronde, capable de recevoir la vis et garnie de creux susceptibles de contenir ses filets, donne la disposition de la *vis tangente*. Cette roue est en quelque sorte un *écrou extérieur* ou un écrou retourné les filets en dehors. Pour obtenir la denture de la roue que nous venons de décrire, voici comment on procède :

Le tourneur forme, en les filetant, deux vis identiques. L'une des deux est en acier. Cette dernière est munie d'encoches longitudinales parallèles à l'axe, de sorte que cette pièce est une sorte de taraud. On la trempe, puis on la monte entre les pointes d'un tour qui lui imprime un mouvement de rotation.

Dans cette position, on approche la roue préalablement creusée d'une gorge demi-ronde jusqu'au contact de la vis en acier. En mordant, le taraud fait tourner la roue et produit des saillies et des creux qui l'emboîtent exactement. Le travail terminé, on monte cette roue en place en l'engrenant avec la première vis fabriquée.

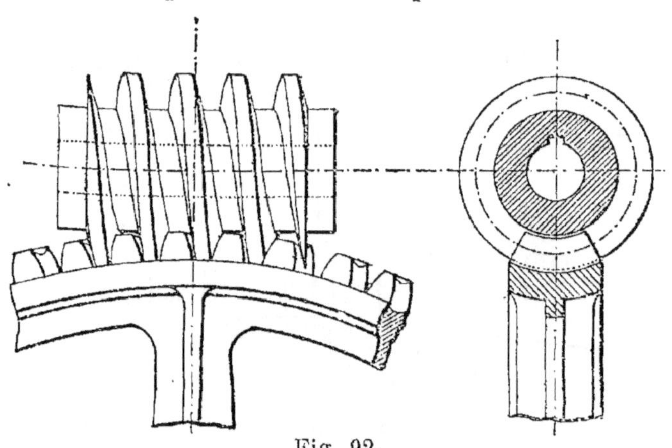

Fig. 92.

Dans ce cas, les dents de la roue sont en contact avec la vis sur toute leur longueur, les surfaces se touchent (fig. 92).

Pour un tour de la vis, la roue avance d'un pas. Il faut compter l'avancement sur la circonférence qui sert de cercle primitif à la denture formée par le plan moyen de la roue. Elle prend le nom spécial de *roue striée*.

138. Rapport des vitesses.

Une vis à simple filet (à un seul filet), engrenant avec

une roue de N dents, doit faire N tours pour produire une rotation complète de la roue.

Une vis à deux filets devra faire $\frac{N}{2}$ tours pour faire faire un tour à la roue. Une vis à trois filets en fera $\frac{N}{3}$; enfin, une vis à quatre filets en fera $\frac{N}{4}$.

Règle. Pour un tour de la roue commandée par une vis sans fin, *la vis fait un nombre de tours égal au quotient du nombre des dents par le nombre des filets.*

La disposition *vis tangente* est appliquée dans un grand nombre de machines, dans les treuils, les tours, les mortaiseuses, les fraiseuses et dans plusieurs instruments de précision. Tantôt la vis est fixée par ses deux extrémités et c'est la roue qui tourne autour de son axe sans se déplacer, tantôt la roue voyage sur la longueur de la vis comme sur une crémaillère.

139. Roues à denture hélicoïdale.

Les roues hélicoïdales peuvent mener des arbres placés sous un angle quelconque. Considérons une vis à 15 filets et coupons-en une tranche épaisse de 30 millimètres par un plan perpendiculaire à l'axe; nous aurons une *roue hélicoïdale* de 15 dents.

Chacune des dents est inclinée sur la couronne et de plus suivant une hélice. Ces roues sont fondues, ou mieux taillées à la fraise. Elles font très peu de bruit, et transmettent le mouvement sans choc avec une grande douceur.

Si *les axes des roues sont parallèles,* l'une est filetée à gauche et l'autre à droite.

Si *les axes des roues sont perpendiculaires,* on a la meilleure utilisation avec des flancs inclinés à 45°.

Remarque. Une crémaillère peut engrener avec une vis à la condition d'incliner les dents convenablement.

Deux crémaillères munies de dents inclinées à 45° et

placées perpendiculairement l'une au-dessus de l'autre peuvent se mener.

140. Roues à chevrons.

Une roue à chevrons se compose de deux tronçons de vis à plusieurs filets réunis de manière à ce que les filets se correspondent.

L'un des tronçons est fileté à droite et l'autre à gauche. Les dents forment des V qui emboitent les V de la roue correspondante. Comme l'engrenement se ramène toujours dans la direction du fond du V, tout déplacement suivant les axes des arbres des roues est impossible.

La maison Piat a établi une série de roues à chevrons bien faites; ses roues droites ou coniques ont d'ailleurs une réputation universelle bien méritée.

141. Équigages de roues dentées.

Considérons un arbre A qui donne le mouvement à un arbre extrême D par engrenages, au moyen de plusieurs arbres intermédiaires B et C, il est possible de calculer le rayon, le diamètre, le nombre des dents ou le nombre de tours de l'arbre D (fig 93).

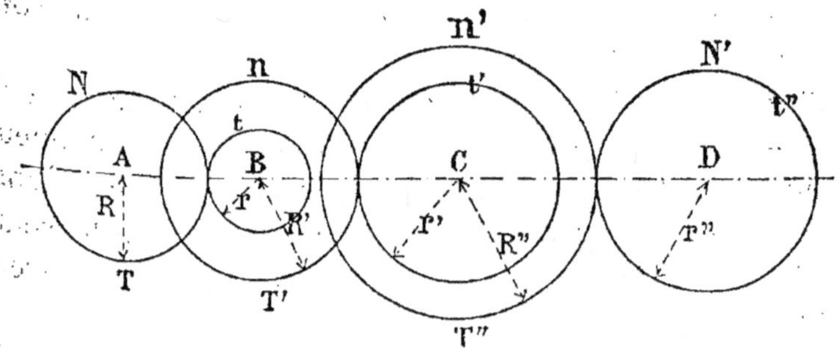

Fig. 93.

Puisque tout se passe comme si nous avions affaire à des poulies mises en contact, les nombres de tours de deux roues sont en raison inverse des rayons ou des diamètres ou bien encore des circonférences. Or les roues ont même *pas* et ce dernier est une *commune mesure de toutes les circonférences,* donc *les nombres de tours sont en raison inverse du nombre des dents.*

Pour les poulies, nous avions, n° 126, les relations (4) et (5), de même les roues dentées nous donneront :

$$R \times R' \times R'' \times N = r \times r' \times r'' \times N' \qquad (1)$$

et
$$D \times D' \times D'' \times N = d \times d' \times d'' \times N'. \qquad (2)$$

La relation (2) convient aussi pour exprimer la liaison qui existe entre les nombres des dents et les nombres de tours des arbres extrêmes A et D. Pour cela il suffit de désigner par T, T', T'' les nombres des dents des roues menantes et par t, t', t'' les nombres des dents des roues menées. On aura : $T \times T' \times T'' \times N = t \times t' \times t'' \times N'$ (3).

APPLICATION. Dans la fig. 93 donnons les valeurs suivantes $N = 15$ tours ; $T = 80$ dents ; $T' = 25$; $T'' = 40$; $t = 20$; $t' = 20$; $t'' = 30$. Déterminons le nombre de tours N' fait par la dernière menée D.

La relation (3) nous donne, en remplaçant les lettres par leurs valeurs :

$$80^d \times 25^d \times 40^d \times 15^t = 20 \times 20 \times 30 \times N',$$

d'où
$$N' = \frac{15 \times 80 \times 25 \times 40}{20 \times 20 \times 30}$$

et calculs faits après simplification

$$N' = 100 \text{ tours.}$$

Il convient de faire les calculs en comptant les dents, car il est toujours plus difficile de mesurer exactement les diamètres au cercle primitif.

REMARQUE. La relation (3) permet de déterminer le nombre des dents, connaissant le nombre de tours N', et la relation (2) fait connaître un diamètre, connaissant les autres éléments.

APPLICATION. Deux roues de 28 dents et de 80 dents engrenent ensemble. Elles ont un pas de 63 millim. Quels sont les diamètres des cercles primitifs et la distance des centres? Quel est le rapport des vitesses?

Nous aurons :

$$T = 28^d, \qquad T' = 80^d \qquad et \qquad p = 63^{m/m}.$$

Donc,
$$2\pi R = T \times p = 28 \times 63 = 1764^{m/m} ;$$

d'où
$$2R = \frac{1764}{\pi} = 512^{m/m}.$$

De même :
$$2\pi R' = T' \times p = 80 \times 63 = 5040$$

et
$$2R' = \frac{5040}{\pi} = 1604^{m/m}.$$

La distance des centres sera :

$$R + R' = \frac{512 + 1604}{2} = 1^m,058^{m/m}.$$

Par suite, on a :

Cercle primitif du pignon,   diamètre $= 0^m,512,$

Cercle primitif de la roue,   diamètre $= 1^m,604,$

Distance des centres, $R + R' = 1^m,058,$

Rapport des vitesses, $\dfrac{T}{T'} = \dfrac{28}{80} = \dfrac{7}{20}.$

APPLICATION. Deux roues qui se mènent ont pour distance des centres $387^{m/m},45$ et pour pas $21^{m/m},1$. Le rapport des vitesses est $\dfrac{27}{88}$. On demande quels sont les cercles primitifs et les nombres des dents?

Il faut diviser la ligne des centres en deux parties inversement proportionnelles aux vitesses angulaires des roues.

Ainsi :
$$2R = \frac{387^{m/m},45 \times 27}{115} \times 2 = 182^{m/m},9$$

et
$$2R' = \frac{387.45 \times 88}{115} \times 2 = 592^{m/m}.$$

Les nombres des dents seront donnés par

$$T = \frac{\pi \times 182,9}{21,1} = 27$$

et
$$T' = \frac{\pi \times 592}{21,1} = 88.$$

Par suite, on aura :

Cercle primitif du pignon,	diamètre $= 0^m,1829$,	
Cercle primitif de la roue,	diamètre $= 0^m,592$,	
Nombre des dents du pignon,	$T = 27$,	
Nombre des dents de la roue,	$T' = 88$.	

142. Equipages ou trains de roues dentées.

Application au filetage sur le tour.

Fileter sur le tour, c'est creuser une rainure en hélice dans un cylindre. Le *filetage* donne naissance à une vis.

L'hélice est engendrée par un outil qui se meut d'un mouvement uniforme, suivant la génératrice d'un cylindre, pendant la rotation uniforme de ce dernier autour de son axe.

Le mouvement de l'outil est assuré par une vis qui actionne le chariot porte-outil.

L'outil, après avoir rencontré une génératrice du cylindre à fileter, la coupe au bout d'un certain temps en un point différent, après avoir tracé une *spire*. Une suite de spires constitue l'hélice de la vis.

La distance rectiligne, évaluée suivant une génératrice, entre deux spires consécutives, mesure, nous l'avons vu précédemment, ce qu'on nomme *le pas*.

143. Description sommaire d'un tour à fileter.

Un tour à fileter se compose essentiellement d'un banc rigide sur lequel voyage un chariot porte-outil. A sa droite, le banc supporte une *poupée mobile* qui maintient en place la pièce à travailler.

A gauche la *poupée fixe* sert à transmettre le mouvement au cylindre que l'ouvrier doit mettre en œuvre. La pièce à fileter se trouve dans le prolongement de l'arbre de la poupée fixe, elle est liée à lui invariablement.

D'autre part le chariot porte-outil est mis en mouvement

par une vis, dite *vis-mère*, placée près du banc, sur sa longueur.

L'arbre porte-pièce et la vis qui mène le chariot sont liés à leur tour par des roues d'engrenage.

Il en résulte qu'une rotation de la pièce détermine une rotation de la vis-mère et par suite un mouvement d'avancement du chariot porte-outil (fig. 94).

Cela dit, si la vis-mère a 10 millim. de pas, chaque fois qu'elle fera un tour, le chariot se déplacera de 10 millim. suivant le banc. Si ce mouvement est déterminé par une révolution de l'arbre de la poupée fixe, il en résulte que les roues A et B montées sur l'arbre et sur la vis-mère sont égales. Si le pignon monté sur l'arbre P a moitié moins de dents que la roue B liée à la vis-mère, un tour de l'arbre P ne fait faire qu'un demi-tour à la vis et par suite le chariot n'avance que de 5 millim. L'outil aura tracé sur la pièce une hélice dont une spire mesurera 5 millim. de longueur.

De même, si le pignon de P n'a que le tiers des dents de la roue B, un tour de P fera faire $\frac{1}{3}$ de tour à la vis-mère et

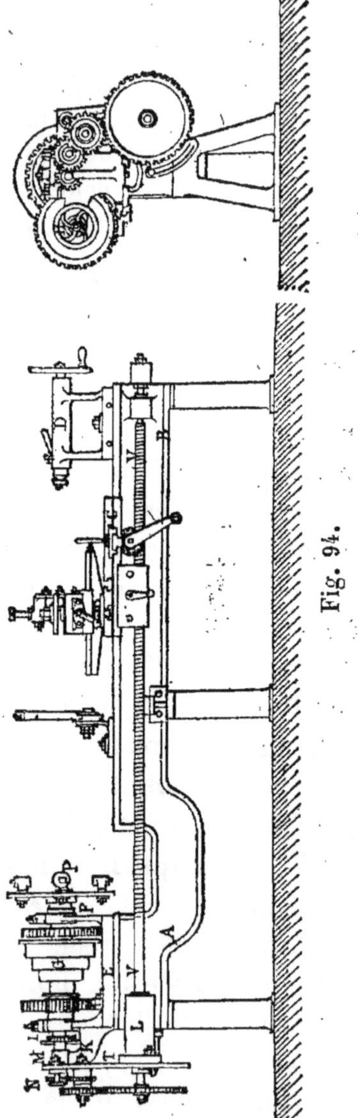

le chariot avancera de $\frac{10}{3}$ millimètres. L'outil tracera une hélice dont une spire aura un pas de $\frac{10}{3}$ millimètres.

Nous pouvons dès lors conclure que :

Le pas à produire est au pas de la vis-mère comme le nombre des dents de la roue montée sur l'arbre du tour est au nombre des dents de la roue liée à la vis-mère.

On peut dire plus rapidement :

144. Principe fondamental.

Les pas faits sur les deux axes sont entre eux comme les nombres des dents des roues qu'ils supportent.

Soient :

p, le pas à produire sur la pièce entre pointes;

P, le pas de la vis-mère;

n, le nombre des dents de la roue calée sur l'axe de la poupée fixe;

N, le nombre des dents de la roue fixée sur la vis-mère;

Nous pouvons écrire : $\dfrac{p}{P} = \dfrac{n}{N}.$ (1)

Le pas à produire et celui de la vis-mère doivent tous deux être exprimés en *millimètres*.

Les roues disponibles ont respectivement

$$\left.\begin{array}{l} 15-20-25-30-35-40-45-50-55-60-65 \\ 70-75-80-85-90-95-100-110-120 \end{array}\right\} \quad (2)$$

dents, pendant que le pas de la vis-mère P $=$ 10 millim.

REMARQUE I. Les nombres n et N peuvent être des *produits* de plusieurs nombres.

REMARQUE II. Un nombre est toujours égal à lui-même multiplié par l'unité.

Nous allons maintenant, pour chaque cas, déterminer combien il faut nécessairement employer de paires de roues et le nombre de dents de chaque roue.

145. Filetage à deux roues.

1er PROBLÈME. Trouver les roues qui permettent de construire le pas de 2 millimètres.

D'après la relation (1), nous avons :

$$\frac{n}{N} = \frac{2}{10} \qquad \text{et en simplifiant} \qquad \frac{n}{N} = \frac{1}{5}.$$

La plus petite roue de la série (2) est 15 dont le quintuple 75 se trouve dans cette série; la roue suivante, 20 multiplié par 5, donne 100, également dans la série, nous avons donc dans les rapports égaux successifs :

$$\frac{n}{N} = \frac{1}{5} = \frac{15}{75} = \frac{20}{100}.$$

La troisième roue de la série : 25, nous donne en la multipliant par 5, un engrenage de 125 dents qui n'est pas à notre disposition. Donc nous ne possédons pour fileter le pas de 2 millimètres, *à deux roues*, que deux systèmes de harnais.

Montage des roues. On placera le *numérateur en haut* sur l'axe de la poupée et le *dénominateur en bas* sur la vis-mère (fig. 95).

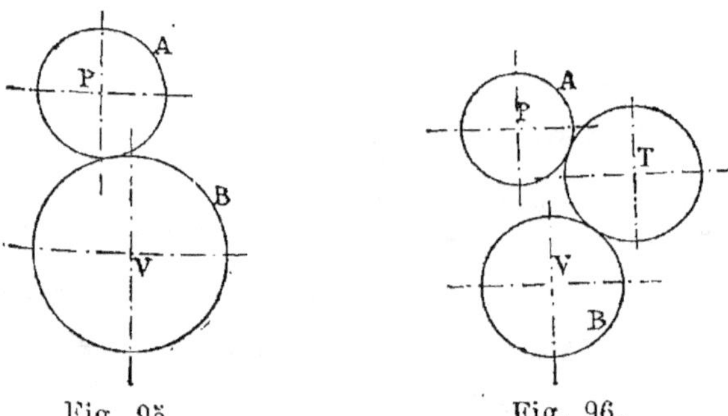

Fig. 95.   Fig. 96.

D'ordinaire, les deux roues calculées n'engrènent pas; aussi les relie-t-on par un engrenage *quelconque* de la série, qui sert de *transmission* (fig. 96).

Par conséquent, tous les cas analogues donnent le filetage à deux roues.

2ᵉ PROBLÈME. Trouver les roues qui permettent de construire le pas de 8ᵐᵐ,75.

Nous aurons :

$$\frac{n}{N} = \frac{8,75}{10}, \quad \text{ou bien} \quad \frac{n}{N} = \frac{875}{1000} = \frac{7}{8}.$$

La plus petite roue de la série (2) divisible par 7 est 35 avec un quotient égal à 5, qui, multiplié par 8, donne 40.

On aura donc :

$$\frac{n}{N} = \frac{7}{8} = \frac{35}{40}.$$

La roue suivante divisible par 7 est 70, avec 10 pour quotient, qui, multiplié par 8, donne 80 ; de là un nouveau moyen de fileter le pas de 8,75 :

$$\frac{n}{N} = \frac{7}{8} = \frac{70}{80}.$$

Montage des roues. On placera 35 sur la poupée et 40 sur la vis-mère, ou bien 70 sur la poupée et 80 sur la vis-mère avec une roue quelconque pour opérer la liaison (fig. 96).

146. Filetage à quatre roues.

3ᵉ PROBLÈME. Trouver les roues qui permettent de construire le pas de 21 millimètres.

Nous avons :

$$\frac{n}{N} = \frac{21}{10}.$$

Mais si nous cherchons dans la série (2) une roue divisible par 21, nous n'en trouvons pas ; par conséquent, le pas de 21 millimètres ne saurait être fileté avec deux roues.

Nous avons dit que les nombres n et N pouvaient être des *produits* de plusieurs nombres ; écrivons donc :

$$\frac{n}{N} = \frac{21}{10} = \frac{3 \times 7}{2 \times 5} = \frac{3}{2} \times \frac{7}{5},$$

ce qui signifie que les roues formeront *deux paires* (fig. 97).

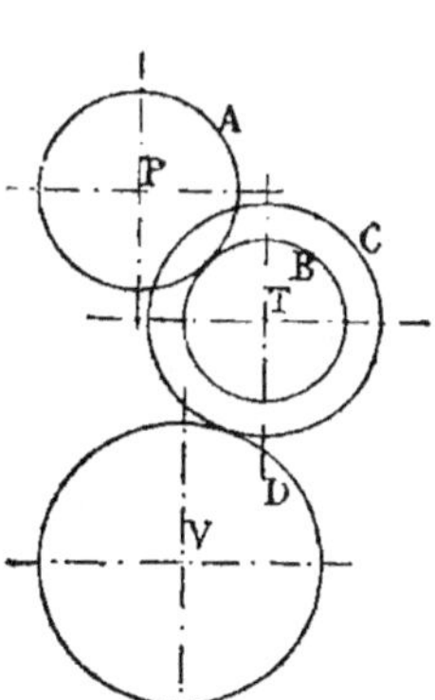

Fig. 97.

Chacune d'elles se déterminera par les procédés employés pour résoudre les problèmes 1 et 2 et nous aurons la série des combinaisons suivantes, qui ont toutes le même effet :

$$\frac{n}{N} = \frac{30}{20} \times \frac{35}{25} = \frac{45}{30} \times \frac{35}{25} = \frac{120}{80} \times \frac{35}{25},$$

ou bien encore :

$$\frac{n}{N} = \frac{30}{20} \times \frac{70}{50} = \frac{45}{30} \times \frac{70}{50} = \frac{120}{80} \times \frac{70}{50}$$

4e Problème. Trouver les roues qui permettent de construire le pas de 13 millimètres avec quatre roues.

Rappelons-nous qu'un nombre est toujours égal à lui-même multiplié par l'unité.

Nous aurons :
$$\frac{n}{N} = \frac{13}{10} = \frac{1 \times 13}{2 \times 5} = \frac{1}{2} \times \frac{13}{5}.$$

Par les mêmes procédés, ces deux rapports donnent une série de rapports égaux ; le premier d'entre eux est :

$$\frac{n}{N} = \frac{15}{30} \times \frac{65}{25}.$$

Montage des roues : On place 15 sur l'axe de la poupée engrenant avec 30 qui se cale sur l'axe de la *lyre* ou *tête de cheval* ; 65 se fixe sur le même axe et engrène avec 25 posée sur la vis-mère (fig. 97).

147. Filetage à six roues.

Dans le cas où le pas à construire est grand par rapport à celui de la vis-mère, il est impossible de fileter à quatre roues.

Le calcul va nous indiquer qu'il faut employer *trois paires* d'engrenages ou *six roues*.

5e Problème. Trouver les roues qui permettent de construire le pas de 231 millimètres.

Nous aurons : $\dfrac{n}{N} = \dfrac{231}{10} = \dfrac{21 \times 11}{5 \times 2} = \dfrac{21}{5} \times \dfrac{11}{2}.$

La série (2) ne permet pas de réaliser le rapport $\frac{21}{5}$; donc le filetage à quatre roues est impossible.

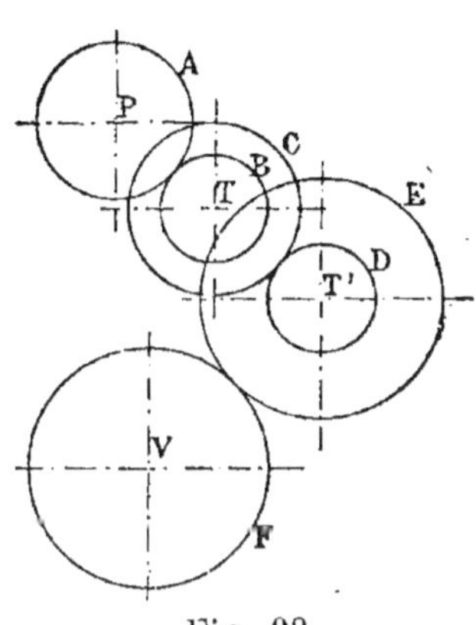

Fig. 98.

Mais on peut écrire :

$$231 = 3 \times 7 \times 11$$

et

$$10 = 1 \times 2 \times 5.$$

Donc :

$$\frac{n}{N} = \frac{231}{10} = \frac{3 \times 7 \times 11}{1 \times 2 \times 5} = \frac{3}{1} \times \frac{7}{2} \times \frac{11}{5},$$

Ces rapports peuvent être reproduits à l'aide de la série (2) de plusieurs manières, l'une d'entre elles sera :

$$\frac{n}{N} = \frac{45}{15} \times \frac{70}{20} \times \frac{55}{25}.$$

Le tour doit avoir *deux lyres* ou *têtes de cheval* [1].

Montage des roues. La roue de 45 dents se place sur l'axe de la poupée pour engrener avec celle de 15 dents calée sur le *premier intermédiaire* de la tête de cheval ; 70 se fixe à côté de 15 et engrene avec 20 qui se place sur le *deuxième intermédiaire* de la tête de cheval ; 55 est calée à côté de 20 et engrene avec 25 que l'on fixe en bas sur la vis-mère (fig. 98).

148. **Pas approximatifs.**

Quand le tourneur n'a pas les roues nécessaires pour construire un pas donné, il se contente souvent du pas *le plus voisin*, qui appartienne à la série de son tour.

Pour un travail soigné, il faut faire fondre une roue que le calcul désigne d'ailleurs de suite.

REMARQUE. Le filetage n'exigeant *qu'une seule combinaison*, il en résulte que les recherches sont très courtes et

---

1. Les lyres ou têtes de cheval se nomment encore des cavaliers. Le premier nom est à la fois plus exact et plus imagé.

qu'elles peuvent se faire à la craie, en un instant, sur le banc du tour.

149. *Filetage des pas exprimés en millimètres, sur les tours anglais ou américains.*

La vis-mère, dans ce cas, a $\frac{1}{4}$ de pouce, $\frac{3}{8}$ de pouce ou $\frac{1}{2}$ pouce.

Or, un pouce anglais vant 25^{mm},39954, il en résulte que :

$$\frac{1}{4} \text{ pouce} = 6^{mm},3498 \qquad \text{mais} \qquad \frac{400}{63} = 6^{mm},3492,$$

$$\frac{3}{8} \text{ pouce} = 9^{mm},5248 \qquad\qquad\qquad \frac{600}{63} = 9^{mm},5238,$$

$$\frac{1}{2} \text{ pouce} = 12^{mm},6997 \qquad\qquad\qquad \frac{800}{63} = 12^{mm},6984.$$

Donc, les différences sont :

$$\text{pour } \frac{1}{4} \text{ de pouce} \quad 0^{mm},0006,$$

$$\text{pour } \frac{3}{8} \text{ de pouce} \quad 0^{mm},0010,$$

$$\text{pour } \frac{1}{2} \text{ pouce} \quad 0^{mm},0013,$$

c'est-à-dire que les fractions

$$\frac{400}{63}, \qquad \frac{600}{63}, \qquad \frac{800}{63}$$

expriment en millimètres les pas des vis-mères avec une erreur de 0^{mm},0013 au plus.

Cela posé, pour nous servir de trois tours munis des trois vis-mères précitées, il suffira d'introduire dans la relation

$$\frac{n}{N} = \frac{p}{P},$$

l'une des valeurs suivantes :

$$\text{pour une vis-mère de } \frac{1}{4} \text{ de pouce} \quad P = \frac{400}{63},$$

$$\text{pour une vis-mère de } \frac{3}{8} \text{ de pouce} \quad P = \frac{600}{63},$$

$$\text{pour une vis-mère de } \frac{1}{2} \text{ pouce} \quad P = \frac{800}{63}.$$

La formule (1) devient alors :

pour une vis-mère de $\frac{1}{4}$ de pouce $\dfrac{n}{N} = \dfrac{p \times 63}{400} = \dfrac{p}{10} \times \dfrac{63}{40}$,

pour une vis-mère de $\frac{3}{8}$ de pouce $\dfrac{n}{N} = \dfrac{p \times 63}{600} = \dfrac{p}{10} \times \dfrac{63}{60}$,

pour une vis-mère de $\frac{1}{2}$ pouce $\dfrac{n}{N} = \dfrac{p \times 63}{800} = \dfrac{p}{10} \times \dfrac{63}{80}$.

La recherche des roues se fera dès lors comme précédemment.

150. *Filetage des pas exprimés en millimètres, dans le cas où le pas de la vis-mère devient un nombre compliqué.*

Le pas d'une vis-mère bien faite est rarement un nombre exact comme par exemple 5 millimètres ou 10 millimètres. Cependant il est toujours possible de fileter, avec une très grande approximation, à l'aide d'un tour dont la vis est exprimée par un nombre fractionnaire. Supposons en effet une vis-mère du pas

$$P = 10^{mm},122$$

et cherchons une *fraction approximative* plus simple pour exprimer P [1].

On a :
$$P = \frac{12122}{1000} = \frac{5061}{500}.$$

Cette dernière fraction est irréductible, divisons 5061 par 500 et successivement par les divers restes, nous aurons :

415	41	5	1	
	10	8	5	12
5061	580	61	12	1
61	12	1		

Négligeons le dernier quotient 12 ; nous écrivons 1 au-dessus de l'avant-dernier quotient 5 et multipliant par le quotient 5, j'écris le produit 5 au-dessus du quotient 8 qui précède.

Je multiplie 5 par ce quotient 8 et j'ajoute 1 qui est à sa

1. Cette vis appartient au tour d'une importante maison de précision.

droite, j'ai 41 que j'écris au-dessus du quotient 10 qui précède.

Je multiplie 41 par 10 et j'ajoute 5 qui est à sa droite, j'ai 415 que j'écris au-dessus de 5061.

La fraction $\frac{415}{41} = 10^{mm},12195$ ne diffère du pas de la vis-mère $10^{mm},122$ que de $0^{mm},00005$ par défaut.

151. **Roues de correction.**

On peut la considérer comme exacte, or si $P = \frac{415}{41}$, la

relation (1)
$$\frac{n}{N} = \frac{p}{P}$$

devient
$$\frac{n}{N} = \frac{p}{\dfrac{415}{41}} = \frac{p \times 41}{415};$$

mais
$$415 = 5 \times 83.$$

On a donc :
$$\frac{n}{N} = \frac{p \times 41}{5 \times 83},$$

ou bien
$$\frac{n}{N} = \frac{p}{5} \times \frac{41}{83}.$$

Il suffira de posséder les roues de 41 et de 83 dents pour employer ce tour aussi commodément que si le pas de sa vis-mère était exprimé par un nombre simple. Ce sont là les *roues de correction.*

Dans les ateliers, on rencontre très fréquemment des tours qui donnent de mauvais résultats, il suffira pour les corriger, si toutefois la vis-mère est bien faite, de la mesurer exactement et de calculer comme dans l'exemple précédent les *roues de correction, qui resteront toujours à leur place sur le tour.* Il est d'ailleurs facile de faire mesurer la vis-mère au conservatoire des Arts et Métiers.

Les tours anglais ou américains d'origine, sont d'un usage assez répandu actuellement, leur emploi pour fileter ne présente, comme nous l'avons vu, aucune difficulté en introduisant les *roues de correction :*

$$63 \text{ et } 40 \text{ pour la vis-mère de } \frac{1}{4} \text{ de pouce,}$$

$$63 \text{ et } 60 \text{ pour la vis-mère de } \frac{3}{8} \text{ de pouce,}$$

$$63 \text{ et } 80 \text{ pour la vis-mère de } \frac{1}{2} \text{ pouce.}$$

Ce procédé absolument général lève tout embarras pour le calcul des roues destinées à la production des vis filetées[1].

152. Roues à coins.

Dans les engrenages ordinaires, les dents sont placées en travers de la couronne, inclinées sur sa direction suivant une hélice comme dans les roues hélicoïdales ou bien suivant deux hélices de sens opposés comme dans les roues à chevrons. Les roues à coins sont garnies de rainures trapézoïdales creusées sur tout leur pourtour, de sorte que les pleins constituent en quelque sorte une denture circonférentielle.

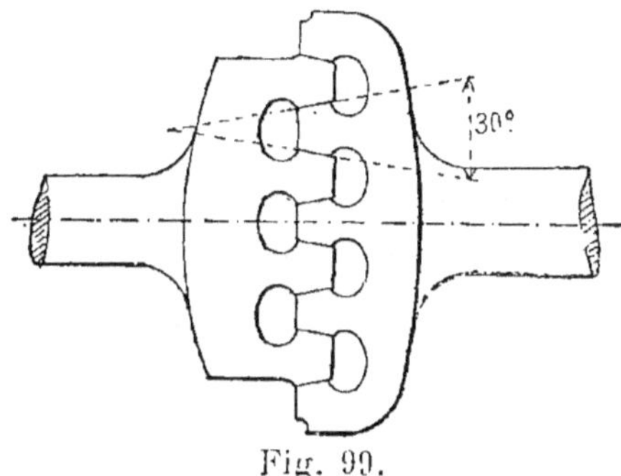

Fig. 99.

Les jantes se pénètrent comme l'indique la figure 99. On a soin de multiplier les coins, qui ont le plus souvent 30°, dans le but d'éviter la nécessité de frottements trop considérables. Elles ont été employées d'abord par Minotto en Italie et par Robertson en Angleterre. En Amérique, les roues à coins servent avec succès à mettre en mouvement les machines d'extraction des mines. Les élévateurs hydrau-

---

1. Pour plus amples détails, voir la *Nouvelle méthode de filetage* de l'auteur.

liques des magasins généraux du port de Rouen sont commandés par une machine dont le volant à coins mène une petite roue à coins. Les ruptures sont ainsi évitées par le glissement des deux roues l'une sur l'autre en cas d'effort subit. Enfin les pompes centrifuges de Gwynne qui marchent à 700 tours par minute sont munies de ce genre de transmission.

153. Manivelles et leviers.

Les manivelles sont des leviers fixés sur les arbres qui tournent d'une manière continue ou qui décrivent un angle limité. La manivelle la plus simple est la manivelle à main, employée pour actionner les meules, les volants, les machines à percer, etc. Le plus souvent, cet organe est lié à un système de pièces articulées, destiné à transformer le mouvement alternatif en mouvement rotatif ou réciproquement.

La *pédale* des tours est un levier de même nature qui ne décrit qu'un arc limité en donnant au volant une rotation continue.

154. Dispositif bielle et manivelle.

Considérons une circonférence OM décrite par le bouton M de la manivelle OM (fig. 100). Soit OD un diamètre horizontal prolongé, supposons qu'une tige rigide MN soit

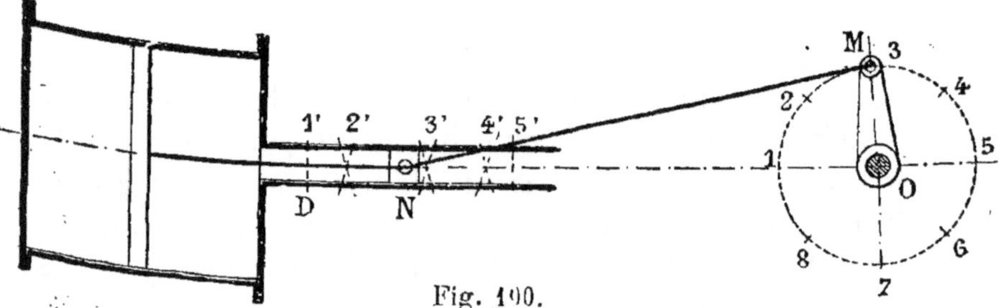

Fig. 100.

articulée au point M avec la manivelle et que son extrémité N soit astreinte à suivre la ligne ON. La pièce MN sera une *bielle*.

Admettons que la manivelle ait autour du point O un mouvement de rotation uniforme.

Voyons maintenant de quelle manière se fera le déplacement du point N de la bielle.

Un simple tracé va nous rendre compte de ce mouvement. Partageons la circonférence OM en 8 parties égales. Remarquons de suite que tout est symétrique par rapport au diamètre horizontal, par suite le mouvement pour le demi-tour 1, 2, 3, 4, 5 passera par les mêmes phases sur le demi-tour 5, 6, 7, 8, 1.

Cela dit, des points 1, 2, 3, 4 et 5 avec un rayon égal à MN, je décris des arcs qui coupent OD aux points $1'$, $2'$, $3'$, $4'$, $5'$, et je vois de suite que les distances $1'-2'$, $2'-3'$, $3'-4'$, $4'-5'$ sont inégales.

Sur une droite AB je développe (fig. 101) la circonférence OM et je prends des longueurs $1-2$, $2-3$, $3-4$, $4-5$ égales aux arcs partiels successifs égaux développés. Aux points 2, 3, 4 et 5 j'élève des perpendiculaires égales aux espaces parcourus correspondants :

$$2-2'=1'-2'; \quad 3-3'=1'-3'; \quad 4-4'=1'-4' \text{ et}$$

$5-5'=1'-5'$. La courbe qui unit les points $5'$, $4'$, $3'$, $2'$, A représente le mouvement du point N pour un demi-tour, le deuxième demi-tour sera figuré par la courbe symétrique $5'$, $6'$, $7'$, $8'$, B.

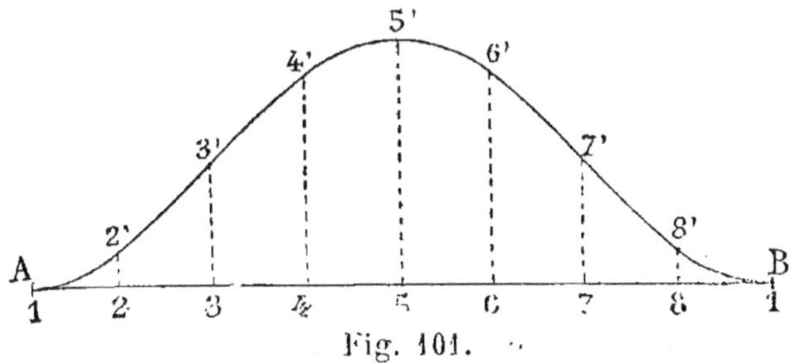

Fig. 101.

Le mouvement est *d'abord accéléré* puis *ensuite retardé*, enfin il est sensiblement uniformément varié.

C'est ainsi que se meut le piston d'une machine à vapeur puisqu'il est directement lié au point N de la bielle.

Les positions extrêmes 1 et 5 se nomment les *points morts*, car à ce moment la bielle n'a pas d'action sur la manivelle. Pour la mise en marche, on a toujours soin de s'écarter de ces deux points.

La tige du piston dans les *machines à balancier*, anime d'un mouvement de va et vient ou d'oscillation un balancier qui actionne à son tour la manivelle à l'aide d'une bielle.

155. Parallélogrammes de conduite rectiligne.

Dans les machines à balancier, la tige du piston qui se meut en ligne droite verticalement doit transmettre sa puissance au balancier dont l'extrémité décrit un arc de cercle.

Un intermédiaire est donc nécessaire pour que la tige du piston ne subisse pas de flexion.

156. Parallélogramme simplifié.

Supposons (fig. 102) une tige de piston TO, articulée au point O sur un levier à branches égales AB de sorte que OB = OA. De plus AC' = CB. Pendant le mouvement du levier AL, le point O se déplacera suivant une ligne sensi-

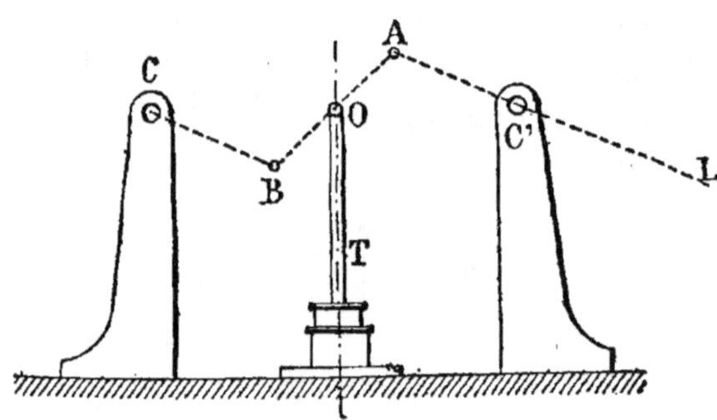

Fig. 102.

blement droite à la condition que la course ne soit pas trop étendue. C'est là un *parallélogramme simplifié,* en forme de Z, qu'il convient d'employer, attendu que sa construction est peu compliquée.

157. **Parallélogramme de Watt.**

Watt, après de longues recherches, découvrit une combinaison de leviers à l'aide de laquelle il put transmettre le

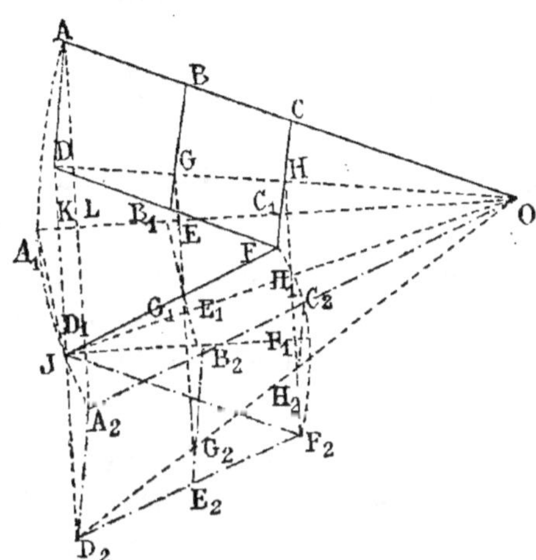

Fig. 103.

mouvement de la tige du piston au balancier. Son appareil se compose de plusieurs tiges distribuées et proportionnées comme suit :

1° Le demi-balancier $= AO$.

2° L'amplitude d'oscillation AOA_2 dont la corde AA_2 est la course du piston. De plus $A_1K = KL$.

3° Les tiges de suspension AD, CF sont égales.

4° Les barres $DF = AC = CO$ de la longueur du parallélogramme sont aussi égales.

5° Watt faisait AD compris entre AA_1 et $\frac{6}{7}$ de AA_1.

6° Le sommet F du parallélogramme est guidé par une tige JF articulée *au point fixe* J. Cette tige JF est le *contre-balancier*.

La tige du piston est liée au point D qui passe de D en D_1 et en D_2 pour revenir aux mêmes positions par le coup de piston suivant.

Le point fixe J fait partie du bâti de la machine.

Dans la pratique les tiges que nous venons de décrire sont disposées de la manière suivante :

Le *contre-balancier* JF a pour centre J, de plus il est double.

La tige DF est également double et parallèle à l'axe du balancier.

Les tiges de suspension DA et FC sont doubles.

L'arbre projeté au point F a la forme d'une chape pour donner passage libre à la tige attachée au point H.

Les bielles AD, BE, CF sont le plus souvent formées d'un étrier en fer ou en acier avec coussinets et clavettes de serrage.

158. **Losange articulé de M. le colonel Peaucellier.**

En 1875, M. Peaucellier publia la solution exacte de la transformation du mouvement circulaire en mouvement rectiligne à l'aide de tiges articulées.

Voici en quoi consiste cette élégante transformation.

159. Losange positif ou latéral.

Quatre tiges égales AD, DB, BC, CA sont montées à articulation. Les sommets A et B de ce losange sont liés par leurs axes à deux tiges égales AO et BO articulées sur un même axe O.

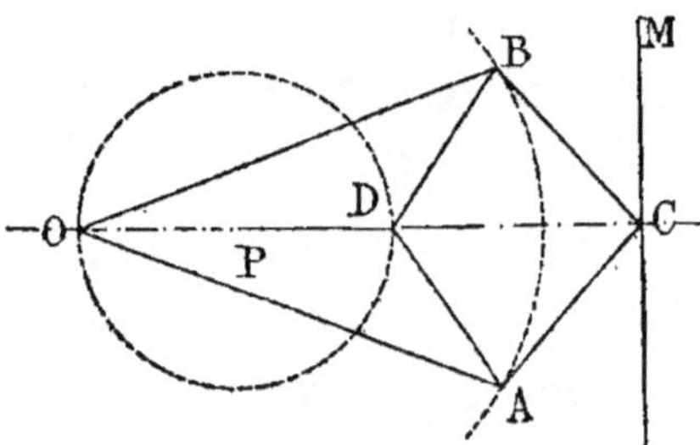

Fig. 104.

Le sommet D est armé d'une tige DP telle que DP = PO. Le point P, extrémité de DP, est fixé au point P et peut tourner autour de lui. Le point O est fixe également; ce sont les centres.

Le sommet D est astreint à tourner sur une circonférence de rayon PD, puisque le point P est fixe.

Prenons alors à la main le sommet C, muni d'un crayon, et poussons-le au-dessus de la ligne d'axe OC; le point C décrira une ligne droite CM perpendiculaire à OC et son prolongement sera au-dessous de l'axe.

Dans cette disposition très facile à construire, les centres O et P sont extérieurs et situés d'un même côté du losange, aussi, dit-on, ce losange *positif* ou *latéral*. Les tiges OA et OB sont les *liens connecteurs*.

160. **Losange négatif ou extérieur.**

Si les *liens connecteurs* sont plus courts que les côtés du losange, le centre O sera à l'intérieur du losange et la tige DP aboutira au centre P situé aussi dans le losange ADBC.

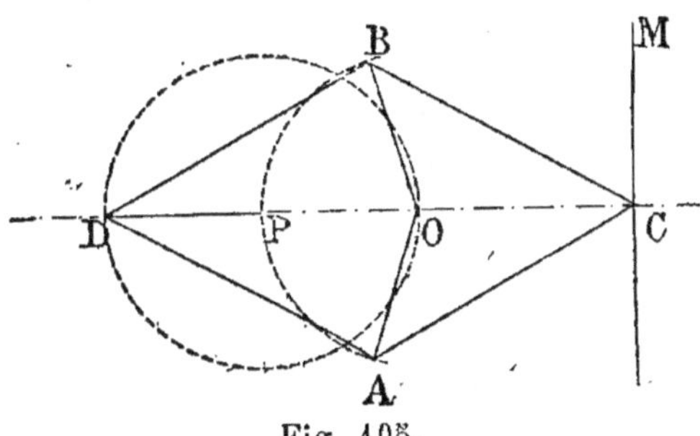

Fig. 105.

Le point D sera astreint à se mouvoir sur la circonférence de rayon PD, tandis que le centre O restera immobile à sa place. Le sommet C décrira une ligne CM rigoureusement droite et perpendiculaire à l'axe PO.

Comme tout à l'heure AD, DB, BC, CA sont égales; AO = OB et DP = PO.

161. APPLICATIONS. Le point O sera le centre du balancier, le point P sera lié au bâti sur lequel est monté le balancier, le levier PD est double ainsi que le lien connecteur OA

articulé au centre même du balancier. Le losange ACBD, double également, reçoit le mouvement de la tige du piston par son petit arbre projeté au point C. L'extrémité B du balancier fixe le sommet B du losange à une distance $OB = OA$ du centre O.

Ce mécanisme a été appliqué à plusieurs machines importantes avec succès. Sa construction exige des soins et de bonnes proportions.

162. Compas Peaucellier

Le losange articulé sert à réaliser un compas qui permet de tracer des arcs de cercle de grand rayon. Il suffit en effet de diminuer la distance de O à P pour faire tracer par le point C des arcs dont les rayons sont d'autant plus petits qu'on rapproche davantage le point O du point P.

La plus petite circonférence possible est obtenue quand le point O se confond avec le point P. La ligne droite ou circonférence de rayon infiniment grand répond à $OP = PD$.

Pour que ce compas soit pratique, il suffit de fixer le centre O, des liens connecteurs, sur un coulisseau mobile dans une coulisse graduée. La graduation s'obtient aisément à l'aide de la formule suivante qui permet de calculer la distance OP à laquelle il convient de fixer le coulisseau pour tracer des arcs de cercle d'un rayon donné à l'avance.

Soient $a =$ longueur des quatre tiges du losange; $b =$ longueur des liens connecteurs; $PD = r$; $OP = d$ et R le rayon de l'arc de cercle décrit par le point C.

Nous aurons : $DB = BC = CA = AD = a$; $OA = OB = b$ et le rayon R sera donné par la formule

$$R = \frac{r\,(b^2 - a^2)}{r^2 - c^2},$$

dans laquelle l'inconnue est c, facile à déterminer par la relation.

$$c = \sqrt{r^2 - \frac{r}{R}(b^2 - a^2)}. \qquad (1)$$

On calculera la valeur de c pour différentes valeurs de R; à partir du point P, ces valeurs de c seront tracées sur la coulisse PO et la valeur du rayon R poinçonnée en face de chaque trait. Il suffira ultérieurement de placer le coulisseau au repère indiqué par une simple lecture, pour être en mesure de tracer l'arc demandé. Un compas de cette nature, de un mètre de longueur, permet de tracer des circonférences de six mètres de rayon et au delà.

L'instrument, établi en bois, pour les modeleurs mécaniciens, les menuisiers et les charpentiers; en fer pour les serruriers, les chaudronniers, les tailleurs de pierre et les maçons; enfin très soigné, en cuivre, pour les géographes, les dessinateurs et les bureaux d'études où se préparent les projets, rendrait de très grands services. Il est à désirer que ce compas devienne d'un usage courant dans l'industrie. Il est possible de graduer la coulisse à $0^{mm},001$ près.

APPLICATION. Soit un compas Peaucellier, disposé avec losange latéral, dont les tiges présentent les valeurs suivantes : $b = 0^m,50$; $a = 0^m,20$ et $r = 0^m,25$. A quelle distance du point P faudrait-il placer le centre O pour que le point C trace un arc de cercle de 6 mètres de rayon?

D'après la formule (1)

$$c = \sqrt{r^2 - \frac{r}{R}(b^2 - a^2)},$$

nous aurons :

$$c = \sqrt{0,25^2 - \frac{0,25}{6}(0,5^2 - 0,2^2)},$$

ou

$$c = \sqrt{0,0625 - \frac{0,25}{6} \times 0,21}$$

et calculs faits :

$$c = 0^m,2318.$$

163. Excentriques et cames.

Les excentriques mènent d'ordinaire des tiges guidées ou articulées suivant certaines lois déterminées par le mouvement qu'il est nécessaire de produire.

164. Excentrique circulaire ou manivelle à gros bouton.

On a l'habitude de nommer *excentrique circulaire une simple manivelle dont le bouton est plus gros que l'arbre lui-même.*

Si, dans une manivelle (fig. 106), le bras est OA = R tandis que l'arbre a un diamètre MN = D, augmentons le diamètre IK = d du bouton jusqu'à ce qu'il devienne supérieur à D + 2R; l'arbre O sera entouré par son bouton de manivelle et nous aurons un *excentrique circulaire.* Cet organe se rencontre dans un grand nombre de machines, il sert à imprimer aux pièces un mouvement de va et vient.

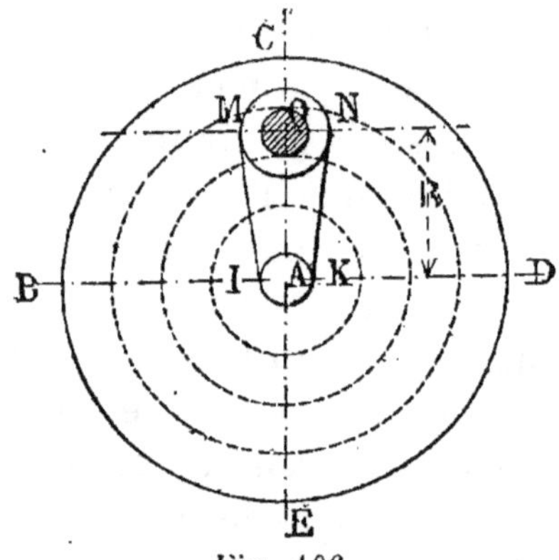

Fig. 106.

Le tiroir de distribution des machines à vapeur est actionné le plus souvent par un excentrique circulaire.

La distance OA se nomme l'*excentricité.*

165. Excentrique du mouvement uniforme ou came en cœur.

L'arbre de l'excentrique possède un mouvement de rotation uniforme, il faut que la tige guidée ait un mouvement uniforme.

Soit r une distance convenablement choisie (fig. 107) entre le centre de rotation et le *galet A*. On trace avec ce rayon une demi-circonférence qu'on divise en quatre parties égales par exemple. Par les points de division on mène des rayons prolongés; prenons A — 4″ = d la course de l'excentrique et divisons la longueur A — 4″ en quatre parties égales. Du point O comme centre avec O — 1″, O — 2″, O — 3″, O — 4″ comme rayons décrivons des arcs de cercle

jusqu'à la rencontre des rayons O — 1′; O — 2′; O — 3′;
O — 4′ prolongés, nous obtiendrons les points A, 1, 2, 3, B,

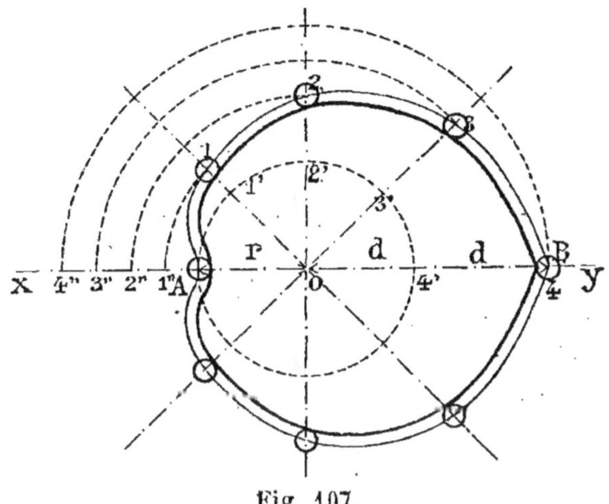

Fig. 107.

qui unis par une courbe, détermineront le demi-profil de
l'excentrique. Par symétrie nous aurons la moitié inférieure.

D'ordinaire cet organe fonctionne sur deux galets A et B
dont le roulement sur le profil vient singulièrement faciliter
le mouvement, aussi pour avoir la courbe pratique faut-il

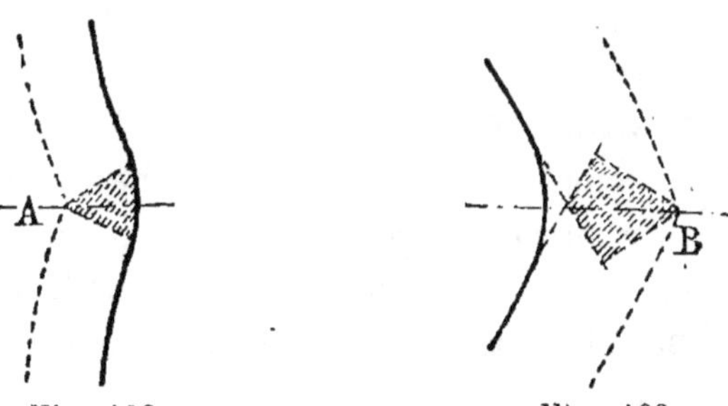

Fig. 108.   Fig. 109.

diminuer toutes les lignes OA, O — 1, O — 2, O — 3, OB
du rayon du galet, déterminé suivant les besoins. Aux
points A et B, il faut arrondir le profil suivant les fig. 108
et 109; c'est le rayon du galet qui sert à cette opération.

La tige guidée change brusquement de sens à chaque demi-oscillation, c'est là une cause de destruction.

Le mouvement de la tige sera uniforme, en effet développons la circonférence de rayon r et partageons la moitié en quatre parties égales (fig. 109). Par les points de division $1'$, $2'$, $3'$, $4'$, menons des perpendiculaires $1' — 1$; $2' — 2$; $3' — 3$; $4' — B$ égales aux espaces parcourus $A — 1''$; $A — 2''$; $A — 3''$; $A — 4''$; la ligne A, 1, 2, 3, B sera droite puisque tous les espaces croissent de quantités égales à des intervalles égaux. Le mouvement sera donc uniforme.

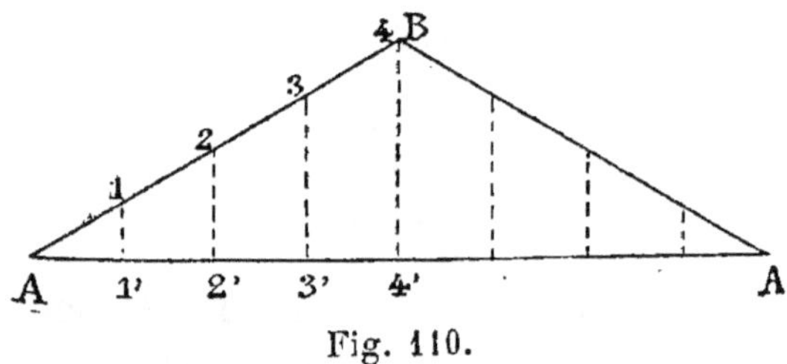

Fig. 110.

Par symétrie BA' représente la demi-oscillation ou la deuxième phase du mouvement.

Dans la figure 107, il est facile de constater que *tous les diamètres* qui passent par le point O et qui aboutissent au profil *sont égaux*.

166. Disposition Morin.

Si nous voulons éviter les brusques changements de direction, nous n'aurons d'après Morin, l'ancien directeur du conservatoire des Arts et Métiers, qu'à modifier les lignes AB et BA' par des courbes arrondies progressivement aux approches des points A, B et A'. Ces courbes seront tangentes en A et en A' sur le développement figure 110. Le mouvement est alors uniformément varié, mais les organes ont au moins une durée plus grande.

167. Alternatives de mouvement et de repos.

Si nous voulons deux repos et deux mouvements de

même durée, nous tracerons les parties AB et CD d'après le procédé indiqué et nous réunirons ces deux courbes par deux arcs de cercle.

Les repos auront lieu pendant le passage du galet sur les quarts de cercle AD et BC.

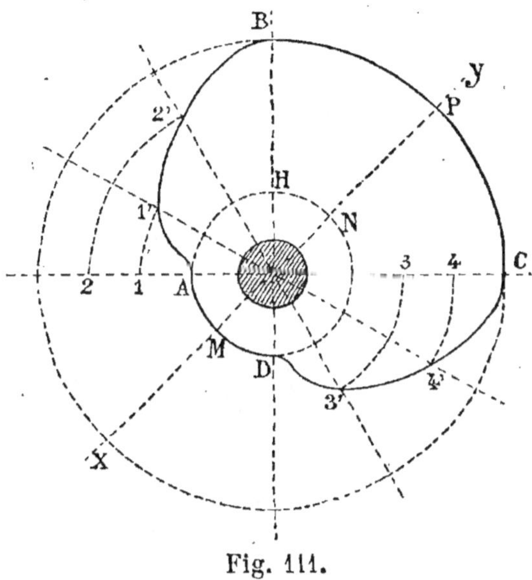

Fig. 111.

La montée de la tige guidée se fera pendant le mouvement du galet sur AB et sa descente pendant le contact avec CD. *L'amplitude de l'oscillation* de la tige sera BH.

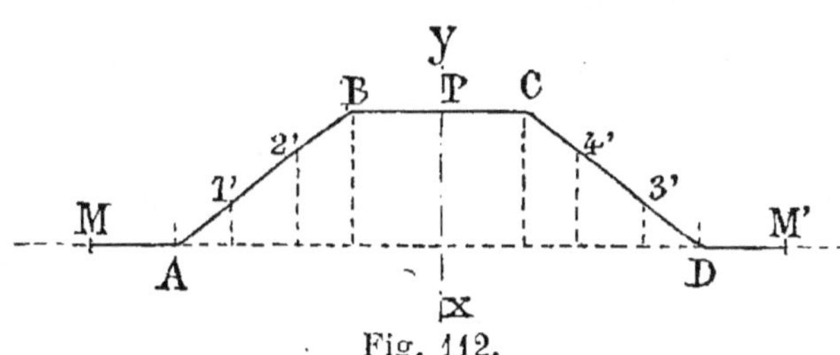

Fig. 112.

Le développement nous donne : un mouvement nul

pendant le passage de MA, une montée A, 1′, 2′, B, l'immobilité pendant le passage de BC, une descente C, 4′, 3′,
D et un mouvement nul de D en M′.

168. Deux mouvements égaux sans repos.

On les obtiendrait, pendant un tour, en traçant deux
courbes symétriques par rapport à deux diamètres perpendiculaires et en employant le procédé de l'excentrique en
cœur (fig. 113).

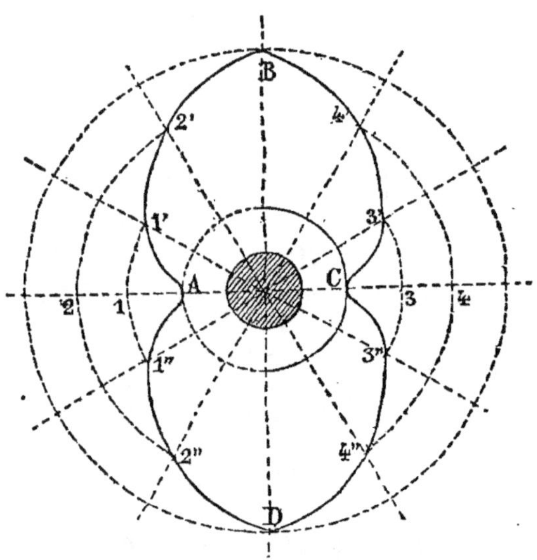

Fig. 113.

A chaque demi-révolution de l'arbre, la tige guidée fera
une oscillation complète.

169. Trois oscillations sans repos.

Dans ce cas, divisons la circonférence BFD, fig. 114 en
trois parties égales par trois lignes à 120°, et chacune d'elles
en deux parties égales. Suivant ces dernières se feront
les montées et les descentes.

La courbe s'obtiendra en divisant l'arc AL et la demi-
oscillation BL en un même nombre de parties égales.

Une oscillation se fera par les courbes BA et AF, une deuxième par FE et ED, la troisième par DC et CB.

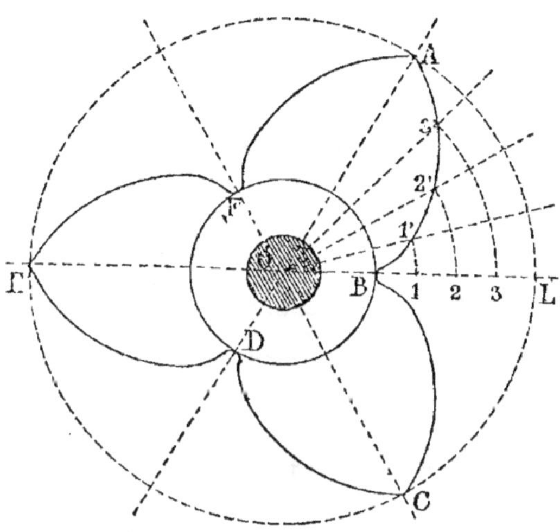

Fig. 114.

170. RÈGLE GÉNÉRALE. Sur le développement de la circonférence la plus petite de l'excentrique, on construit la courbe représentative du mouvement de la tige. Ce développment étant divisé en parties égales, on élève des perpendiculaires dont les longueurs sont reportées sur les rayons correspondants et prolongés de la circonférence développée.

171. **Excentriques à rainure.**

Si l'excentrique n'est plus symétrique et n'a plus ses diamètres égaux, parce que le mouvement de la tige guidée doit être varié, les galets ne peuvent plus être employés.

On pratique alors dans un disque métallique une *rainure* dont le profil est le chemin des centres du *doigt* ou *bouton* lié à la tige qu'il s'agit de mener.

Cette *rainure* contient toutes les positions qui doivent être occupées successivement par le bouton (fig. 115).

Toutes les positions du bouton doivent être notées sur le

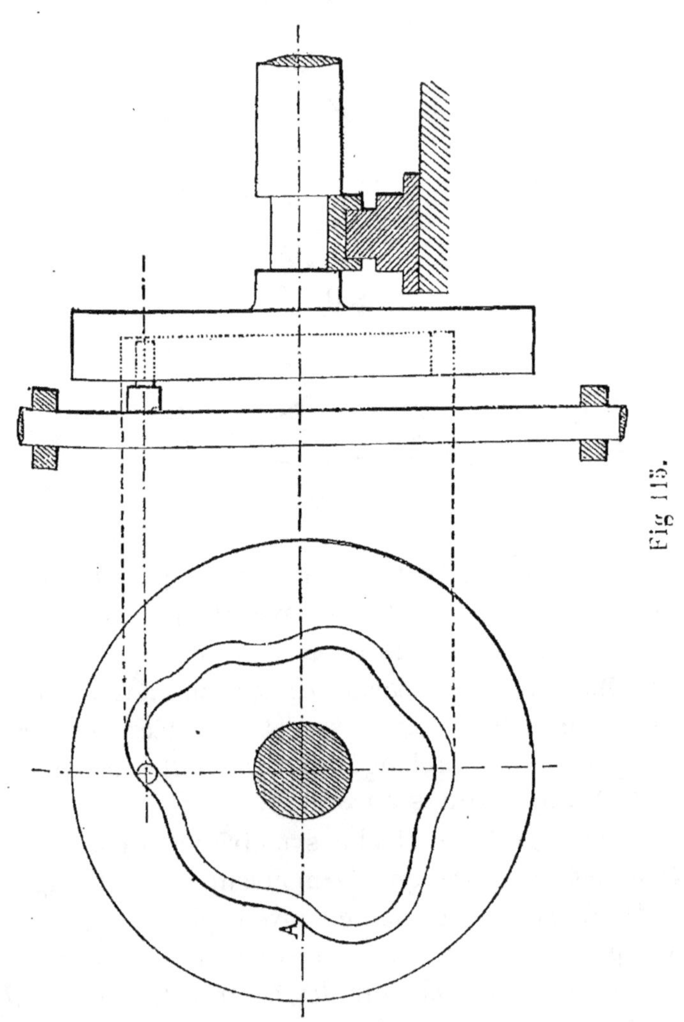

Fig 115.

développement par rapport au temps écoulé entre chacune d'elles, en faisant tourner le disque de fractions égales de circonférence (fig. 116).

Les excentriques à rainures permettent de donner à une tige ou à l'extrémité d'un levier les mouvements les plus capricieux, pourvu que ces déplacements aient lieu dans un plan.

172. Excentrique à cadre.

La tige à conduire est liée à un cadre dans lequel se meut l'excentrique.

Les côtés du cadre sont perpendiculaires à la tige, ce sont eux qui reçoivent l'action continue de l'excentrique.

Ces organes ont un mouvement beaucoup plus doux que les précédents.

173. Excentrique triangulaire.

Soit un triangle équilatéral ABC des sommets duquel nous décrivons des arcs AmB, BnC, ApC. Chacun de ces angles répond à 60° et forme la sixième partie de la circonférence décrite avec le côté du triangle équilatéral pour rayon (fig. 117).

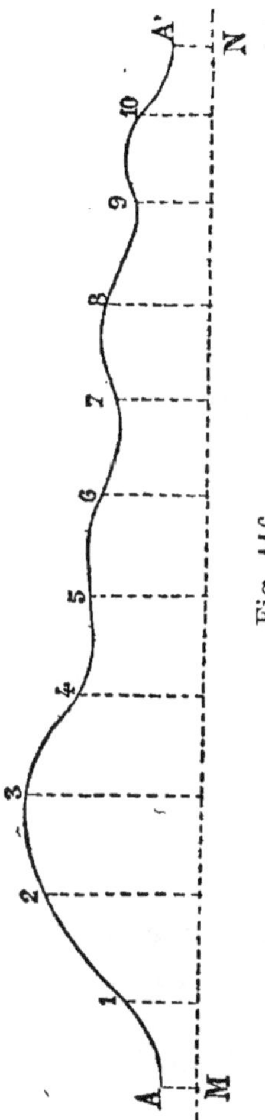

Les deux côtés intérieurs parallèles du cadre sont distants de AB et touchent toujours l'excentrique pendant son mouvement.

Le centre de l'arbre est au sommet C; aussi cet excentrique est-il forcément à l'extrémité de l'arbre.

L'arbre tournant d'un mouvement uniforme, la vitesse
de la tige guidée augmente pendant le premier sixième de
tour, diminue pendant le second sixième pour devenir nulle

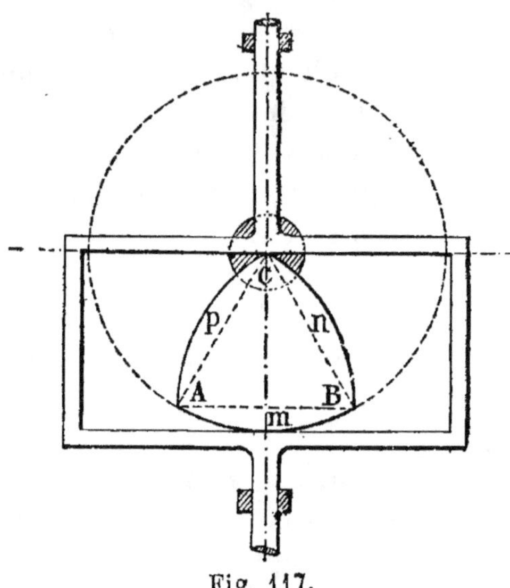

Fig. 117.

au troisième sixième de la rotation de l'excentrique, les
mêmes phases de mouvement se reproduisent à la demi-
rotation suivante.

174. Excentrique triangulaire modifié par Morin.

L'excentrique précédemment décrit ne peut, nous l'avons
dit, se placer qu'aux extrémités des arbres.

La construction suivante, due au général Morin, permet
de caler cet excentrique dans le courant de la longueur
d'un arbre (fig. 118).

On trace un cercle Or de rayon suffisant pour permettre
le calage sur l'arbre.

Du même centre, on décrit un second cercle dont le
rayon est égal à la course donnée augmentée du rayon du
cercle Or.

Un diamètre vertical rOa détermine un point a d'où l'on décrit l'arc de cercle rb, enfin du point b on trace l'arc ac. L'arc cr fait suite aux arcs ac et rb, et l'excentrique a pour contour $abrc$.

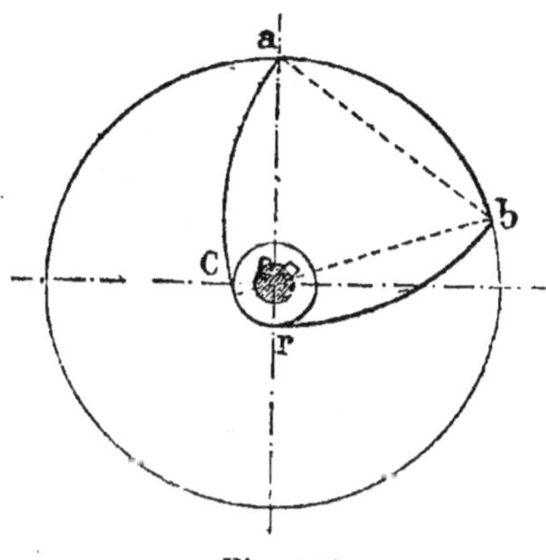

Fig. 118.

Comme l'arc ab est plus grand que $\frac{1}{6}$ de la circonférence, le repos est un peu plus long, ce qui d'ordinaire n'a pas grand inconvénient.

Soient H la hauteur de l'oscillation et r le rayon du cercle Or.

On a :
$$ar = H + r = ab.$$

175. Cames.

Généralement les cames, après leur action, abandonnent à la pesanteur les corps qu'elles ont soulevé.

Ces organes s'emploient dans les batteries de pilons, pour la mise en mouvement des marteaux de forge, dans certaines cisailles, etc. (fig. 119).

Considérons un pilon dont la tige guidée verticalement est munie d'un mentonnet ou mieux d'une mortaise creusée dans l'axe, afin d'éviter les actions latérales.

Si les deux organes, pilon et came, doivent avoir un mouvement uniforme, c'est le cas d'une crémaillère et d'un pignon avec la condition en plus que les cames soient espacées de façon à donner au pilon le temps d'accomplir sa chute. Le profil de la came sera une développante de cercle. Mais il est préférable de faire varier la vitesse du pilon de façon à ce que, faible d'abord, elle aille en croissant, afin d'avoir un choc moindre au moment du contact.

Le mentonnet ou l'entaille aura un profil rectiligne perpendiculaire à l'axe du pilon. Mieux encore, un galet placé dans la mortaise, à son sommet, rend le mouvement plus facile.

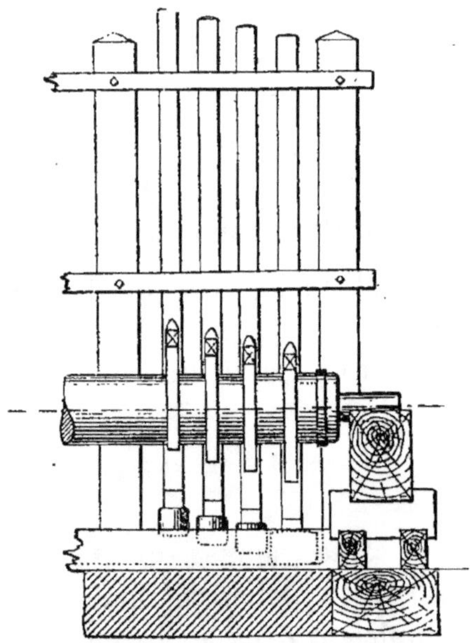

Fig. 119.

D'ordinaire on installe plusieurs cames sur le même arbre pour attaquer plusieurs pilons les uns après les autres. C'est un moyen d'éviter à l'arbre porte-cames des accélérations nuisibles de mouvement (fig. 119).

176. Mouvements différentiels.

Un mouvement différentiel résulte de la combinaison de

deux autres, déterminés en sens contraires par une seule force.

Ces réunions de deux mouvements ont pour but de fournir des appareils puissants exigeant une petite force mouvante ou bien des déplacements lents, tout en conservant aux organes des dimensions compatibles avec les nécessités de la construction et de la solidité.

177. Vis différentielle.

La vis différentielle imaginée par de Prony est un excellent exemple de ces combinaisons.

Considérons une tige munie de deux parties filetées ab et cd (fig. 120).

Soient h le pas de ab et H celui de cd. Admettons que ab se meuve dans un écrou fixe K et que cd soit liée à un écrou mobile I.

Un tour de la manivelle M fera avancer la vis ad d'une longueur h dans le sens KG ; mais l'écrou I étant mobile, il avancera par suite de la rotation de la vis d'une longueur H dans le sens IK.

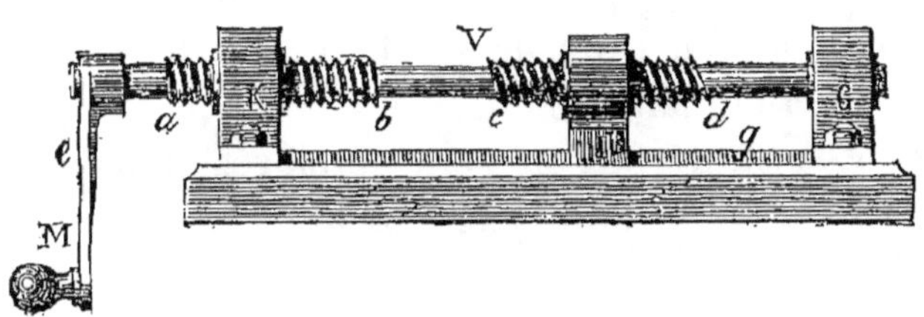

Fig. 120.

L'écrou I n'*aura* donc *marché* en réalité que de H — h, c'est-à-dire *de la différence des pas.*

Supposons cette différence égale à 2 millim. et que l'effort à transmettre par l'écrou I soit très grand, nous pourrons donner par exemple à la vis ab un pas de 50 millim. et à la vis cd un pas de 52 millim.

Si le mouvement de l'écrou I doit être très lent : $0^{mm},1$ par tour; il suffira de faire deux vis sur le même axe, en donnant deux pas dont la différence soit $0^{mm},1$.

Les mouvements différentiels se rencontrent dans un grand nombre de machines-outils comme les machines à aléser, les palans, les appareils à compression, les pièces micrométriques, etc.

178. REMARQUE. Les accouplements mobiles, tels que manchons à griffes de Sharp, joint de Oldham, joint en croix de Cardan, joint d'Otto Dingler et autres, sont décrits dans le cours de technologie de deuxième année.

179. **Ressorts.**

Les ressorts constituent de véritables éléments de machines, ce sont des organes souvent très importants. Ils prennent des formes variées et sont susceptibles de rendre d'excellents services, à la condition de leur appliquer une force unique.

Il y a des ressorts de traction, de compression, de flexion, de torsion et d'appui.

Les ressorts de flexion et de torsion sont, le plus souvent en métal et quelquefois en bois, mais les ressorts de compression et parfois ceux de traction sont en caoutchouc ou autre matière organique.

Les ressorts de flexion sont employés dans le matériel des chemins de fer de même que plusieurs espèces de ressorts de torsion.

La machine à faire les pointes de Paris forme la tête, par la réaction d'un ressort en bois ou en acier. Les ressorts jouent en effet très bien le rôle de collecteurs de force motrice.

Dans les garnitures de pistons de machines à vapeur et dans les rochets à cliquets, ils assurent le fonctionnement des appareils en complétant les organes de liaison.

Ceux des montres servent de magasin de force motrice et un autre petit ressort permet la dépense régulière de la puissance placée en réserve dans le ressort principal.

L'archet et l'ancien tour à perche encore en usage pour tourner tors, utilisent l'élasticité de la verge ou de la perche pour déterminer le mouvement de rotation.

Les balistes, les catapultes, les arbalètes et les arcs employaient les ressorts pour accumuler la force destinée au lancement des projectiles.

Les mécanismes qui se trouvent dans toutes les serrures reposent sur l'emploi de ressorts comme organes essentiels.

Les freins appliqués aux treuils, soit sur les poulies, soit à leur intérieur, sont encore des ressorts.

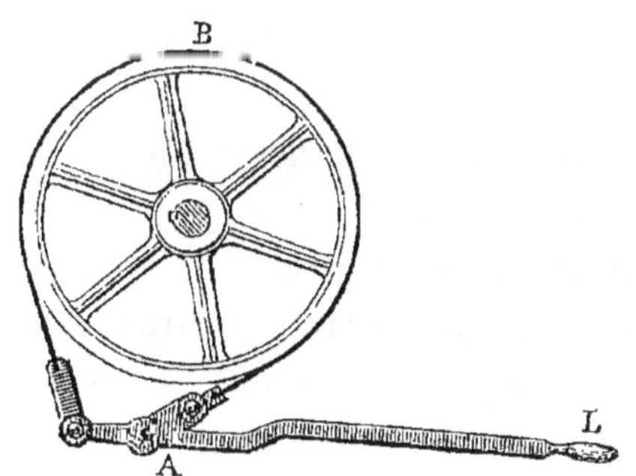

Fig. 121.

Nous devons donc en toutes circonstances considérer les ressorts comme des organes de machines, car ils sont parfois la pièce principale. Nous le montrerons dans le *Cours de Technologie.*

DYNAMIQUE

180. La dynamique étudie le mouvement en tenant compte de la force qui lui donne naissance.

Elle repose sur trois principes examinés déjà, que nous allons citer à nouveau.

1° *Inertie. Un corps au repos ne peut de lui-même se mettre en mouvement. Il ne peut modifier son mouvement s'il en possède un.*

2° *L'action est égale à la réaction.* Un homme debout sur un plancher presse le plancher avec une force de 70 kilogr., mais le plancher réagit avec une force égale, puisqu'il ne cède pas.

3° *Les effets des forces sont indépendants.* C'est-à-dire qu'une force appliquée sur un corps en mouvement, produit sur ce corps le même effet que s'il était au repos.

181. **Mouvement produit par une force constante.**

Considérons une force appliquée sur un petit corps matériel ; d'après ce que nous savons, le mouvement serait *uniforme*, si nous enlèvions la force.

Or, cette force agissant à chaque instant, donne à la vitesse des accroissements égaux. Elle produit donc un mouvement uniformément accéléré.

Si la vitesse du mobile diminuait à chaque instant de quantités égales, nous aurions, sous l'influence de la force constante, un mouvement uniformément retardé.

La variation de la vitesse s'appelle accélération due à la force constante considérée.

182. **La pesanteur est une force constante.**

La pesanteur agit de manière à donner aux corps un mouvement uniformément accéléré, nous l'avons constaté ; par conséquent la pesanteur est une force constante *dans un même lieu*, P est cette force.

L'accélération g, trouvée par expérience, est due à la pesanteur.

Dans un endroit différent du globe, le même corps pèse un poids P′ différent du premier et l'accélération g' correspondante est différente de g.

C'est ainsi que g va en croissant de l'équateur au pôle et cela proportionnellement aux poids.

On a, toujours d'après les expériences :

$$\frac{P}{g} = \frac{P'}{g'}. \qquad (1)$$

Le quotient reste toujours le même ; il est constant, on lui a donné le nom de *masse*.

Un raisonnement très simple peut prouver cette proportionnalité. En effet, supposons P double de P′ ou P = 2P′, ce sera comme si le corps était sollicité d'abord par la force 2P′ ; or chacune des deux forces P′ imprimera une accélération g', comme si l'autre force P′ n'existait pas, de sorte que P = 2P′ imprimera une accélération $g = 2g'$. Par suite nous pouvons écrire la relation (1).

La masse d'un corps se désigne par m ; elle varie avec le corps.

On a donc : $\qquad\qquad m = \dfrac{P}{g} \qquad\qquad (2)$

Ce qui s'énonce :

La masse d'un corps est le quotient du poids de ce corps exprimé en kilogrammes par l'accélération due à la pesanteur exprimée en mètres.

Par multiplication, la relation (2) nous donne

$$P = m.g. \qquad (3)$$

La force exprimée en kilogrammes, qui imprime l'accélération g exprimée en mètres, est égale à la masse multipliée par cette accélération.

Nous constatons aussi que *la masse d'un corps est pro-*

portionnelle à son poids, puisque g ne change pas de valeur en un même lieu.

Si nous faisons $m = 1$ dans la relation (3), nous avons :

$$P = g = 9^k,8088.$$

C'est le poids dont la masse est l'unité.

Pour une force F constante, qui imprimerait à un corps une accélération a, on aurait de même

$$F = m.a,$$

ou bien par division :

$$a = \frac{F}{m}$$

et par suite :

$$m = \frac{F}{a},$$

qui permettent d'obtenir la force, l'accélération ou la masse, étant données les autres quantités.

183. Proportionnalité des forces constantes aux accélérations qu'elles produisent.

Soient F et F' deux forces constantes qui donnent à des corps de masses m et m' des accélérations a et a', nous aurons

$$F = ma \qquad \text{et} \qquad F' = m'a'.$$

Divisons terme à terme, il vient :

$$\frac{F}{F'} = \frac{ma}{m'a'}. \qquad\qquad (1)$$

Supposons que les accélérations imprimées soient égales, on aura $a = a'$ et par suite :

$$\frac{F}{F'} = \frac{m}{m'},$$

Ce qui s'énonce :

Deux masses qui posssèdent la même accélération sont proportionnelles aux forces constantes qui les sollicitent.

Faisons les masses égales ou $m = m'$ dans la relation (1).

Dès lors :

$$\frac{F}{F'} = \frac{a}{a'}.$$

C'est-à-dire : *Deux forces constantes appliquées à un même corps sont entre elles comme les accélérations qu'elles communiquent à ce corps.*

Admettons enfin que $F = F'$, il en résultera

$$ma = m'a',$$

ou bien

$$\frac{m}{m'} = \frac{a}{a'}.$$

Donc : *Deux forces égales, agissant sur deux corps différents, produisent des accélérations qui sont en raison inverse des masses.*

184. Force centripète et force centrifuge.

Si nous attachons une balle à l'extrémité d'un fil, et si nous lui imprimons un mouvement de rotation, nous sentons sur la main la tension du fil. Ce fil exerce un certain effort pour maintenir la balle sur la circonférence qu'elle décrit. La mesure de cet effort en kilogrammes évalue la force centripète. Si le fil se rompt pendant le mouvement de rotation, la balle s'échappera *suivant la tangente* à la circonférence qu'elle décrivait d'abord. Elle devient un mobile abandonné à lui-même et animé d'une certaine vitesse, le moúvement sera uniforme en vertu de l'inertie et aura lieu dans la direction de la vitesse au moment de la rupture du fil, c'est-à-dire suivant la tangente.

Le point d'application de la force centripète est naturellement le centre de gravité de la balle. Sa direction va de la circonférence au centre suivant un rayon. L'intensité sera égale et contraire à la force centrifuge.

185. Évaluons la force centripète. Le mobile parcourt la circonférence O d'un mouvement uniforme avec une vitesse v. Il passe de M en M' dans un temps très court t. De plus la circonférence O possède un grand rayon (fig. 122).

Abandonné à lui-même, le mobile suivrait la tangente MT, d'autre part la force centripète cherchée agit suivant

MO. La résultante est MM' et la composante suivant MO est MP déterminée par la parallèle M'P à la tangente MT.

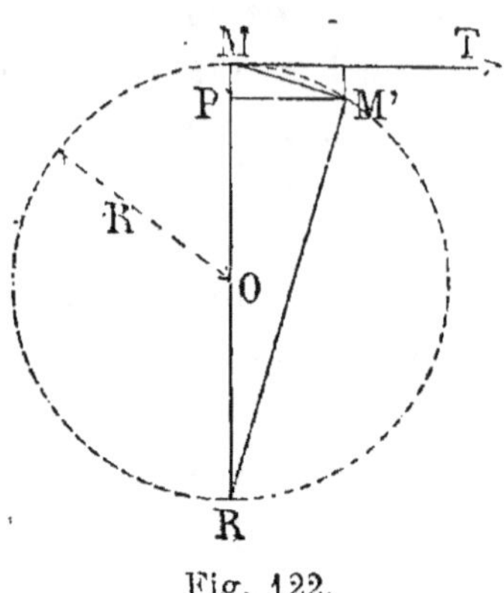

Fig. 122.

Mais puisque MM' est un petit arc, on peut admettre qu'il a même longueur que sa corde. Or le triangle MM'R est rectangle,

donc
$$MP \times MR = \overline{MM'}^2$$

ou
$$MP \times MR = \overline{arc\ MM'}^2\,;$$

mais
$$arc\ MM' = v \times t \quad \text{et} \quad MR = 2R\,;$$

d'où
$$MP \times 2R = v^2 \times t^2$$

et
$$MP = \frac{1}{2} \times \frac{v^2}{R} \times t^2.$$

Par conséquent le chemin MP est parcouru d'un mouvement uniformément accéléré, l'accélération sera $a = \frac{v^2}{R}$. Si donc le mobile a une masse m, la force C qui donnera naissance à cette accélération sera

$$C = m \times a,$$

ou
$$C = m \times \frac{v^2}{R}. \qquad\qquad (1)$$

La force centrifuge a même expression.

Nous dirons donc que : *la force centrifuge* d'un corps

qui tourne au bout d'un rayon R *est égale au produit de sa masse par le carré de sa vitesse, divisé par le rayon du cercle décrit.*

La relation (1) nous prouve de plus que :

La force centrifuge est :

1° Proportionnelle à la masse ;

2° Proportionnelle au carré de la vitesse ;

3° Inversement proportionnelle au rayon de la circonférence décrite par le corps.

Il résulte de ce qui précède qu'un corps solide tournant autour d'un axe a toutes ses parties soumises à la force centrifuge. Si deux masses égales sont placées aux extrémités d'un même diamètre, chacune d'elles est soumise à la même force centrifugé et l'axe ne subit aucun effort, puisque les deux forces sont égales et de sens contraires. C'est pour cette raison que les poulies de transmission ont un nombre pair de bras symétriquement disposés et que les jantes sont de même épaisseur tout autour de l'axe.

En peu de mots, *la matière doit être répartie symétriquement par rapport à l'axe de rotation.*

Industriellement, la force centrifuge est appliquée dans les essoreuses ou turbines à force centrifuge. Du linge mouillé ou des poudres humides comme les grains de sucre mélangés de mélasse sont placés dans un cylindre en toile métallique.

Sous l'influence de la rotation rapide, les liquides sortent par les mailles et les solides restent à l'intérieur à l'état presque sec.

Le ventilateur qui souffle les forges repose également sur l'emploi de la force centrifuge appliquée à l'air.

Certaines pompes élèvent les liquides d'après le même principe ; ce sont les pompes rotatives à force centrifuge.

APPLICATION. Une locomotive à six paires de roues couplées du poids de 60 tonnes parcourt une courbe de

800 mètres de rayon avec une vitesse de 20 mètres par seconde.

On demande quelle sera la valeur de la force centrifuge développée par cette machine en mouvement ?

Nous avons :
$$F = m \times \frac{v^2}{R}$$

et dans ce cas particulier :

$$m = \frac{60000}{9,8088}; \qquad v = 20 \qquad \text{et} \qquad R = 800,$$

en remplaçant les lettres par leurs valeurs, il viendra,

$$F = \frac{60000 \times \overline{20}^2}{9,8088 \times 800}$$

et calculs faits : $F = 3061$ kilogrammes.

On remédie à cet effet ou bien on le contrebalance en donnant à la voie de la pente vers l'intérieur de la courbure, afin de prévenir un déraillement.

186. Travail mécanique.

Nous avons tous la notion du travail.

Un cheval qui tire régulièrement sur ses traits en déplaçant un véhicule, travaille. Son mouvement a une durée souvent assez grande. Un autre cheval qui s'élancerait par saccades pour tirer sur une voiture, donne des *coups de collier*, mais ne travaille pas.

Dresser une surface à la lime, refendre un morceau de bois à la scie, raboter entièrement une planche, monter un fardeau à une certaine hauteur, marcher de manière à franchir un espace déterminé, c'est toujours travailler.

Le travail comprend une certaine continuité de l'action et des résistances vaincues pendant un certain temps.

Un homme de peine qui monte à chaque voyage, sur des crochets, une charge de 40 kilogrammes à 10 mètres de hauteur, accomplit, au bout de 10 voyages, 10 travaux égaux, il a élevé 400 kilogr. à 10 mètres. Un deuxième homme de peine se charge chaque fois de 80 kilogrammes, sa tâche est terminée en 10 voyages ; le travail sera double puisque 800 kilogrammes seront à 10 mètres de hauteur.

D'autre part élever 20 kilogrammes à 10 mètres constitue un certain travail qui peut être doublé en élevant 20 kilogrammes à 10 mètres, puis encore à 10 mètres, c'est-à-dire à 20 mètres de hauteur.

Le travail est donc proportionnel à l'effort exercé et aussi au chemin parcouru.

187. Définition du travail.

On donne le nom de travail mécanique au produit d'une force exprimée en kilogrammes par le chemin parcouru exprimé en mètres.

Le chemin parcouru doit être compté suivant la direction de la force.

Si le chemin et la force ont même direction, le travail sera (fig. 123) :

$$T = F \times AA'.$$

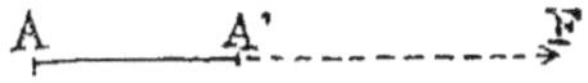

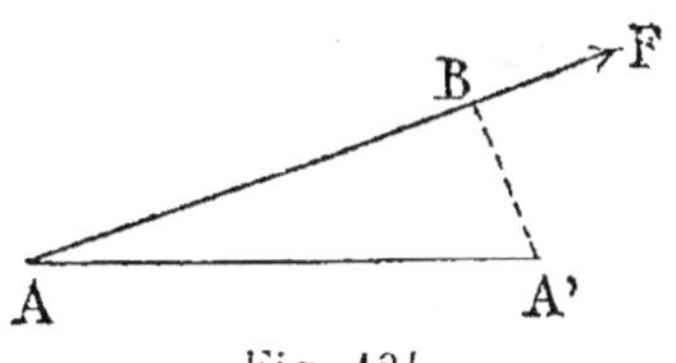

Fig. 123.

Si la force F et le chemin AA' n'ont pas même direction, le travail est égal à l'intensité de cette force

Fig. 124.

multipliée par la projection du chemin sur la direction de la force (fig. 124).

On aura : $$T = F \times AB.$$

La projection du chemin sur la force est comprise entre

le point d'application A et le pied B de la perpendiculaire menée de A' sur AF.

Remarque. La projection du chemin sur la force est d'autant plus grande que l'angle A'AB est plus petit, le travail sera le plus grand possible ou maximum quand AA" et AF auront même direction.

Si l'angle A'AF grandit et s'ouvre, la projection BA diminue et devient nulle si A'AB $=$ 90°; dans ce cas le travail est nul.

188. Travail d'une force tangente à une roue.

La roue faisant un mouvement de rotation très petit, on peut admettre que le mouvement a eu lieu suivant la tangente. Soient F la force appliquée suivant cette ligne et C le chemin parcouru dans sa direction, le travail pour ce petit déplacement sera

$$t = F \times e.$$

Quand la roue aura fait un tour complet, le chemin e sera devenu une circonférence et le travail pour un tour entier

$$T = F \times 2\pi R.$$

Le travail de la force est égal au produit de son intensité par la longueur de la courbe décrite par son point d'application.

Application. Une manivelle est actionnée par une force de 8 kilogrammes, tangentiellement à la circonférence qu'elle décrit. Cette circonférence a $0^m,40$ de rayon. Quel sera le travail pour un tour ?

On aura :

$$T = 8^k \times 2 \times \pi \times 0,40 = 20 \text{ kilogrammètres.}$$

189. Kilogrammètre.

Par définition, un travail est le produit d'un certain nombre de kilogrammes par un certain nombre de mètres. Le résultat donne naissance à des *kilogrammètres*.

Le kilogrammètre est l'unité de travail, c'est le travail qu'il faut développer pour élever 1 kilogramme à 1 mètre de hauteur.

Le nombre de kilogrammètres se désigne par les lettres *km* placées à droite de ce nombre et un peu au-dessus, ainsi 75 kilogrammètres s'écriront 75^{km}.

190. Cheval-vapeur.

Dans l'industrie, on mesure le travail des machines au moyen du *cheval-vapeur*. Ce dernier vaut 75 kilogrammètres par seconde.

Mais un cheval ne peut fournir cette quantité de travail que pendant un temps court; en pratique, il faut compter qu'un cheval-vapeur vaut le travail de six chevaux ordinaires. D'autre part le travail d'un cheval vaut celui de 7,5 hommes, il en résulte qu'un cheval-vapeur représente le travail de 45 hommes.

191. Cheval nominal ou cheval-vapeur nominal.

Dans la marine on désigne d'òrdinaire la puissance des machines motrices en chevaux nominaux. Un cheval nominal vaut quatre chevaux-vapeur de 75 kilogrammètres.

C'est ainsi qu'une machine de 800 chevaux nominaux produit le travail de 3200 chevaux-vapeur de 75 kilogrammètres.

$$800^{chx\cdot nom\cdot} = 800 \times 4 = 3200^{chx\cdot v\cdot} = 240000^{km}.$$

192. Usage des unités de travail.

Elles servent à évaluer la puissance motrice nécessaire aux diverses machines-outils d'un atelier et à déduire le prix de revient des objets manufacturés. Elles permettent de comparer les effets des différents moteurs : animaux, roues hydrauliques, moulins à vent et machines à vapeur.

193. Machines à l'état de mouvement uniforme.

Dans une machine qui est animée d'un mouvement uniforme, le travail de la puissance est égal au travail de la résistance.

S'il en était autrement, elle prendrait un mouvement accéléré ou un mouvement retardé sous l'influence de l'une des deux forces dominantes.

Si P est la puissance, R la résistance, E et e les espaces respectifs parcourus par les points d'application des deux forces suivant leurs directions, nous aurons :

$$P \times E = R \times e. \qquad (1)$$

Les forces sont donc en raison inverse des chemins.

Ce que l'on gagne en force on le perd en chemin.

Ou bien encore, puisque les chemins parcourus sont proportionnels aux vitesses.

Ce que l'on gagne en force, on le perd en vitesse.

194. Travail dans le levier.

Soit un levier *inter-appui* AOB, dans lequel la puissance P et la résistance R ont respectivement pour bras de leviers p et r (fig. 125).

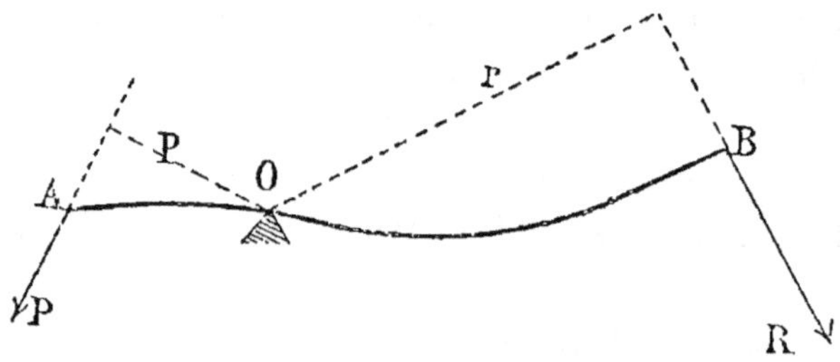

Fig. 125.

Nous savons que l'équilibre aura lieu quand

$$P \times p = R \times r.$$

Si le levier exécute autour du point O un petit mouvement uniforme, les arcs décrits par les bras de leviers p et r seront proportionnels à ces longueurs.

Soient E le chemin parcouru correspondant à p et e celui qui répond à r, on aura :

$$P \times E = R \times e.$$

Donc le travail de la puissance est égal au travail de la résistance.

195. Travail dans le treuil simple.

Soient R la charge appliquée sur la corde à l'extrémité r du rayon du tambour et P la puissance qui actionne la manivelle de longueur l. L'équilibre a lieu quand

$$R \times r = P \times l. \tag{1}$$

c'est-à-dire quand les moments sont égaux.

Multiplions les deux membres de (1) par 2π, nous aurons :

$$R \times 2\pi r = P \times 2\pi l,$$

c'est-à-dire que nous avons exécuté un tour de manivelle d'un mouvement uniforme. Les deux travaux sont égaux.

Admettons que la manivelle fasse N tours en une minute ;

Le travail pendant une minute sera $P \times 2\pi l \times N$.

Le travail pendant une seconde sera $P \times \dfrac{2\pi l N}{60}$.

REMARQUE. La force R tend à faire tourner le treuil dans un sens pendant que la force P tend à le faire tourner en sens contraire.

Les travaux de ces deux forces sont égaux pendant le mouvement uniforme de l'appareil.

196. Travail dans le treuil à engrenages.

Les treuils simples sont commodes quand il ne s'agit de produire qu'un travail peu important ; mais dès que la charge est grande, un ou deux hommes seraient incapables de la mettre en mouvement.

On divise alors le travail à faire en réduisant la vitesse de l'ascension au moyen de roues d'engrenage qui transmettent le travail exécuté sur la manivelle, au tambour du treuil. Nous avons vu que les nombres de tours faits par deux roues dentées empeignées, sont en raison inverse de leurs rayons, de leurs diamètres ou de leurs nombres de dents.

Soient n et N les dents des roues O et C ; pour un tour de la roue O, la roue C fera une fraction de tour exprimée par $\frac{n}{N}$. Le treuil A qui est lié à la roue C fera aussi $\frac{n}{N}$ tour, tandis que la manivelle M décrira une circonférence entière.

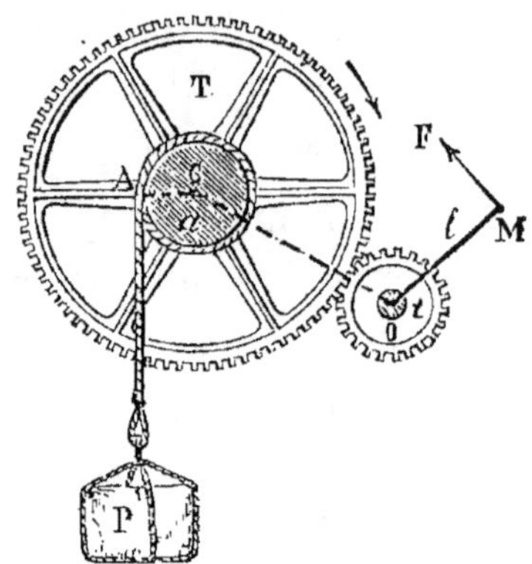

Fig. 126.

Par conséquent le chemin parcouru par le point d'application M de la force, sera :

$$2\pi l.$$

Le poids aura monté par l'enroulement de la corde sur le tambour, de :

$$2\pi a \times \frac{n}{N}.$$

Les deux travaux seront respectivement :

$$F \times 2\pi l \quad \text{et} \quad P \times 2\pi a \times \frac{n}{N}.$$

Mais comme ils sont égaux, on a :

$$F \times 2\pi l = P \times 2\pi a \times \frac{n}{N}.$$

Divisons les deux membres par le facteur commun 2π, pour simplifier l'expression :

Dès lors $\qquad F \times l = P \times a \times \frac{n}{N}.$

Divisons encore les deux membres de cette relation par le produit $P \times l$,

10.

nous aurons :

$$\frac{F}{P} \times \frac{l}{l} = \frac{P}{P} \times \frac{a}{l} \times \frac{n}{N},$$

ou bien identiquement :

$$\frac{F}{P} = \frac{a}{l} \times \frac{n}{N}. \tag{1}$$

Ce qui s'énonce : *la puissance est à la résistance comme le produit du rayon du tambour par le nombre des dents du pignon est au produit de la manivelle par le nombre des dents de la roue.*

L'expression (1) permet d'obtenir, par des opérations très simples, l'une des six quantités, connaissant les cinq autres.

REMARQUE. Si le treuil considéré comporte plusieurs paires d'engrenages : *la puissance est à la résistance comme le produit du rayon du tambour par les dents des pignons est au produit de la manivelle par les dents des roues.*

197. **Travail dans le palan différentiel.**

Nous avons déjà décrit cet appareil. Soient (fig. 127) R le rayon de la grande poulie fixe, r le rayon de la petite poulie fixe qui fait corps avec la première, F la puissance appliquée sur le brin garant 1 et P le poids à soulever appliqué à la poulie mobile B.

Tirons sur le brin 1 de manière à faire faire un tour à la poulie CC'. La force F aura parcouru un chemin égal à $2\pi R$. Le brin 2 se sera raccourci de $2\pi R$, mais la poulie DD' ayant tourné avec CC', le brin 3 s'est allongé de $2\pi r$.

Par conséquent les brins 2 et 3 ont subi une diminution $2\pi R$ et un allongement $2\pi r$, ils ont donc diminué de $2\pi R - 2\pi r$. Or la poulie B étant mobile, s'est élevée de la moitié seulement de cette quantité, puisque la diminution de longueur se répartit également sur les brins 2 et 3.

Le poids P aura donc monté de $\dfrac{2\pi R - 2\pi r}{2}$,

ou bien de $\qquad\qquad \pi R - \pi r.$

Les travaux des forces F et P étant égaux, nous aurons :

$$F \times 2\pi R = P \times \text{ le chemin } \pi R - \pi r. \qquad (1)$$

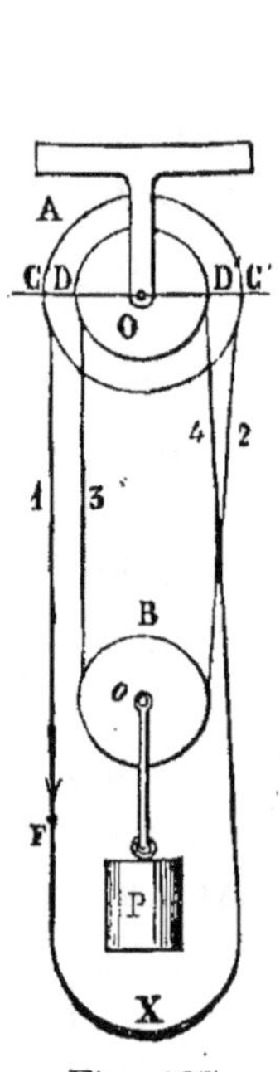

Fig. 127.

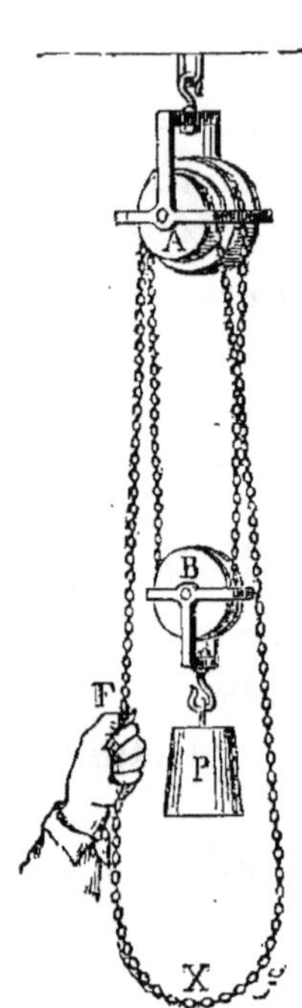

Fig. 128.

REMARQUE. Pour multiplier une somme ou une différence de plusieurs nombres par un autre nombre, il faut multiplier séparément chacun d'eux. Cette opération s'indique en mettant les termes à multiplier entre parenthèses : Ainsi $18 - 7$ à multiplier par 4 s'écrit : $4(18 - 7)$, de même $A - B$ à multiplier par C s'écrit $C(A - B)$.

La relation (1) s'écrira donc :

$$F \times 2\pi R = P(\pi R - \pi r). \qquad (2)$$

Divisons d'abord les deux termes de (2) par P puis par $2\pi R$, nous aurons :

$$\frac{F}{P} \times \frac{2\pi R}{2\pi R} = \frac{P}{P} \times \frac{(\pi R - \pi r)}{2\pi R},$$

ou bien identiquement :

$$\frac{F}{P} = \frac{\pi R - \pi r}{2\pi R} = \frac{R - r}{2R}.$$

Ce qui s'énonce : *La puissance est à la résistance comme la différence des rayons des poulies fixes est au diamètre de la plus grande.*

198. Travail dans le cas de la vis.

Considérons une vis fixe, munie d'un écrou attelé à une charge P. Soient p le pas de la vis, R la longueur du levier qui actionne la tête de la vis et F la puissance appliquée à l'extrémité du levier perpendiculairement à ce dernier. Pour un tour du levier, le point d'application de F aura parcouru $2\pi R$ et l'écrou chargé du poids P, se sera déplacé du pas p.

Les travaux de F et de P étant égaux,

on aura :
$$F \times 2\pi R = P \times p.$$

D'où, en divisant cette relation d'abord par P, puis par $2\pi R$:

$$\frac{F}{P} \times \frac{2\pi R}{2\pi R} = \frac{P}{P} = \frac{p}{2\pi R}$$

et identiquement
$$\frac{F}{P} = \frac{p}{2\pi R}. \tag{1}$$

Ce qui s'énonce : *la puissance est à la résistance comme le pas de la vis est à la circonférence décrite par l'extrémité du levier de manœuvre.*

REMARQUE. Si la vis est mobile et l'écrou fixe, le résultat reste le même.

199. Travail dans le cas de la vis différentielle.

La relation (1) relative au travail de la vis s'applique également dans ce cas en remarquant que le chemin parcouru est la différence des deux pas p et p' des deux vis qui constituent la vis différentielle.

On aura donc :
$$\frac{F}{P} = \frac{p - p'}{2\pi R}.$$

200. Travail dans le cas de la vis tangente.

Rappelons-nous que la vis tangente fait à chaque tour avancer de une dent la roue avec laquelle elle engrène.

Soient N le nombre des dents de la roue, r le rayon du tambour sur lequel s'enroule la corde qui soutient la charge P, l la longueur de la manivelle de la vis et F la puissance appliquée sur cette manivelle.

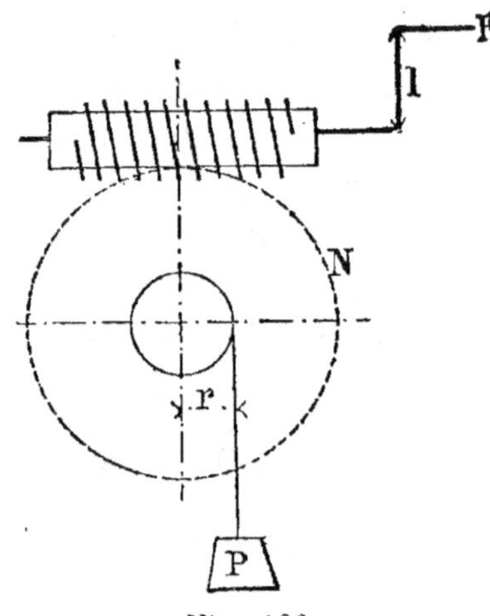

Fig. 129.

Un tour de manivelle fait décrire à la force F un chemin $2\pi l$, tandis que le tambour ne fait qu'une fraction de tour exprimé par $2\pi r \times \dfrac{1}{N}$.

Les travaux des forces F et P étant égaux; on aura

$$F \times 2\pi l = P \times 2\pi r \times \frac{1}{N}.$$

Simplifions en divisant les deux membres par 2π, il vient :

$$F \times l = P \times r \times \frac{1}{N}.$$

Divisons successivement par P et par l, nous aurons :

$$\frac{F}{P} \times \frac{l}{l} = \frac{P}{P} \times \frac{r}{l} \times \frac{1}{N}.$$

ou bien

$$\frac{F}{P} = \frac{r}{l} \times \frac{1}{N}.$$

C'est-à-dire : *la puissance est à la résistance comme le rayon du tambour est au produit de la manivelle par le nombre des dents de la roue.*

201. Puissance vive.

Un corps de poids P qui tombe d'une hauteur h engendre un travail mesuré par le produit

$$P \times h. \tag{1}$$

Or nous avons vu que tout corps tombant d'une hauteur h est doué d'une vitesse v liée à la hauteur h par la relation :

$$v^2 = 2gh,$$

d'où, par division :

$$h = \frac{v^2}{2g}. \tag{2}$$

Remplaçons dans l'expression (1) du travail, h par sa valeur (2), il vient :

$$Ph = P \times \frac{v^2}{2g},$$

qui peut s'écrire en groupant les facteurs du second membre un peu différemment :

$$Ph = \frac{1}{2}\frac{P}{g}v^2. \tag{3}$$

Mais rappelons que le quotient $\frac{P}{g}$ exprime la masse du corps dont le poids est P. Appelons m cette masse et (3) deviendra.

$$Ph = \frac{1}{2}mv^2. \tag{4}$$

L'expression $\frac{1}{2}mv^2$ a reçu le nom de puissance vive, et l'on dit :

La puissance vive d'un mobile est le demi-produit de sa masse par le carré de sa vitesse.

On peut encore dire :

Le travail mécanique qui imprime une certaine vitesse est égal à la puissance vive du mobile.

REMARQUE. *On donne le nom de force vive au double de la puissance vive,* c'est-à-dire que :

$$\text{La puissance vive} = \frac{1}{2}\,mv^2.$$

$$\text{La force vive} = mv^2.$$

202. Tout corps en mouvement possède du travail.

Le corps, puisqu'il existe, a une masse m, il a une vitesse v puisqu'il est en mouvement, par suite le produit $\frac{1}{2}\,mv^2$ nous donne la valeur du travail Ph auquel correspond la vitesse v.

En examinant $\frac{1}{2}\,mv^2$, nous remarquons que :

La puissance vive est proportionnelle à la masse et au carré de la vitesse.

En doublant la masse, on double la puissance vive.

En doublant la vitesse, on quadruple la puissance vive.

Dans l'industrie, on cherche donc à augmenter la vitesse plutôt que la masse du corps en mouvement.

Par conséquent *tout corps en mouvement est capable d'un travail mécanique.*

Examinons un train qui se déplace; sa masse est M.et sa vitesse V, sa puissance vive sera :

$$\frac{1}{2}\,MV^2.$$

En approchant de la gare, le mécanicien serre à l'aide de l'air comprimé, les sabots de frein contre les roues des wagons. Dans quel but ? pour arrêter le train évidemment. Mais que se passe-t-il ? Les sabots éteignent en travail de frottement la puissance vive du train et l'arrêt n'a lieu qu'au moment où toute la puissance vive de la masse en mouvement s'est dépensée en travail des roues sur les sabots.

De même un train qui rencontre un obstacle, continue à pénétrer dans cet obstacle jusqu'à ce qu'il ait dépensé en travail de destruction toute sa puissance vive.

Le marteau à devant employé par le frappeur produit des effets de déformation bien connus. Ce résultat est dû à ce que chaque coup de marteau est une transformation de puissance vive en travail et comme

$$\frac{1}{2}\,mv^2 = Ph,$$

la masse frappante entre de h dans le fer de la pièce à façonner.

Soient $P = 8$ kilogrammes le poids du marteau, $v =\,4$ mètres sa vitesse par seconde, la puissance vive sera :

$$\frac{1}{2}\,mv^2 = \frac{1}{2}\times\frac{P}{g}\times v^2 = \frac{1}{2}\times\frac{8}{9,8088}\times \overline{4}^2$$

et calculs faits :

$$\frac{1}{2}\,mv^2 = 6,5.$$

Cette puissance vive, transformée en travail sur la pièce, met à la disposition du forgeron 6, 5 kilogrammètres.

203. Accroissement de la puissance vive :

Soit un train qui part de la gare et dont la vitesse va en augmentant pendant 20 minutes par exemple.

Si v_0 est sa vitesse au bout de 5 minutes et v_1 sa vitesse au bout de 15 minutes, les puissances vives correspondantes seront respectivement $\frac{1}{2}\,mv_0^2$ et $\frac{1}{2}\,mv_1^2$. Comme la vitesse v_1 est plus grande que v_0, la puissance vive se sera accrue en 10 minutes de

$$\frac{1}{2}\,mv_1^2 - \frac{1}{2}\,mv_0^2.$$

Cet accroissement de puissance vive est égal au travail reçu dans l'intervalle des deux instants considérés.

Appelons T ce travail, nous aurons :

$$T = \frac{1}{2} mv_1^2 - \frac{1}{2} mv_0^2.$$

La différence sera positive quand il y aura gain de puissance vive ou quand le travail sera moteur, comme dans le train qui part. La différence sera négative quand il y aura perte de puissance vive ou quand le travail sera résistant, comme dans le train qui arrive.

En résumé, *un corps en mouvement est un magasin de travail.* Ce travail est sous la forme de puissance vive, qui provient du travail qu'il a fallu dépenser pour mettre le corps en mouvement. L'arrêt ne pourra être déterminé qu'en faisant travailler le corps jusqu'à ce qu'il ait dépensé sa puissance vive. Par conséquent *travail et puissance vive sont choses équivalentes.*

APPLICATIONS. Les marteaux à main, les marteaux-pilons, les moutons pour casser la fonte, le volant des machines à vapeur et ceux des machines-outils, l'injecteur Giffard ainsi que beaucoup d'autres machines sont basés sur l'emploi de la puissance vive.

ANGERS, IMP. BURDIN ET Cie, RUE GARNIER, 4.

COURS ÉLÉMENTAIRE

DE

MÉCANIQUE APPLIQUÉE

ANGERS, IMP. BURDIN ET Cie, RUE GARNIER, 4.

COURS ÉLÉMENTAIRE

DE

MÉCANIQUE APPLIQUÉE

DEUXIÈME PARTIE

TRAVAIL DES MACHINES ET RÉSISTANCE DES MATÉRIAUX

PAR

J.-A. BOCQUET, A. ✿, ✳

INGÉNIEUR E. C. P.

EX-CHEF DES TRAVAUX A L'ÉCOLE MUNICIPALE D'APPRENTIS

DIRECTEUR DE L'ÉCOLE DIDEROT

A L'USAGE

des Écoles primaires supérieures, des Écoles professionnelles
des Écoles d'apprentissage
des Écoles industrielles, des Cours techniques et des Ouvriers

PARIS

LIBRAIRIE POLYTECHNIQUE BAUDRY ET Cⁱᵉ, ÉDITEURS

RUE DES SAINTS-PÈRES, 15

MÊME MAISON A LIÈGE, RUE LAMBERT-LEBÈGUE, 19

1885

COURS ÉLÉMENTAIRE

DE

MÉCANIQUE APPLIQUÉE

DEUXIÈME PARTIE

TRAVAIL DES MACHINES

1. Travail et chaleur.

Si nous glissons rapidement le long d'une perche, nos mains et nos jambes éprouvent une sensation de chaleur, développée par le frottement.

Nous frottons une allumette, afin de développer assez de chaleur pour que le phosphore puisse atteindre la température à laquelle il s'enflamme.

Deux morceaux de bois frottés avec adresse développent assez de chaleur pour allumer des feuilles sèches disposées près du frottement.

Actuellement encore, c'est par ce moyen que certaines peuplades se procurent du feu.

Un rodoir appliqué sur une pièce tournée, un frein de voiture, une courroie qui glisse sur sa poulie, un tourillon qui grippe sur son coussinet, développent des élévations de température capables de faire bouillir de l'eau et de faire fondre le bronze des coussinets.

Dans chacun de ces exemples le travail s'est transformé en chaleur, chacun des corps en mouvement possédait une puissance vive qui s'est manifestée sous forme de chaleur.

Une machine à vapeur munie de sa chaudière étant en mouvement, on envoie dans le générateur de l'eau prise dans le condenseur, sa température s'élève sous l'influence du feu, elle se transforme en vapeur. Un instant après cette vapeur passe sous le piston, l'anime et sa besogne terminée, va s'éteindre dans le condenseur en cédant ce qui lui reste de chaleur. Au coup de piston suivant les mêmes phénomènes se reproduisent.

Que s'est-il passé ? Les observations faites avec soin par M. Hirn ont prouvé qu'il y avait abaissement de température à chaque coup de piston. Le travail exécuté n'était réalisé que par une disparition de chaleur.

Nous dirons donc : *Une certaine quantité de chaleur disparue correspond à un travail créé.*

Les deux séries d'observations que nous venons de faire permettent de conclure que : *La chaleur se transforme en travail ou en puissance vive et le travail en chaleur,* il en résulte encore que : *la chaleur est une forme du travail.*

Plusieurs physiciens ont cherché la relation qui lie l'unité de chaleur à l'unité de travail ; c'est-à-dire la *calorie* et le *kilogrammètre.*

On a trouvé que 425 kilogrammètres pouvaient engendrer une calorie, de même une calorie peut créer 425 kilogrammètres. En d'autres termes, la quantité de chaleur nécessaire à l'élévation de un degré, d'un kilogramme d'eau, équivaut au soulèvement d'un poids de 425 kilogrammes à un mètre de hauteur.

Le nombre 425 porte le nom d'*équivalent mécanique de la chaleur*.

La *lumière* et l'*électricité* sont encore des *manifestations du travail*, quelques observations vont nous le prouver facilement. Une feuille de papier chauffée sur un poêle attire une autre feuille de papier et nous savons qu'en la chauffant nous lui avons donné de la puissance vive.

Dans les papeteries mécaniques, où le papier sort jour et nuit de la machine, en feuilles de 1^m,50 à 2 mètres de largeur, avec une vitesse de 10 mètres à 40 mètres à la minute, on peut tirer des étincelles de la feuille chaude et en mouvement.

Sous l'influence du choc, les outils en acier s'aimantent, or le choc est un travail.

Le développement de chaleur est souvent acccompagné de lumière visible pour nos yeux, dans ce cas la puissance vive s'est transformée en lumière. Nous devons donc nous habituer à considérer le travail, la puissance vive, la chaleur, la lumière, le magnétisme et l'électricité comme des manifestations différentes, mais équivalentes.

Aujourd'hui, quelques kilogrammes de houille, brûlée avec lumière, produisent de la vapeur qui anime une machine capable de donner un courant électrique. Ce courant à son tour jaillit en étincelle lumineuse entre deux charbons ou chauffe, jusqu'à le rougir à blanc, un arc ténu de métal ou de charbon, ou bien encore met en mouvement des machines.

Le jour où l'électricité sera emmagasinée, transportable et facile à distribuer, elle prendra place dans l'industrie à côté des autres moteurs.

2. Transmission du travail à l'aide des machines.
Définition. Nous dirons avec Reuleaux [1] :

1. Reuleaux, directeur de l'Académie industrielle de Berlin, *Cinématique, théorie générale des machines.*

Une machine est un assemblage de corps résistants, disposés de manière à obliger les forces mécaniques naturelles à agir en donnant lieu à des mouvements déterminés.

Considérons une machine-outil, un tour à fileter par exemple. La pièce à mettre en œuvre est montée entre les pointes et l'outil fixé sur le chariot, à peu de distance de l'objet à tourner.

Si nous mettons le tour en mouvement, il est facile de constater qu'il faut dépenser une certaine quantité de travail pour déterminer et entretenir la rotation de tout le système, cependant il ne s'exécute aucun travail utile, aucun travail marchand. Nous avons vaincu les résistances passives seulement. Appelons T_p le travail nécessité par ces résistances.

Maintenant, mettons l'outil en prise, faisons-lui mordre la matière, il faudra, pour entretenir le mouvement, fournir une quantité de travail plus considérable.

Les résistances passives sont restées les mêmes, mais nous avons en plus à exécuter le travail utile.

Soient T_m ce travail total et T_u le travail utile.

Nous aurons donc :

$$T_m = T_u + T_p. \qquad (1)$$

C'est-à-dire : *Le travail moteur est égal, dans le même temps, à la somme du travail utile et du travail passif.*

Si le mouvement du tour s'accélère, c'est que l'égalité (1) n'existe plus et que le travail moteur domine. Au contraire, si la vitesse du tour diminue, c'est que le travail moteur est plus petit que la somme des deux autres travaux.

Écrivons :

$$T_u + T_p = R \text{ ou résistance.}$$

On aura donc d'après la relation (1) :

$$\text{Travail moteur } T_m = R \text{ résistances.}$$

Mais si le mouvement s'accélère

$$T_m > R.$$

Dans ce cas, le tour qui avait une vitesse v_0 prend une vitesse v_1 et les puissances vives sont $\frac{1}{2} mv_0^2$ et $\frac{1}{2} mv_1^2$. La différence de ces deux puissances vives exprimera la différence de T_m à R.

Par suite :
$$\frac{1}{2} mv_1^2 - \frac{1}{2} mv_0^2 = T_m - R \qquad (2)$$

ce qui peut s'exprimer en langage ordinaire :

Chacune des puissances vives considérées représente l'addition de toutes les puissances vives de toutes les pièces des mécanismes du tour, quel que soit leur nombre, de même que R exprime toutes les résistances.

L'expression (2) donne le *principe de la transmission du travail*.

Dans une bonne marche, régulière, *uniforme*, sans accélérations ni ralentissements,

on a :
$$T_m - R = 0,$$

ou bien
$$T_m = R.$$

3. Mouvement uniforme.

Le mouvement uniforme est celui qu'il faut rechercher, mais il est difficile à obtenir ; on doit faire le possible pour s'en rapprocher, la qualité du travail en dépend.

Examinons la machine-outil dont nous parlions tout à l'heure afin d'étudier les phases du mouvement avant, pendant et après le travail.

4. Mise en route.

Au moment de la mise en route du moteur d'un atelier, la transmission et les machines partent du repos, prennent un mouvement accéléré et fonctionnent ensuite à une vitesse régulière ou à peu près régulière, assurée par le moteur.

Pendant ce temps, toutes les pièces font magasin de

puissance vive, mais comme aucun travail marchand ne se produit durant cette période, on s'applique par économie à la rendre aussi courte que possible.

5. Marche en travail.

La période de travail comporte d'ordinaire des accélérations et des ralentissements déterminés par les variations du travail résistant imposé à la machine. Mais si le mouvement s'accélère, l'outil coupe une plus grande quantité de matière et consomme par suite plus de travail moteur, aussi le mouvement se ralentit ; d'autre part, si le mouvement est retardé, l'outil coupant moins de matière, exige moins de travail moteur et permet à la machine de reprendre de la vitesse.

Ces circonstances contribuent à provoquer l'égalité entre le travail moteur et le travail résistant.

6. Arrêt.

Au moment où le moteur cesse d'actionner le tour, le mécanisme continue son mouvement en vertu de l'inertie des pièces, mais comme les résistances passives T_p existent toujours, elles emploient la puissance vive contenue dans l'ensemble des organes de la machine, par suite elles éteignent graduellement le mouvement.

7. Arrêt subit.

L'arrêt subit ou trop rapide détruit rapidement les organes des machines, et détermine des ruptures, puisqu'il équivaut à un choc.

Quand il y a des personnes qui participent au mouvement, comme les voyageurs d'un train, un arrêt brusque a des conséquences terribles. En effet, certains trains atteignent la vitesse de 100 kilomètres à l'heure ou $27^m,70$ par seconde.

Cette vitesse est celle d'un corps qui tomberait de 36 mètres de hauteur environ. Pour les voyageurs, tout se passerait comme s'ils tombaient de cette hauteur.

8. Rendement des machines.

Nous avons vu que le travail moteur est égal au travail utile augmenté du travail passif :

$$T_m = T_u + T_p.$$

De là, nous tirons :

$$T_u = T_m - T_p.$$

C'est-à-dire que le travail utile ou travail marchand, fourni par une machine, est *inférieur* au travail moteur, attendu que *le travail passif n'est jamais nul*. Une machine à laquelle vous donnez 100, vous rend de 70 à 90, mais jamais 100.

Inutile de dire qu'elle ne peut en aucun cas rendre plus de 100.

Une machine qui recevant 100, rendrait 100, réaliserait le *mouvement perpétuel*, que chacun sait chimérique.

Puisqu'une machine ne fournit jamais autant de travail qu'elle en a reçu, on nomme *rendement* la fraction de travail qu'elle permet d'employer.

Le rendement d'une machine est le rapport du travail utile au travail moteur, c'est en quelque sorte son taux. On a donc, en appelant R le rendement

$$R = \frac{T_u}{T_m}.$$

Mais nous avons vu que $T_u < T_m$.
Donc on aura :

$$R = \frac{T_u}{T_m} < 1,$$

ou
$$R < 1.$$

Le rendement d'une machine est toujours plus petit que l'unité.

Le rendement des machines industrielles est extrêmement variable. Il varie de 0,40 à 0,90. Ce dernier chiffre est rarement atteint.

Le rendement se note souvent ainsi : 40 %, 70 %, 80 % et s'énonce quarante, soixante-dix, quatre-vingts pour cent.

Le petit nombre des organes et leur bonne disposition, ainsi que leur parfaite exécution, contribuent beaucoup à augmenter le rendement d'une machine.

L'entretien soigné du bon état de toutes les pièces, ainsi que le *graissage*, entrent aussi pour une grande part dans la valeur du rendement.

9. Volant.

Nous avons vu que dans une machine il faut, en général, rechercher le mouvement uniforme et nous savons également qu'il est difficile à réaliser. On peut en approcher en adjoignant aux machines un *magasin de puissance vive*, qui supplée aux variations de travail en cédant, à l'occasion, une portion du travail accumulé en lui.

Nous savons que toute pièce en mouvement contient une certaine puissance vive proportionnelle à sa masse et au carré de sa vitesse. Nous armerons donc la machine *d'une masse*, marchant aussi vite que les circonstances le permettront, c'est là *le volant*.

Le volant aura un mouvement de rotation, car il est continu et de plus il est simple. Pour qu'il n'y ait pas de tractions sur l'axe, il sera symétrique autour de cet axe, c'est-à-dire rond et de même épaisseur partout. Son centre de gravité sera donc aussi sur l'axe. Les machines à vapeur sont munies d'un volant qui prête son concours pour régulariser la vitesse de la transmission.

Les poinçonneuses, les cisailles et les laminoirs ne travaillent que par intermittences et seulement au moment où leur volant a accumulé assez de puissance vive pour percer le trou, couper le fer ou le laminer. Le travail une fois exécuté, le volant reprend sa course plus activement, fait de nouveau provision de puissance vive qui se dépense ensuite comme nous venons de le dire. C'est en réalité le volant qui perce, coupe et lamine. Enlevez le volant, aucun de ces travaux ne sera possible.

Soient N le nombre de tours que fait un volant en une minute, R son rayon compté du centre à la partie moyenne de la jante. La vitesse de l'un des points de la jante sera, sur la circonférence moyenne, en une minute

$$2\pi RN$$

et en une seconde

$$V = \frac{2\pi RN}{60}. \tag{1}$$

Appelons P le poids du volant, sa puissance vive sera d'une manière approximative :

$$\frac{1}{2} mV^2 = \frac{1}{2} \times \frac{P}{g} V^2,$$

ou bien, en remplaçant V par sa valeur (1);

$$\frac{1}{2} \times \frac{P}{g} \times \frac{4 \times \pi^2 \times R^2 \times N^2}{60^2}$$

or $\quad g = 9{,}8088 \quad$ et $\quad \pi^2 = 9{,}8658,$

considérons-les comme égaux et divisons le numérateur et le dénominateur par ces nombres et aussi par 2, nous aurons :

$$\frac{1}{2} mV^2 = 2PR^2 \times \left(\frac{N}{60}\right)^2.$$

Désignons par n le nombre de tours en une seconde, la relation précédente devient :

$$\frac{1}{2} mV^2 = 2PR^2 n^2. \tag{2}$$

Avec cette relation, on peut se faire une idée approchée de la puissance vive contenue dans un volant donné par son poids, son rayon et le nombre de tours qu'il exécute en une seconde.

APPLICATION. Evaluons la puissance vive d'un volant qui pèse 4,000 kilogrammes, dont le diamètre est 5 mètres et qui fait 30 tours par minute.

1.

Dans ce cas :

$$P = 4000 ; \qquad R = 2,5 \text{ mètres}$$

et

$$n = \frac{30}{60} = \frac{1}{2}.$$

Nous aurons donc d'après la relation (2) en substituant aux lettres leurs valeurs numériques :

$$\frac{1}{2} m V^2 = 2 \times 4000 \times (2,5)^2 \times \left(\frac{1}{2}\right)^2,$$

ou

$$\frac{1}{2} m V^2 = 2 \times 4000 \times 6,25 \times \frac{1}{4}$$

et

$$\frac{1}{2} m V^2 = 2000 \times 6,25,$$

enfin,

$$\frac{1}{2} m V^2 = 12500 \text{ kilogrammètres.}$$

10. Résistances passives.

Les résistances passives, nous l'avons vu, donnent naissance au travail passif. Il faut les réduire le plus possible afin d'augmenter le rendement.

On dit parfois que les résistances occasionnent des *pertes de travail*. C'est une expression qu'il faut éviter d'employer, le travail ne se perd pas, il se transforme seulement.

Nous allons le retrouver dans : le frottement, la raideur des organes flexibles, tels que les cordes et les câbles; les chocs, l'influence des milieux où fonctionnent les pièces, les vibrations qui produisent le broutage; la production de chaleur dans les paliers qui chauffent et dans toutes les pièces qui travaillent.

Enfin l'électricité et la lumière accompagnent les actions mécaniques dans une mesure variable. Actuellement on transforme, à peu près à volonté, ces phénomènes, les uns au moyen des autres, suivant les besoins de l'industrie.

11. Frottement.

Nous assistons tous les jours à des phénomènes qui nous donnent une idée de la résistance due au frottement.

Si nous traînons une caisse sur le sol uni d'un trottoir, nous sommes contraints de faire un effort pour produire le déplacement du colis en le faisant glisser. C'est un *frottement de glissement* qui a lieu.

La même caisse munie de roulettes exigerait, tout le monde le sait, une force moindre pour sa mise en mouvement. Dans ce cas nous avons affaire à un *frottement de roulement*.

12. Frottement de glissement.

Le *frottement de glissement* est souvent désigné simplement sous le nom de *frottement*.

Les surfaces de tous les corps, même celles des corps polis avec soin, sont garnies d'aspérités de petites dimensions qui leur donnent une certaine analogie avec le velours ou la brosse à crins courts. Si nous plaçons un objet sur un autre, les surfaces en contact empeignent ensemble, se pénètrent plus ou moins et s'enchevêtrent. Ce résultat vient apporter une résistance au mouvement, on le mesure par expérience, afin d'évaluer *la force qui représente le frottement*.

Coulomb en 1782 et Morin en 1831 firent de très nombreuses expériences pour étudier le frottement et trouver ses lois.

Voici sommairement comment se faisaient ces essais. Un chariot plus ou moins pesant était astreint à glisser sur des pièces de bois ou sur un banc de fonte, sous l'influence de la traction exercée par un plateau, chargé de poids, fixé à l'extrémité d'une corde liée au chariot glissant. A chaque expérience on notait la charge du chariot mobile et celle du plateau de traction.

Appelons P le poids total du chariot glissant, F la force qui détermine son glissement ; le rapport *f* de F à P se nomme *coefficient de frottement*.

13. **Lois du frottement, trouvées par Coulomb.**

Les lois au nombre de quatre, déterminées par les expériences de Coulomb et de Morin, s'énoncent comme il suit :

1° *Le frottement est proportionnel à la pression normale.*

Donc
$$f = \frac{F}{P},$$

ou
$$F = fP. \tag{1}$$

Une caisse pesant successivement 100 kilog., 75 kilog., 50 kilog., 25 kilog., donne naissance à des frottements qui sont entre eux comme 4, 3, 2 et 1.

2° *Le frottement est indépendant de l'étendue des surfaces en contact.*

C'est-à-dire qu'un corps pesant 100 kilog. en contact avec une table par une face de 10 centimètres carrés, exerce sur chaque centimètre carré une pression de 10 kilogrammes, mais si la surface de contact est de 25 centimètres carrés, la pression ne sera plus que de 4 kilogrammes par centimètre carré. Dans chaque cas la pression totale est toujours de 100 kilogrammes.

3° *Une fois le mouvement établi, le frottement est indépendant de la vitesse.*

4° *Au départ, le frottement est plus grand que pendant le mouvement.*

Cette dernière loi se justifie aisément en remarquant que pendant le repos, les rugosités des surfaces en contact ont eu le temps et la facilité de s'entrecroiser, de se marier et de se pénétrer légèrement. Pendant le mouvement, ce phénomène n'a pas le temps de se produire aussi bien.

14. **Travail du frottement.**

Nous avons vu par la relation (1) que :
$$F = fP.$$

Soit E le chemin parcouru pendant le mouvement ; le travail dépensé sera T_f

et nous aurons : $\qquad T_f = F \times E,$

ou bien $\qquad T_f = f \times P \times E.$

15. **Frottement direct.**

Les quatre lois citées plus haut s'appliquent aux surfaces qui appuient *directement* l'une sur l'autre, mais, *dans l'industrie*, on interpose entre les pièces frottantes des matières onctueuses, de sorte que le frottement devient *indirect*.

16. **Frottement indirect.**

Un chariot de tour glisse sur son banc préalablement *graissé*, cela veut dire que le chariot glisse sur l'huile et que cette dernière glisse sur le banc. Les rugosités des deux surfaces laissent entre elles de petits vides qui sont remplis par la matière lubrifiante, les pores du métal s'en garnissent si bien, *au bout d'un certain temps*, que les métaux ne sont plus en contact.

Les particules grasses roulent entre les surfaces, de sorte qu'en réalité, il y a donc bien glissement du chariot sur l'huile et de l'huile sur le banc. Par suite il y a *frottement indirect* des deux métaux l'un sur l'autre.

Partant de cette considération, M. Hirn a répété les expériences du frottement, en se plaçant dans les conditions industrielles du graissage et de la vitesse.

17. *M. Hirn a formulé ainsi les règles dont il faut tenir compte dans le cas de frottements indirects :*

1° Pour que l'*enduit* donne un frottement régulier et minimum, il faut qu'il soit *trituré* pendant un certain temps entre les surfaces frottantes.

2° Le frottement indirect diminue quand la température augmente, les autres conditions restant les mêmes; sa valeur F_t à une température de $t°$ est égale à sa valeur F_0 à $0°$, divisée par la puissance t d'un nombre constant pour toutes les huiles et à peu près égal à 1,05.

Ainsi, l'on a : $$F_t = \frac{F_o}{1,05^t}.$$

3° Lorsque les *surfaces* sont *abondamment lubrifiées* et que la température reste constante, *le frottement varie proportionnellement à la vitesse.*

Quant on ne règle pas la température, la relation entre le frottement et la vitesse dépend uniquement de la loi particulière du refroidissement de l'appareil en marche.

On peut admettre, sans erreur sensible, que, pour l'ensemble des *pièces frottantes* de nos machines, maintenues *dans un état de lubrification moyenne, le frottement varie proportionnellement à la racine carrée de la vitesse.*

L'influence de la vitesse est complètement nulle, quand le frottement est direct, c'est-à-dire lorsque les surfaces marchent à sec, et qu'en raison d'une pression suffisante, l'air ne peut pas intervenir.

4° La valeur du *frottement indirect* est très sensiblement *proportionnelle à la racine carrée des surfaces et à celle des pressions.*

18. Règle pour le choix de la matière lubrifiante.

Est le meilleur dans chaque cas, l'enduit le plus fluide qui n'est pas expulsé dans les conditions de pression, de vitesse et de température où l'on se trouve.

L'eau peut servir d'enduit, elle constitue **un** lubrifiant excellent dont Girard s'est servi pour des pivots de turbines et des paliers de roues hydrauliques. L'air peut aussi servir de lubrifiant à la condition qu'il reste entre les parties frottantes, ce qu'il est difficile d'obtenir pratiquement.

19. Voici d'après les expériences de Morin les coefficients de frottement principaux :

INDICATIONS des surfaces frottantes.	ÉTAT des surfaces.	COEFFICIENT de frottement	
		au départ	pendant le mouvement.
Corde sur chêne..........	à sec	»	0,52
Courroie sur chêne........	à sec	0,61	0,30 à 0,35
Courroie sur fonte ou bronze.	à sec	»	0,40 à 0,56
Courroies ordinaires de transmission............	à sec	»	0,30 à 0,40
Chêne, orme, poirier, fonte, fer, acier, et bronze glissant l'un sur l'autre ou sur eux-mêmes............	Légèrement onctueux au toucher	0,17	0,15
Les mêmes, id......	Lubrifiés à la manière ordinaire de suif, d'huile ou de saindoux	»	0,07 à 0,08
Les mêmes, id......	Graissage très bon	»	0,03 à 0,05
Bois de chêne sur chêne, fibres parallèles	à sec	0,62	0,48
Cordes-courroies sur fonte avec coïncement de la corde	à sec	»	0,70
Câbles en fil de fer sur poulie de fonte à gorge......	à sec	»	0,15
Les mêmes sur poulie garnie de cuir ou de gutta-percha.............	à sec	»	0,70

20. Coefficients pratiques.

Il convient, dans le tableau qui précède, de choisir convenablement le coefficient d'après les conditions probables du fonctionnement de la machine. On ne doit pas compter sur un graissage parfait, aussi faut-il supposer, pour les cas ordinaires, que le coefficient de frottement vaut de $f = 0,07$ à $0,08$. Cependant si le graissage doit être forcément continu par suite des dispositions prises, on peut admettre $f = 0,05$.

Tourillons chargés transversalement.

Un tourillon d'arbre frotte dans ses coussinets comme si nous avions affaire à deux surfaces planes. Quand le tourillon est neuf, ainsi que son coussinet inférieur, il est probable que le contact a lieu sur une demi-circonférence ; après usure, le tourillon ne porte plus que sur un quart environ de sa circonférence. On adopte la condition extrême que le tourillon pose sur un coussinet trop grand et qu'il ne le touche que par une ligne ou une bande étroite.

Dans ces circonstances le frottement est $f \times P$, P étant la pression du tourillon sur le coussinet et f le coefficient de frottement. Soient N le nombre de tours que fait l'arbre en une minute et d le diamètre du tourillon.

Le chemin parcouru en une minute sera

$$E = \pi d N,$$

et en une seconde

$$e = \frac{\pi d N}{60}.$$

Le travail du frottement sur le tourillon sera donc pendant une seconde

$$T_f = fP \times \frac{\pi d N}{60}$$

et en simplifiant

$$T_f = 0{,}05236 \times f.P.d.N. \tag{1}$$

Ce travail est exprimé en kilogrammètres par seconde, à la condition d'exprimer P en kilogrammes et d en mètres.

La relation (1) nous prouve que le travail est proportionnel au diamètre du tourillon. On doit donc diminuer le diamètre et allonger le tourillon. On fera dès tourillons en acier, matière très résistante, afin de pouvoir réduire leur diamètre le plus possible.

APPLICATIONS. 1° Quel est le travail consommé en une seconde, par un tourillon chargé d'un poids de 8000 kilogrammes, sachant que le diamètre du tourillon est $0^m{,}25$ et que l'arbre fait 20 tours à la minute ?

La relation (1) qui précède

$$T_f = 0{,}05236 \times f \times P \times d \times N$$

nous donne avec :

$$f = 0,07; \qquad P = 8000; \qquad d = 0^m,25 \qquad \text{et} \qquad N = 20$$

$$T_f = 0,05236 \times 0,07 \times 8000 \times 0,25 \times 20$$

et calculs faits,

$$T_f = 146 \text{ kilogrammètres}$$

par seconde.

2º Un arbre de transmission chargé d'un poids de 3,000 kilogrammes fait 90 tours à la minute ; le diamètre du tourillon chargé est $0^m,12$. On demande quel est le travail absorbé en frottement ?

$$T_f = 0,05236 \times 0,07 \times 3000 \times 0,12 \times 90 ;$$

calculs faits, nous aurons :

$$T_f = 129 \text{ kilogrammètres}$$

par seconde.

21. Tourillons chargés verticalement.

Ces tourillons prennent le nom de *pivots*. Ils tournent dans une *crapaudine*. Leur extrémité repose sur un *grain* en acier trempé. L'extrémité du pivot est également en acier trempé. Le pivot et le grain sont tous deux terminés par une partie bombée. La surface de contact est donc limitée. Supposons néanmoins qu'il soit plat et qu'il porte tout entier sur son grain. Soient d son diamètre, P sa charge en kilogrammes, f le coefficient de frottement et N le nombre de tours en une minute. Le travail du frottement sera compris entre les limites :

$$T_f = \frac{2}{3} \pi f P d N \quad \text{à} \quad \frac{1}{2} \pi f P N d$$

en kilogrammètres par minute.

En une seconde on aurait de même :

$$T_f = \frac{2}{3} \times \frac{\pi}{60} \cdot f P N d \quad \text{à} \quad \frac{1}{2} \times \frac{\pi}{60} f P N d,$$

ou

$$T_f = 0,0349 \times f \times P \times N \times d \quad \text{à} \quad 0,0262 \times f \times P \times N \times d.$$

22. Roues d'engrenages.

Le frottement dans les engrenages est d'autant plus réduit que les dents sont plus petites et plus nombreuses par conséquent.

23. Applications industrielles du frottement.

Les animaux attelés traînent des charges d'autant plus pesantes qu'ils trouvent sur le sol une plus grande résistance au glissement. Par les temps de verglas, il leur est même difficile de se tenir debout.

Les pointes tiennent dans le bois, les manches dans les outils, le valet dans l'établi du menuisier, les courroies sur les poulies, etc., etc., par le frottement. Tout ce qu'on saisit soit à la main, soit à l'aide d'outils à pression comme les tenailles du forgeron et les étaux, reste maintenu à cause du frottement.

Les locomotives peuvent remorquer un train de wagons par suite de l'*adhérence* de leurs roues sur les rails. Cette adhérence est d'autant plus grande que le poids de la locomotive est plus considérable.

Nous connaissons tous les appareils connus sous le nom de *freins* qui servent à modérer le mouvement des voitures dans les descentes ; leur *sabot*, par son frottement contre les roues, ralentit le mouvement et prévient les accidents. Faute de frein, le conducteur immobilise une roue en la fixant à l'aide d'une corde ou d'une chaîne à la caisse de la voiture. Par son frottement contre le sol, la roue fait frein d'elle-même.

Un grand nombre de machines sont pourvues d'un frein composé d'une lame mince garnie de petits sabots en bois ou en cuir qui frottent sur une poulie pour diminuer la vitesse de son mouvement. Un levier permet de donner à la lame de ressort une tension plus ou moins grande.

Les treuils et les monte-charges sont tous munis de cet appareil de sûreté.

Enfin les transmissions par contact des essoreuses des lavoirs publics et les roues à coins sont également basées sur l'emploi judicieux du frottement.

24. Frein à corde.

Les puisatiers et les champignonnistes emploient pour descendre dans leurs puits, le treuil simple à manivelle.

Cet appareil, construit très économiquement, ne porte pas de frein, aussi les ouvriers fixent-ils à l'un des supports, celui de droite ordinairement, un bout de corde qu'ils enroulent sur le tambour du treuil, une ou plusieurs fois. L'extrémité libre de cette corde est maintenue à la main. En *mollissant* plus ou moins, la charge descend ; en *raidissant*, la charge s'arrête. C'est un frein en corde, qui fonctionne très bien d'ailleurs.

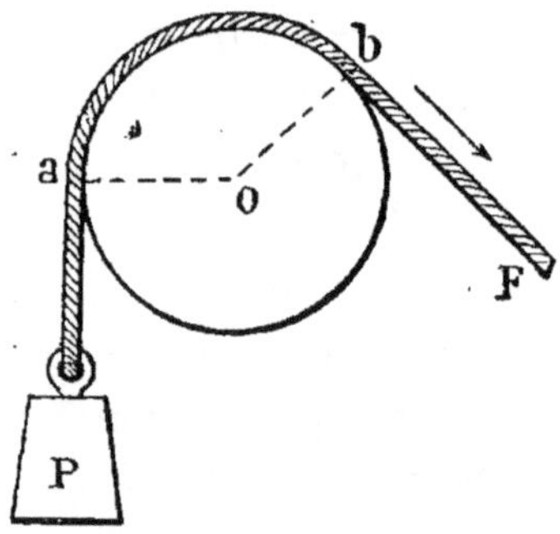

Fig. 1.

Les bateliers emploient un moyen identique pour arrêter graduellement et progressivement leurs bateaux, les tonneliers pour descendre une pièce à la cave.

La puissance vive se dépense dans tous les cas, en frottement de la corde, sur le tambour ou sur le poteau fixe.

La résistance au glissement entre le cylindre et la corde est considérable, aussi le travail du frottement est-il très grand. Il suffit, pour arrêter la descente d'un corps ou la marche d'un bateau, d'exercer un effort relativement faible.

Le tableau ci-après nous donne en kilogrammes les valeurs du poids P, qui appliqué sur la corde, serait immobilisé par une force F égale à 1 kilogramme, dans le cas où la corde est enroulée autour du tambour de différentes manières (fig. 1).

Force de retenue $= F = 1$ kilogramme.

Force équilibrée par $F = P$ sur bois poli.

Force équilibrée par $F = P'$ sur bois brut.

TOURS de la corde autour du tambour	FORCE de retenue	TAMBOUR en bois poli et corde en chanvre	TAMBOUR en bois brut et corde en chanvre
		kg	
$\frac{1}{4}$	F $=$ 1 kil.	P $=$ 1,700	P' $=$ 2,300
$\frac{1}{2}$	1	$=$ 2,850	$=$ 4,800
$\frac{3}{4}$	1	$=$ 4,800	$=$ 10,700
1	1	$=$ 8,000	$=$ 23,900
1 $\frac{1}{2}$	1	$=$ 22,400	$=$ 111,300
2	1	$=$ 65,000	$=$ 535,400
2 $\frac{1}{2}$	1	$=$ 178,500	$=$ 2575,000

Le frein de Prony, dont nous parlerons à l'occasion de la mesure du travail des machines à vapeur, est une belle application du frottement.

APPLICATIONS. 1° Quel est le travail absorbé par le frottement d'un pivot en acier, sachant que la pression verticale sur ce pivot est de 2,100 kilogrammes, son diamètre de 100 millimètres et 80 le nombre de tours de l'arbre par minute?

Nous avons vu que :

$$T_f = 0{,}0349 \times f \times P \times N \times d \quad \text{à} \quad 0{,}0262 \times f \times P \times N \times d.$$

Mais

$$f = 0{,}07; \qquad P = 2100; \qquad N = 80 \quad \text{et} \quad d = 0^m,100,$$

par suite, en remplaçant les lettres par leurs valeurs numériques, on a :

$$T_f = 0,0349 \times 0,07 \times 2100 \times 80 \times 0,100$$

à
$$0,0262 \times 0,07 \times 2100 \times 80 \times 0,100$$

et en exécutant les calculs

$$T_f = 41 \quad \text{à} \quad 34 \text{ kilogrammètres}$$

par seconde.

2° Un pivot de 120 millimètres de diamètre faisant 110 tours à la minute absorbe en frottement 50 kilogrammètres! On demande quelle est la charge qu'il supporte?

Nous aurons :

$$T_f = 0,0349 \, f \times P \times N \times d$$

et pour données :

$$T_f = 50; \qquad f = 0,07; \qquad N = 110 \quad \text{et} \quad d = 0^m,120.$$

Par suite :

$$50 = 0,0349 \times 0,07 \times P \times 110 \times 0,120,$$

d'où par division :

$$P = \frac{50}{0,0349 \times 0,07 \times 110 \times 0,120}$$

et calculs faits :

$$P = 1553 \text{ kilogrammes.}$$

3° Un tambour de treuil est muni d'un frein formé d'une corde qui fait un tour complet autour de lui. Ce tambour est poli par un long usage. On demande quel effort il faudra faire sur la corde pour modérer ou faire équilibre à la descente d'une charge de 78 kilogrammes?

Le tableau précédent nous donne dans ce cas, par sa troisième colonne P = 8 kilogrammes, pour une traction de retenue de un kilogramme, c'est-à-dire qu'un effort de un kilogramme équilibre une charge de 8 kilogrammes. Par conséquent pour équilibrer 78 kilogrammes on devra faire un effort de

$$\frac{78}{8} = 9 \ kilogrammes \ 750$$

sur le frein-corde.

4° Un tambour neuf, de treuil à manivelle, porte un frein-corde qui fait deux tours. On demande, le tambour étant brut, quelle charge un manœuvre pourra équilibrer sachant que sa traction sur le frein est mesurée par 6 kilogrammes?

Le tableau nous montre par sa quatrième colonne, ligne 6, qu'un effort de un kilogr. sur le frein équilibre 535,400 kil.

Par suite la charge P maintenue par le manœuvre sera :

$$P = 6 \times 535,400 = 3212 \ kilogrammes.$$

5° Combien de tours faut-il faire faire à la corde-frein, sur un tambour poli, pour équilibrer une charge de 325 kilogr. en n'imposant au manœuvre qu'un effort de 5 kilogrammes?

Prenons le rapport des deux efforts donnés

$$\frac{325}{5} = 65 \ kilogrammes$$

et cherchons 65 dans la troisième colonne relative au tambour poli, nous trouvons par le nombre correspondant de la première colonne, que la corde doit faire 2 tours pour donner le résultat demandé.

25. Frottement de roulement.

Les véhicules munis de roues laissent derrière eux des sillons plus ou moins profonds produits par la pénétration des roues dans le sol.

Quand les routes ne sont pas dures on dit même que les roues *taillent*. Pendant l'avancement des voitures, il se fait au-devant de chaque roue un bourrelet qui s'oppose au mouvement jusqu'à ce qu'il soit écrasé et divisé. Si le sol est ferme, le bourrelet dont nous parlons est plus petit, mais *il existe. De là la résistance au roulement.*

Les rouleaux brise-mottes des cultivateurs utilisent cet effet qu'on cherche à éviter sur les routes.

Les expériences de Coulomb et de Morin ont prouvé que : 1° *la résistance au roulement est proportionnelle à la charge supportée P;* 2° *cette résistance est en raison inverse du rayon des roues,* en admettant que l'effort qui agit sur le véhicule reste parallèle à la route.

Soient P la charge supportée par les roues, r le rayon des roues, R la résistance au roulement et f_R le coefficient du frottement de roulement. Nous aurons d'après les expériences précitées

$$R = f_R \frac{P}{r}.$$

Morin a également constaté que la résistance au roulement croît en même temps que la largeur de la jante des roues diminue.

Voici quelques coefficients du frottement de roulement d'après les expériences de Morin :

Chêne roulant sur peuplier, contact 200^{m}/^{m}	$f_R = 0,000876.$
Chêne roulant sur peuplier, contact 100^{m}/^{m}	$f_R = 0,00109.$
Chêne roulant sur peuplier, contact 50^{m}/^{m}	$f_R = 0,00189.$
Roues garnies de bandages sur bon pavé	$f_R = 0,025.$

L'avantage du roulement sur le glissement est si grand qu'on ne manque jamais de l'employer toutes les fois que cela est possible. Dans les ateliers, les lourdes pièces se manœuvrent sur des rouleaux dits *roules*, les tailleurs de pierres et les maçons déplacent les pierres de taille à l'aide de roules également.

Charges traînées sur voitures.

NATURE DU TRAVAIL EXÉCUTÉ.	Poids de la charge	Effort moyen.
	kil.	kil.
Un homme qui mène une voiture à bras peut en tirant ou en poussant horizontalement, mener..	100	12
Cheval attelé, marchant au pas	700	70
Cheval attelé, allant au trot................	350	44
Wagons sur rails, bon graissage............	10000	50

Le rapport du tirage à la pression varie suivant l'état du chemin de 0,20 à 0,05. Sur les voies ferrées, si les essieux sont logés dans de bonnes boîtes à graisse bien entretenues, il n'est plus que de 0,005, c'est-à-dire qu'un effort de 5 kilogrammes détermine la mise en mouvement de 1000 kilogrammes.

Les tramways exigent de la part des chevaux un effort moyen qui est le quart environ de celui qu'ils devraient faire sur une route pavée bien entretenue.

26. Raideur des cordes.

Nous pouvons constater qu'il est nécessaire de développer un certain effort pour mettre une corde neuve en rouleau, qu'il faut la tendre avec force pour l'obliger à s'appliquer sur le cylindre d'un treuil ou sur la gorge d'une poulie. Cette résistance est la *raideur de la corde.*

La raideur d'une corde enroulée sur un tambour mobile est *en raison inverse du diamètre du tambour, de plus elle augmente beaucoup avec la grosseur de la corde.*

Il faut donc faire usage de tambours d'un grand diamètre afin de ne pas plier la corde de court, et ne pas exagérer le diamètre de la corde sans nécessité.

Dans la marine, où les gros câbles sont indispensables,

puisqu'il faut une grande résistance, les matelots sont toujours plusieurs pour les mettre en glènes ou rouleaux sur le pont, tant est grande leur raideur.

27. Résistance des milieux.

En nous déplaçant dans l'air qui nous baigne, nous devons mettre ce fluide en mouvement, le fendre en quelque sorte ; il en résulte de la part de l'air une résistance.

L'eau étant un milieu plus dense, offre naturellement une plus grande résistance au déplacement des corps qu'elle environne.

Ces résistances des milieux croissent avec la grosseur des objets, avec la densité du milieu et comme le carré de la vitesse du corps en mouvement.

Les objets légers tombent lentement à cause de la résistance de l'air, et les navires, pour progresser, doivent vaincre celle de l'eau.

D'autre part la résistance de l'eau au déplacement a été utilisée par l'illustre Sauvage. Il eut l'idée d'employer l'eau comme un écrou fixe et d'y plonger une vis (hélice) qui en se dévissant pousse le navire devant elle. Il faut que cette vis agisse plus vite que le recul de l'eau.

Les régulateurs à ailettes des tourne-broches réagissent sur le contrepoids ou sur le ressort par la résistance que présente l'air à leur mouvement de rotation.

La natation, le vol des oiseaux sont basés sur la résistance des milieux.

Toutes les pièces de machines éprouvent de la part de l'air des efforts qui contrarient leur mouvement.

28. Déformation des pièces de machines.

Les métaux employés à la construction des machines sont plus ou moins élastiques et flexibles. Dans un mécanisme en mouvement, toutes les pièces se déforment, c'est-à-dire se compriment ou se raccourcissent, se fléchissent ou se tordent. La question importante, c'est que ces déformations soient de peu d'étendue, inappréciables en quelque sorte et surtout qu'elles ne soient que *momentanées*. Mais pour déterminer ces changements de forme, il faut dépenser involontairement du travail qui ne se retrouve plus sur les outils.

Ce travail n'est pas perdu, il est employé par la machine pour son *travail de déformation.*

En construisant une machine, il faut étudier les dimensions des pièces en vue de réduire, autant que possible, ces effets nuisibles à la production du travail marchand. La *résistance des matériaux*, basée sur l'expérience, nous donne les règles pratiques qu'il convient d'observer.

Certaines déformations sont accompagnées de bruit, ce sont les *vibrations*; parfois elles ne sont pas perceptibles pour nos oreilles, mais elles n'en existent pas moins. On voit leur effet sur les pièces travaillées couvertes d'ondulations qui produisent des miroitements, de là le *broutage*. Ces vibrations peuvent être entendues en appliquant contre l'oreille une tige de fer posée sur le bâti de la machine-outil en mouvement. C'est encore une dépense de travail qui ne produit qu'un résultat nuisible. Les bonnes machines marchent sans bruit. Comme l'a dit Franklin, un atelier bruyant travaille d'une manière ruineuse pour son propriétaire.

29. Choc.

Le choc est la base du jeu de billes, du jeu de billard et de tous les martelages. Un choc est une pression, d'une durée excessivement courte, qui s'exerce entre deux corps.

Pendant ce phénomène les objets se déforment, vibrent avec ou sans bruit perceptible, et s'échauffent en employant à ces divers travaux beaucoup de puissance vive.

Dans les machines il faut éviter les chocs avec soin et les supprimer dès qu'ils se produisent. D'ordinaire on atteint ce résultat en enlevant *le jeu* des articulations.

L'emploi du choc dans l'industrie permet de déterminer de grands effets avec des appareils relativement peu importants.

Le laminage du fer comporte un travail moins coûteux que le martelage, mais la qualité supérieure des fers martelés vient contrebalancer le premier avantage.

Les machines à *piloter les pieux* reposent aussi sur le choc d'un mouton, environ deux fois plus lourd que le *pilot* qu'il s'agit d'enfoncer dans le sol.

Le *battage des pieux* sert à la construction des quais, à l'établissement des fondations dans les sols peu fermes et à la construction des piles de ponts où des cheminées d'usines. Nasmyth eut l'idée de fixer l'appareil à battre les pieux, ou marteau à vapeur à piloter, sur le pilot même. Un mouton de 2,500 kil. à 3,000 kil. peut donner 60 coups par minute et enfoncer en 3 minutes un pieu de 10 à 12 mètres de longueur dans un sol moyen. En un jour on fonce 16 à 20 pilots sans abîmer leurs têtes.

Durée du choc.

On a trouvé, à la suite de nombreuses expériences, qu'une enclume frappée à l'aide d'un rivoir d'ajusteur, donne, au point de vue de la durée du contact, les résultats suivants :

	Durée du contact en secondes
Coup modéré.	0,00011
Coup plus énergique	0,00010

En laissant le marteau rebondir librement, on constata invariablement que le contact était d'autant plus court que le coup était plus fort et plus sec.

Le contact est plus court quand l'enclume sonne clair, il est plus long si le son rendu est sourd.

MOTEURS

30. Moteurs animés.

Les êtres animés, tels que l'homme, le cheval, le bœuf, le mulet et l'âne sont employés comme moteurs dans un grand nombre de travaux.

Le travail des êtres animés n'a qu'une durée limitée, car leur fatigue nécessite des repos. Cependant ils ont l'avantage de pouvoir donner un *coup de collier*, c'est-à-dire de produire de grands efforts pendant un temps court. Les animaux dépensent en travail les aliments consommés; le carbone absorbé brûle dans leur corps comme la houille sur la grille d'une chaudière, mais lentement. Cette chaleur est employée en partie à la production du travail. La coordination des mouvements, l'ordre d'agir, partent du cerveau qui envoie aux muscles son action électrique par les cordons nerveux.

Pendant le travail des animaux, il y a dépense de force électrique.

31. Travail de l'homme.

L'homme exerce des efforts, à l'aide des bras, sur un levier ou une manivelle; au moyen des jambes, sur une pédale ou une roue; pour le transport des matériaux, à dos ou en utilisant le poids de son corps.

Soient F l'effort du moteur en kilogrammes, V sa vitesse en mètres et T la durée du travail journalier en secondes; le travail pour une journée sera :

$$T_j = F \times V \times T.$$

Le tableau ci-dessous donne les valeurs de ces divers éléments dans les cas ordinaires de la pratique.

La troisième colonne exprime l'effet utile dans chaque cas, c'est-à-dire que les poids des outils ne sont pas compris dans les nombres qui indiquent les charges. Les routes sont supposées dans un bon état ordinaire.

Un homme peut porter 150 kilog. et au plus 450 kilog.

La force d'une femme est environ les $\frac{2}{3}$ de celle de l'homme.

La vitesse du voyageur est de $1^m,60$ par seconde, celle du marcheur de 2 mètres, le coureur fait 7 mètres par seconde et cette vitesse peut se soutenir à 13 mètres pendant quelques instants. L'homme considéré comme machine rend 12 pour cent seulement. Le travail humain coûte à Paris 25 fois celui des moteurs à vapeur.

32. *Tableau du travail moyen que peut fournir l'homme.*

NATURE DU TRAVAIL.	Poids élevé ou effort moyen.	Vitesse par seconde	Travail par seconde	Durée du travail journalier.	Quantité de travail journalier
Élévation verticale des poids					
Manœuvre élevant des terres à la pelle à la hauteur moyenne de 1^m,60.......	2,7	0,40	1,08	10	38880
Manœuvre exercé poussant et tirant alternativement dans le sens vertical.....	6	0,75	4,5	10	162000
Manœuvre agissant sur une manivelle...............	8	0,75	6	8	172800
Manœuvre marchant et poussant ou tirant horizontalement d'une manière continue..................	12	0,60	7,2	8	207360
Manœuvre agissant sur une roue à chevilles ou dans un tambour à 24° de l'axe vertical	12	0,70	8,4	8	241920
Manœuvre élevant des poids avec une corde et une poulie, ce qui l'oblige à faire descendre la corde à vide.	18	0,20	3,6	6	77760
Manœuvre élevant des poids à la main...............	20	0,17	3,4	6	73440
Manœuvre élevant des matériaux avec une brouette sur une rampe au $\frac{1}{12}$, retour à vide.............	60	0,02	1,2	10	43200
Manœuvre agissant sur une roue à chevilles ou dans un tambour au niveau de l'axe...................	60	0,15	9	8	259200
Manœuvre élevant des poids à dos au haut d'une rampe douce ou d'un escalier, retour à vide.............	65	0,04	2,6	6	56160
Homme montant une rampe douce ou un escalier ; son travail consistant à élever son propre poids........	65	0,15	9.75	8	280800

NATURE DU TRAVAIL.	Poids élevé ou effort moyen.	Vitesse par seconde	Travail par seconde	Durée du travail journalier.	Quantité de travail journalier.
Transport horizontal des poids.					
Manœuvre jetant la terre à la pelle, à 4^m de distance horizontale..............	2,7	0,68	1,8	10	64800
Homme voyageant en transportant un fardeau à dos.	40	0,75	30	7	756000
Manœuvre transportant des charges sur une civière, retour à vide.............	50	0,33	16,5	10	594000
Manœuvre transportant des charges à la brouette, retour à vide...............	60	0,50	30	10	1080000
Un voyageur transportant le poids de son corps sur une route horizontale...	65	1,50	97,5	10	3510000
Manœuvre transportant des charges à dos, retour à vide.....................	65	0,50	32,5	6	702000

33. Effort qu'un ouvrier de force moyenne est capable d'exercer pendant un temps court sur certains outils.

DÉSIGNATION DES OUTILS mis en mouvement à la main.	Efforts en kilogrammes.
Une plane	45
Une tarière de charpentier avec les deux mains.....	45
Une clef pour serrer les écrous...................	38
Un étau ordinaire en agissant sur la baguette......	33
Un ciseau ou un foret en agissant dans le sens vertical................................	33
Une manivelle ordinaire.....................	30
Une tenaille ou une pince, l'action se faisant en appuyant ou par compression.....................	27
Un rabot de menuisier.....................	23
Un étau à main.........................	20
Un vilebrequin.........................	7
Une scie à main.........................	16
Un petit tournevis mu avec la main ou avec le pouce et les doigts	6

34. Travail des animaux.

Le cheval, le bœuf, le mulet et l'âne peuvent porter sur leur dos ou traîner des charges. La meilleure manière de les utiliser consiste à les atteler.

Comme bête de somme, un cheval ne peut porter plus de 120 kilogrammes, mais comme bête de trait sur une bonne route, il tire de 700 à 800 kilogrammes, dix fois plus sur des rails propres et cent fois plus sur une eau tranquille comme celle d'un canal.

Le cheval produit aisément un effort de traction égal au tiers de son propre poids au moment du démarrage. Plus l'animal va vite, plus sa traction diminue d'intensité.

Le tableau suivant ne tient pas compte du poids des voitures, il indique l'effet utile, les routes sont supposées dans un état ordinaire d'entretien. L'attelage devrait être fait sur un ressort fixé à la caisse de la voiture afin d'amortir les secousses.

Le cheval fait par seconde : au petit pas 1 mètre ; au grand pas 2 mètres ; au trot 3^m,50 à 4 mètres ; au galop 10 mètres ; dans les courses 14 à 15 mètres au plus. Les animaux rendent 8 à 10 0/0 seulement et à Paris leur travail coûte 4 à 5 fois celui des moteurs à vapeur.

35. *Tableau du travail moyen fourni par les animaux.*

NATURE DU TRAVAIL.	Poids élevé ou effort moyen.	Vitesse par seconde	Travail par seconde	Durée du travail journalier.	Quantité de travail journalier.
Cheval au trot, chargé sur le dos............	80	2,20	176	7	4435000
Cheval au pas, chargé sur le dos............	120	1,10	132	10	4752000
Cheval au trot, au manège....	30	2,00	60	4,5	972000
Cheval au trot, à la voiture............	44	2,20	96,8	4,5	1568160
Cheval au pas, au manège....	45	0,90	40,5	8	1166400
Cheval au trot, voiture chargée............	350	2,20	770	4,5	12474000
Cheval au pas, à la charrette chargée........	700	1,10	770	10	27720000
Cheval au pas, à la charrette chargée en allant, retour à vide........	700	0,60	420	10	15120000
Bœuf au pas et au manège....	60	0,60	36	8	1036800
Mulet au pas et au manège....	30	0,90	27	8	777600
Ane au pas et au manège	14	0,80	11,2	8	322560

Le travail est exprimé en kilogrammètres.

36. Notions sur les moteurs hydrauliques.

Une chute d'eau représente un travail permanent disponible et utilisable au moyen d'une roue ou d'une turbine.

En effet, représentons par V· le volume d'eau *en litres* que fournit le cours d'eau par seconde, par H la hauteur totale de la chute *en mètres* et remarquons que un litre d'eau pesant un kilogramme, le volume V exprime par un nombre égal le poids P de l'eau en kilogrammes.

Désignons par T le travail, nous aurons P kilogrammes ou V litres qui tomberont de H mètres, le travail sera donc :

$$T = VH.$$

En chevaux C de 75 kilogrammètres.

$$C = \frac{V \cdot H}{75}. \tag{1}$$

C'est cette force absolue du cours d'eau qui est utilisée d'une manière plus ou moins parfaite par les moteurs hydrauliques.

En multipliant la relation (1) par le coefficient de rendement qui convient à chaque genre d'appareil, nous aurons l'effet utile dans chaque cas.

Soit K ce coefficient de rendement, l'expression (1) deviendra

$$C = K \times \frac{V \cdot H}{75}. \tag{2}$$

37. *Tableau des valeurs de K pour divers moteurs.*

DÉSIGNATION DES MOTEURS HYDRAULIQUES	VALEURS de K
Roue en dessous à palettes planes...............	0,30 à 0,35
Roue Poncelet, en dessous à aubes courbes......	0,60 à 0,65
Roue de côté avec tête d'eau...................	0,50 à 0,55
Roue Sagebien, de côté à grandes aubes.........	0,75 à 0,80
Roue de côté, reçoit l'eau en déversoir..........	0,60 à 0,65
Roue de côté, eau en déversoir, vannage à persiennes...................................	0,65 à 0,70
Roue à augets de poitrine, vannage à persiennes, l'eau entre au-dessus de l'axe de la roue	0,60 à 0,70
Roue en dessus à augets droits	0,60 à 0,70
Roue en dessus à augets de forme parabolique ..	0,70 à 0,75
Turbine Jonval...............................	0,70 à 0,76
Turbine Fourneyron...........................	0,70 à 0,80
Turbine Fontaine.............................	0,70 à 0,75
Turbine Girard à libre déviation...............	0,71 à 0,80

APPLICATION. 1° Une roue hydraulique de côté, reçoit l'eau en déservoir d'une chute de 1^m,20 de hauteur. La quantité d'eau fournie par la chute est de 2,000 litres par seconde; on demande la force en chevaux disponible?

La relation (2) nous donne

$$C = K \times \frac{V \times H}{75}$$

dans laquelle d'après le tableau précédent :

$$K = 0,60; \qquad V = 2000 \qquad et \qquad H = 1,20,$$

par suite :

$$C = \frac{0,60 \times 2000 \times 1,20}{75}$$

et calculs faits

$$C = 19,20 \text{ chevaux.}$$

2° Une turbine Girard à libre déviation, reçoit l'action d'une chute de 25 mètres de hauteur qui donne 600 litres par seconde, on demande la puissance disponible en chevaux?

La relation (2)

$$C = K \times \frac{V \times H}{75},$$

nous donne en remplaçant K par sa valeur prise dans le tableau :

$$K = 0,71 ; \qquad V = 600 \qquad \text{et} \qquad H = 25,$$

par conséquent

$$C = 0,71 \times \frac{600 \times 25}{75}$$

calculs faits $C = 142$ chevaux.

38. Moulins à vent.

Les moulins à vent utilisent la puissance que possède l'air en mouvement.

Ces moteurs ont un rendement qui varie, s'ils sont construits dans de bonnes conditions, de 40 à 50 0/0.

Les cheminées rondes, d'usine, présentent de grandes surfaces au vent, la pression d'une masse d'air sur un cylindre a pour valeur les 0,57 de la pression qui se produirait sur une surface plane égale à la projection de cylindre.

39. *Tableau des vitesses et pressions du vent.*

DÉSIGNATION DES VENTS	Vitesse par seconde	Pression par mètre carré en kilogrammes
Vent à peine sensible....................	1,00	0,140
Brise légère.............................	2,00	0,540
Vent frais ou brise......................	4,00	2,170
Vent bon frais, le meilleur pour les moulins..................................	7,00	6,640
Le même, convenable pour la marche en mer	9,00	10,970
Vent impétueux..........................	20,00	54,160
Tempête.................................	24,00	78,000
Tempête violente	30,05	122,280
Ouragan.................................	36,15	176,96
Grand ouragan...........................	45,30	277,87

APPLICATION. Quelle est la pression qu'éprouve en cas de grand ouragan, la grande cheminée ronde de Saint-Rollox.

Sa hauteur est de $132^m,74$, elle est régulièrement conique, son diamètre extérieur en bas est de $12^m,20$ et son diamètre extérieur en haut de $4^m,11$.

D'après le tableau précédent, la pression p du vent dans les grands ouragans est de 278 kilogrammes par mètre carré.

Or les cheminées rondes éprouvent les 0,57 de cette pression sur une surface égale à la projection du tronc de cône.

Cette projection pour la cheminée de Saint-Rollox sera

$$S = 132,74 \times \frac{12,20 + 4,11}{2}$$

puisque c'est un trapèze de $132^m,74$ de hauteur.

D'où $$S = 1082,5 \text{ mètres carrés}$$

qui supporte une pression p' par mètre carré :

$$p' = 278 \times 0,57,$$

ou

$$p' = 158,5 \text{ kilogrammmes.}$$

Par suite la pression totale P sera

$$P = 1082,5 \times 158,5,$$

enfin,

$$P = 171576 \text{ kilogrammes.}$$

Par sa construction, elle peut d'ailleurs résister à un effort total d'environ 340,000 kilogrammes, correspondant à une pression du vent de 300 kilog. par mètre carré.

40. Moteurs à vapeur.

Nous n'examinerons ici la machine à vapeur qu'au seul point de vue des calculs élémentaires à l'aide desquels on peut se rendre compte de sa valeur comme moteur. La description et l'agencement des pièces font partie du cours de technologie.

Les moteurs à vapeur comprennent :

1° Le *foyer*, les *carneaux* ou conduits de fumée, et la

cheminée, dont l'ensemble constitue l'*appareil à combustion* ;

2° La *chaudière* ou *générateur* qui renferme l'eau et la vapeur. C'est un magasin de vapeur ;

3° Les *appareils de sûreté*, organes *très importants*, qui assurent contre les accidents ;

4° Les *appareils d'alimentation* à l'aide desquels on entretient dans la chaudière une quantité d'eau à peu près constante.

41. Appareil de combustion.

Il se compose :

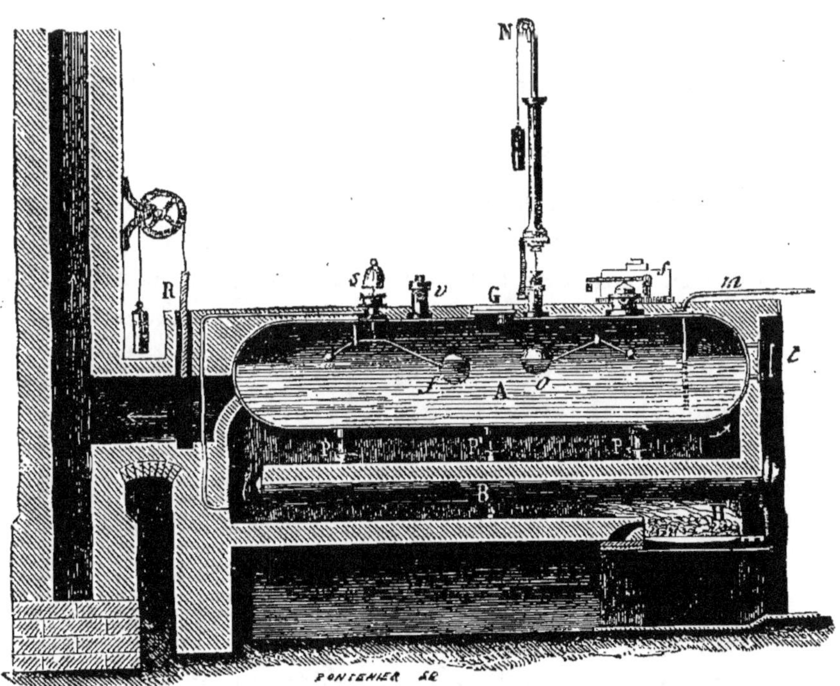

Fig. 2.

1° Du foyer subdivisé lui-même en *grille, cendrier,* et *chambre de combustion.*

La grille reçoit le combustible sous forme de houille, de coke, de bois, de sciure, de tannée ou de tourbe.

Ces corps renferment l'énergie à l'état invisible, mais les phénomènes chimiques de la combustion vont la développer en chaleur que nous utiliserons. Les carneaux obligent la flamme à chauffer convenablement la chaudière et la cheminée détermine le *tirage*.

Plus les carneaux sont longs et larges, plus la *surface du générateur touchée par la flamme* est grande; c'est la *surface de chauffe* du générateur.

La cheminée sert à procurer le tirage nécessaire à la combustion. Elle doit satisfaire aux règles suivantes : La plus petite section d'une cheminée est au moins égale au $\frac{1}{4}$ de la surface de la grille pour un feu de houille et au $\frac{1}{6}$ pour brûler les corps ligneux.

La hauteur est égale à 25 fois le diamètre intérieur le plus grand de la cheminée, avec un minimum de 16 mètres. Pour 10 mètres de hauteur, il faut forcer un peu la section.

La chaleur entraînée dans la cheminée, chaleur qui sert au tirage, est environ $\frac{1}{4}$ de la totalité développée par les combustibles.

42. Chaudière ou générateur.

Une chaudière à vapeur est un vase fermé qui contient de l'eau chauffée par les gaz engendrés sur le foyer. L'eau bout, la vapeur s'accumule à la partie supérieure, sa tension augmente et exerce une pression sur les parois de tôle. Cette vapeur d'eau peut cheminer avec rapidité dans des tuyaux et nous procure ainsi le moyen de transporter la chaleur au point où nous avons besoin de produire un effet mécanique ou travail.

Dans la chaudière, nous avons un magasin d'énergie facilement utilisable.

La puissance du générateur varie avec le poids de vapeur que peut fournir en une heure chaque mètre carré de sa surface de chauffe.

Les chaudières n'utilisent pas toutes le combustible de la même manière ; la perfection du foyer, les dispositions intérieures du générateur et son état d'entretien influent notablement sur l'utilisation du combustible. L'expérience a appris que sa valeur maxima ne saurait dépasser 0,75 avec un tirage naturel et 0,85 avec un tirage forcé. Elle peut être de beaucoup inférieure à ces chiffres.

De plus, les combustibles ne produisant pas, à poids égal, la même quantité de chaleur ; il en résulte que la surface de chauffe doit aussi varier en raison de la nature des corps employés au chauffage.

Le tableau suivant nous donne, pour 1 kilogramme de combustible, le poids de vapeur produite et la surface de chauffe, en mètres carrés, par cheval-vapeur.

NATURE du combustible	Poids de 1 mètre cube de combustible	Vapeur produite en kilogrammes	Surface de chauffe en m^2 par cheval	Surface de grille pour un mètre de surface de chauffe
Bois sec	250—450	2,5—3,5	1,2—1,8	0,045—0,06
Tourbe à 20 p. % d'eau...........	500—600	1,5—2	1,8—2	0,06 — 0,03
Houille, qualité moyenne	760—850	6 — 7	1—1,5	0,03 — 0,05
Coke à 15 p. % de cendres........	400—600	6—7	1—1,5	0,036—0,04

43. *Tableau n° 1. Comparaison des chaudières à vapeur.*

NATURE DE LA CHAUDIÈRE.	Poids d'eau évaporée par m^2 et par heure.	Poids de vapeur produit par 1 kilogramme de combustible.
	K K	K K
Chaudière ordinaire à 1, 2, 3 bouilleurs	15 à 30	5,00 à 5,30
Chaudière ordinaire à 1, 2, 3 bouilleurs	10 à 12	5,50 à 5,90
Chaudière à réchauffeurs latéraux (Farcot)...............................	18 à 15	6,40 à 6,70
Chaudière à 2 bouilleurs et 1 ou 2 réchauffeurs.............................	20 à 15	6,70 à 7,00
Chaudière à foyer intérieur (Cornwall).	12 à 10	7,50 à 8,00
Chaudière tubulaire, sans jet de vapeur.	15 à 10	7 50 à 8,00
Locomotive, avec jet de vapeur.........	40 à 35	6,50 à 7,50
Chaudière foyer intérieur, tubes en retour................................	15 à 12	7,50 à 8,50
Chaudières de bateaux...............	25 à 20	6,50 à 7,50
Chaudière foyer intérieur, avec très grand réchauffeur tubulaire........	12 à 10	8,50 à 9,90

Le rendement varie entre 40 et 85 0/0. Quand il atteint 60 0/0, les résultats sont satisfaisants et 7 kilogrammes de vapeur par kilogramme de houille donnent aussi un bon rendement. Il faut de bonnes dispositions, un bon combustible et un chauffeur intelligent, habile, soigneux et instruit.

44. *Tableau n° 2. Evaluation approximative des pertes de chaleur qui existent dans l'emploi des chaudières.*

Chaleur utilisée pour la production de la vapeur...	0,40 à 0,80
Tirage ou échappement des produits de la combustion..	0,27 à 0,08
Les escarbilles en tombant dans le cendrier enlèvent	0,06 à 0,03
Perte par combustion incomplète, très variable....	0,22 à 0,07
Perte par refroidissement et fuites...............	0,05 à 0,02
Chaleur totale employée...................	1,00 1,00

Ce tableau nous permet de voir de suite comment se répartit la chaleur et quels sont les points sur lesquels il convient de fixer son attention.

Les deux pertes principales viennent du tirage et de la mauvaise combustion, leur somme peut s'élever à 0,49. Le chauffeur, par son adresse, peut réduire ces pertes à un minimum en rendant la combustion aussi parfaite que possible et en réglant le tirage avec soin. Un bon chauffeur est donc un précieux auxiliaire dans une usine et n'est jamais trop rétribué, s'il est véritablement habile.

45. *Tableau nº 3 indiquant les températures, le poids, les volumes et les vitesses de la vapeur sous diverses pressions, d'après Zeuner.*

Pression en atmosphères.	Pression en kilogrammes par $\overline{C.m}^2$.	Température en degrés.	Volume en litres de 1 kilog. de vapeur.	Poids du mètre cube de vapeur en kilogrammes	Vitesse de la vapeur dans l'atmosphère en mètres.
0,5	0,516	81,7	3170,50	0,315	»
0,75	0,776	92,0	2445,15	0,453	»
1	1,0334	100,0	1649,40	0,606	»
2	2,0668	120,6	858,80	1,163	427
3	3,1002	133,9	586,40	1,702	502
4	4,1336	144,0	447,40	2,230	537
5	5,1670	152,2	362,60	2,750	562
6	6,2004	159,2	305,40	3,263	»
7	7,2338	165,3	264,20	3,771	»
8	8,2672	170,8	232,90	4,274	»
9	9,3006	175,8	208,50	4,774	»
10	10,3340	180,3	188,70	5,270	»
11	11,3674	184,5	172,50	5,763	»
12	12,4008	188,4	158,90	6,254	»
13	13,4342	192,1	147,30	6,742	»
14	14,4766	195,5	137,30	7,228	»

La vapeur à 1 atm. 01 s'échappe dans l'air avec une vitesse de 58 mètres, à 1,5 sa vitesse est de 343 mètres.

Suivant la qualité du combustible et l'état de la chaudière

le chiffre de vaporisation est de 5 à 9 kilogrammes par ki-logramme de houille et de $2^k,5$ à $4^k,5$ par kilogramme de matières ligneuses brûlées.

Suivant aussi le système de machine à vapeur, le poids de vapeur nécessaire à la production de 1 cheval-vapeur varie comme suit :

Tableau n° 4.

POIDS DE VAPEUR et surface de grille par cheval-vapeur	MACHINE A VAPEUR		
	Corliss ou Sulzer	à détente ordinaire	à pleine pression
Poids de vapeur nécessaire par cheval-vapeur effectif et par heure........	11^k	18^k	30^k
Surface de grille par cheval-vapeur effectif........	$0^{m^2},80$	$1^{m^2},80$	$3^{m^2},20$

46. Poids d'une chaudière.

On peut obtenir approximativement le poids d'une chaudière en calculant, d'après les dimensions du solide géométrique, la *surface* de la tôle *en mètres carrés*. On multiplie cette surface par la densité du fer 7, 8 et par le nombre de millimètres qui représente l'épaisseur de la tôle. Le résultat est *en kilogrammes* le poids de la surface totale visible de la chaudière.

Il convient d'ajouter 15 0/0 pour tenir compte des croisures, des têtes de rivets, etc.

Enfin on ajoute pour l'installation d'un générateur, le poids des fontes, des oreilles, des armatures, des chandeliers, etc.

Cette façon de faire le poids se justifie aisément en remarquant qu'une feuille de tôle de 1 millimètre d'épaisseur et de 1 mètre carré de surface a pour volume 1 décimètre cube et par suite un poids de $7^k,800$.

APPLICATION. Quel est le poids d'une chaudière en tôle, d'une longueur totale de $9^m,70$, terminée par deux calottes hémisphériques, son diamètre est $1^m,20$ et son épaisseur 10 millimètres?

Cette chaudière se compose d'une surface cylindrique de longueur L

$$L = 9^m,70 - 1^m,20 = 8^m,50$$

et deux calottes hémisphériques de $0^n,60$ de rayon. Ces deux calottes formeront une sphère de rayon $R = 0^m,60$ et par suite la surface totale de la chaudière sera S :

$$S = \pi \times D \times L + \frac{4}{3}\pi R^3.$$

Or, $\quad D = 1^m,20; \quad L = 8^m,50 \quad$ et $\quad R = 0,60.$

Nous aurons donc

$$S = \pi \times 1,2 \times 8,5 + \frac{4}{3}\pi \times \overline{0,60}^3$$

et calculs faits

$$S = 32,9328 \text{ mètres carrés.}$$

Le poids de cette chaudière en tôle de un millimètre d'épaisseur serait p, en prenant 7,8 pour densité du fer.

$$p = 32,9328 \times 7,8$$

et pour une tôle de 10 millimètres d'épaisseur,

on a $\quad\quad P = 10 \times 32,9328 \times 7,8,$

ou $\quad\quad P = 2568 \text{ kilogrammes.}$

47. Chaudières tubulaires.

Les chaudières tubulaires, inventées par Marc Seguin en 1829, présentent une grande surface de chauffe dans un espace restreint, ce qui permet une vaporisation considérable en un temps court. Ces générateurs, aujourd'hui répandus en grand nombre dans l'industrie, conviennent particulièrement aux locomotives et aux chaudières de la marine.

Considérons une chaudière tubulaire garnie de 100 tubes de 2^m de longueur et de $0^m,04$ de diamètre, groupés dans un corps cylindrique de 2^m de diamètre.

Chaque tube développé, présente à la flamme une surface donnée par

$$s = \pi d \text{L},$$

ou bien $\qquad s = \pi \times 0,04 \times 2 = 0^{\overline{m}^2},2514.$

La surface totale de chauffe sera 100 fois plus grande puisqu'il y a 100 tubes et nous aurons :

$$\text{S} = 100 \times 0^{\overline{m}^2},2514,$$

ou $\qquad \text{S} = 25^{\overline{m}^2},14 \text{ mètres carrés.}$

Si cette chaudière marche avec un tirage forcé (échappement dans la cheminée) chaque mètre carré pourra produire 35^{kg} à 40^{kg} de vapeur et nous obtiendrons en désignant par P le poids de vapeur.

$$\text{P} = 40 \times 25,14,$$

$$\text{P} = 1005 \text{ kilogrammes de vapeur.}$$

D'après les tableaux qui précèdent, si cette chaudière alimente une machine à détente ordinaire, la consommation par cheval et par heure sera de 18 kilogrammes, de sorte que la puissance C, en chevaux-vapeur, de la machine qui pourra être menée par cette chaudière, sera :

$$\text{C} = \frac{1005}{18} = 55 \text{ chevaux.}$$

48. Soupape de sûreté.

Conformément aux règlements administratifs, chaque chaudière est munie de deux soupapes de sûreté. La section de chacune d'elles doit être suffisante pour laisser écouler toute la vapeur que peut produire le générateur.

3.

Le diamètre D des soupapes se calcule au moyen de la formule appliquée par l'administration des Ponts et Chaussées :

$$D = 2,6 \sqrt{\frac{S}{n - 0,412}}$$

dans laquelle S exprime la surface de chauffe en mètres carrés, n la pression maxima dans la chaudière en atmosphères et D le diamètre intérieur en centimètres.

APPLICATION. Quel diamètre doit-on donner à la soupape de sûreté d'une chaudière qui présente 8 mètres carrés de surface de chauffe et qui doit marcher à 7 atmosphères.

La formule administrative donnera :

$$D = 2,6 \sqrt{\frac{8}{7 - 0,412}}$$

et
$$D = 2^{c/m},86.$$

La surface sera s :

$$s = \pi \frac{D^2}{4} = \frac{\pi . \overline{2,86}^2}{4} = 6^{c \cdot m^2},4242.$$

Or les tableaux qui précèdent nous indiquent que la pression de 7 atmosphères correspond à $7^{kg},2338$, par conséquent la soupape recevra un effort p qui sera :

$$p = 7,2338 \times 6,4242$$

en kilogrammes, et calculs faits

$$p = 46^{kg},470.$$

Mais la soupape est maintenue sur son siège, par un poids appliqué à un levier *inter-résistant*, articulé sur deux oreilles qui font partie du siège de la soupape (fig. 3).

Les moments de la charge du levier et de la résistance p, par rapport au point d'articulation, doivent être égaux pour qu'il y ait équilibre.

Négligeons le poids même du levier et admettons que la

charge placée à son extrémité soit de 5 kilogrammes. Calculons la longueur du levier, en supposant que la distance de

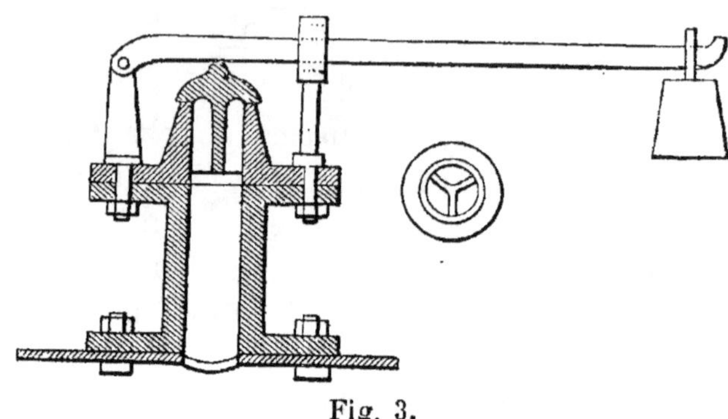

Fig. 3.

l'articulation au point d'application de la soupape à ailettes soit de 4 cent. Nous aurons en prenant les moments et en appelant L la longueur du levier :

$$46,47 \times 4 = 5 \times L,$$

d'où
$$L = \frac{46,47 \times 4}{5}$$

et calculs faits
$$L = 37^{c}/^{m},15.$$

Par le même procédé, connaissant la longueur L du levier, on calculerait la valeur du poids dont il convient de le charger.

La soupape ne doit porter sur son siège que par une surface annulaire dont la largeur ne dépassera pas 2 millimètres.

49. Injecteur Giffard.

L'eau diminue, dans une chaudière, par suite du fonctionnement de la machine qu'elle alimente.

Les pompes servent à la remplacer, soit par intermittences, soit d'une manière à peu près continue.

Giffard, mort en 1882, imagina en 1859 un appareil, (entrevu par M. Bourdon, l'habile inventeur des manomètres qui portent son nom), qui permet de lancer de l'eau dans un générateur, au moyen de la vapeur, malgré la pression existante (fig. 4).

La vapeur prise sur la chaudière même, passe par un tube effilé I concentrique à un autre tube effilé V qui l'enveloppe. Ce dernier est en communication avec une bâche pleine d'eau. Le passage rapide du fluide produit le vide dans le tube enveloppe et bientôt, vapeur et eau, jaillissent avec vivacité par un tuyau P en communication avec le générateur.

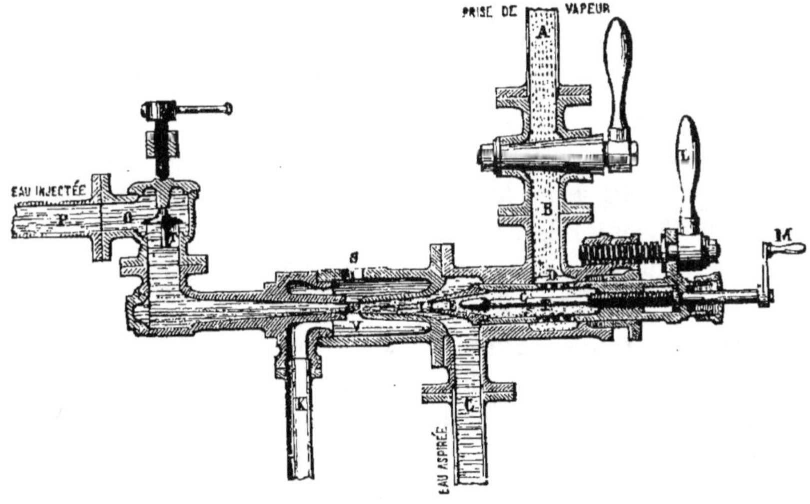

Fig. 4.

Dans cet appareil, c'est à la puissance vive possédée par la gerbe émergeante qu'on doit le refoulement de l'eau dans la chaudière. Ici la masse étant faible, c'est la vitesse et la chaleur de la vapeur qui produisent la valeur de la puissance vive.

50. Surface de chauffe des chaudières.

On compte, dans les chaudières cylindriques à bouilleurs, sur les $\frac{2}{3}$ de la surface totale de chaque bouilleur, augmentée de la moitié de la surface de la chaudière.

De plus on regarde les bouilleurs comme ayant la longueur même de la chaudière parce qu'ils sont en partie pris dans la maçonnerie. On compte sur 1,25 à 1,30 mètres carrés de surface de chauffe par force de cheval et par heure pour les machines à détente sans condensation de 10 à 20 chevaux.

Dans les locomotives, chaque mètre carré de surface de chauffe qui voit le foyer, produit trois fois plus de vapeur qu'un mètre carré de surface de tube.

Une surface directement exposée à l'action d'un foyer très actif donne, 100 à 120 kilogrammes de vapeur par mètre carré. Mais c'est là un maximum sur lequel il convient de ne pas compter.

On admet pour les chaudières de manufactures une production de 12 à 15 kilogrammes, de 25 à 30 kilogrammes pour les locomobiles, de 35 à 40 kilogrammes pour les locomotives, de 20 à 25 kilogrammes pour les chaudières de bateaux.

On détermine à l'aide de ces chiffres la surface de chauffe qu'il faut donner aux chaudières.

APPLICATION. 1º Une chaudière à bouilleur unique présente 7,50 mètres carrés de surface de chauffe. Quelle sera sa force en chevaux? D'après ce qui précède, en désignant par N la puissance en chevaux, on aura :

$$N = \frac{7,65}{1,25} = 6 \text{ chevaux,}$$

d'autre part, si nous considérons que chaque mètre carré de surface de chauffe produit en moyenne 15 kilogrammes de vapeur et qu'il faut 18 kilogrammes de vapeur par cheval et par heure, la force de la chaudière sera en chevaux

$$N = \frac{7,65 \times 15}{18} = 6 \text{ chevaux.}$$

2º Une chaudière système locomotive et tubulaire de

108 mètres carrés de surface de chauffe actionne une machine à vapeur.

Quelle est la force de cette chaudière en chevaux?

Dans ce cas chaque mètre carré de surface de chauffe produit en moyenne 30 kilogrammes de vapeur. Le poids total de vapeur sera donc

$$108 \times 30 = 3240 \text{ kilogrammes.}$$

Mais si la machine à vapeur est une Corliss ou une Sulzer, elle consommera 11 à 12 kilogrammes de vapeur par cheval et par heure, par suite sa force N en chevaux pourra être

$$N = \frac{3240}{12} = 270 \text{ chevaux.}$$

On doit toujours se réserver une marge pour les éventualités et ne pas installer une surface de chauffe trop juste, un excédent est toujours économique.

51. Moteur à vapeur.

Nous examinerons ici la machine à vapeur au point de vue de l'application des principes et des considérations qui viennent d'être exposés.

La vapeur engendrée dans le générateur est un fluide élastique, capable d'exercer alternativement sur les faces d'un piston ajusté dans un cylindre alésé sur le tour, une pression plus ou moins énergique. Cette action imprime au piston un mouvement de va et vient. Le cylindre peut être horizontal, vertical, incliné, oscillant ou tournant.

On fait aussi des moteurs à vapeur dans lesquels le piston possède un mouvement de rotation qu'il donne directement à une poulie.

D'ordinaire, le piston va et vient dans son cylindre et transmet l'effort qui l'actionne à une tige dite *tige du piston*, dont le mouvement rectiligne est assuré par une *crosse du piston* mobile entre deux *glissières*. La *crosse du piston* ou *traverse*, transmet le mouvement à la *bielle*, par un boulon d'articulation lié à la *petite tête de la bielle*. La *grosse tête de la bielle* anime une manivelle, qui fait partie d'un *arbre* sur lequel un *volant denté* ou un *volant-poulie*, permet d'imprimer une rotation proportionnelle, à *l'arbre de couche* ou à *l'arbre de transmission* de l'atelier.

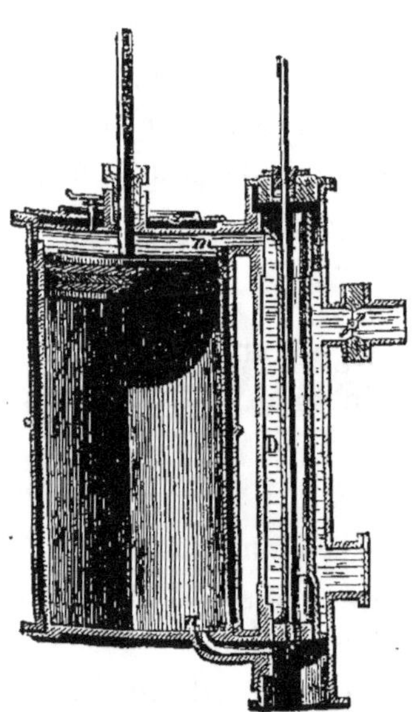

Fig. 5.

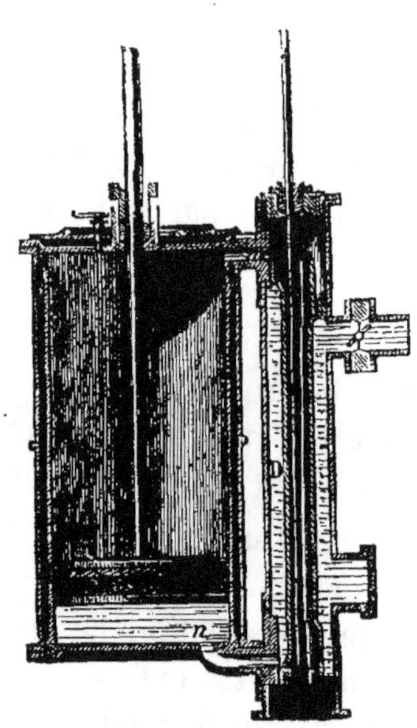

Fig. 6.

Nous avons étudié déjà le mouvement de la bielle.

La marche alternative du piston s'obtient en envoyant d'une manière précise de la vapeur, tantôt sur une face, tantôt sur l'autre, à l'aide d'un *tiroir de distribution* dont il est facile de comprendre le fonctionnement à la seule inspection des figures 5 et 6.

Après avoir produit son effet mécanique, la vapeur s'échappe dans l'atmosphère ou va s'éteindre dans l'eau froide qui garnit un organe nommé *condenseur*. L'eau, en absorbant la vapeur avec rapidité, produit sur le piston un vide partiel, une sorte de succion qui contribue à le mettre en mouvement.

Dans le cas où la vapeur s'échappe à l'air libre par un tuyau, le fluide doit vaincre la pression atmosphérique avant de sortir ; il s'appuie sur le piston et par conséquent gêne son mouvement.

Nous savons en effet que chaque centimètre carré de surface exposée à l'air éprouve, de la part de l'atmosphère, une pression de $1^k,033$.

Il en résulte qu'un pareil moteur a son piston poussé dans un sens par la vapeur à 6 atmosphères et retenu en sens contraire par 1 atmosphère au moins.

Il se meut donc sous l'influence d'une pression de 5 atmosphères environ.

Si la vapeur pénètre dans le cylindre pendant toute la durée de la course du piston, la machine est dite à *pleine pression*.

Mais la vapeur étant un fluide élastique, les constructeurs-mécaniciens ont profité de cette circonstance pour disposer des moteurs dans lesquels le fluide n'entre dans le cylindre que pendant une fraction de la course du piston, la moitié par exemple. La vapeur continue à agir en se détendant à la manière d'un ressort ; son action va en s'affaiblissant de plus en plus, jusqu'à ce que, le piston, arrivant au bout de son mouvement, le fluide s'échappe dans l'air ou dans un condenseur.

Si la vapeur ne pénètre dans le cylindre que pendant une fraction de la course, la *machine est à détente*.

C'est un moteur *à détente sans condensation* dans le cas où le fluide qui a travaillé sur le piston passe ensuite dans l'atmosphère.

On a une *machine à détente et à condensation* si la vapeur utilisée au mouvement va s'éteindre dans un *condenseur*, inventé par Watt en 1769.

Comme nous allons le voir, la détente procure une économie de combustible qui la fait préférer à la pleine pression.

52. Machines à pleine pression, sans détente ni condensation.

La vapeur agit d'un bout à l'autre de la course du piston et se rend dans l'air à la sortie du cylindre. Il y a une atmosphère, de la pression de la vapeur, employée à équilibrer la résistance atmosphérique, qu'on nomme *contre-pression*.

Soit N la pression de la vapeur dans le cylindre (ce nombre est inférieur de 1 0/0 à 25 0/0 à celui qui exprime la pression dans la chaudière).

La pression atmosphérique étant 1, le piston recevra sur chaque centimètre carré une pression p mesurée par :

$$p = 1^k,0334 \times (N - 1).$$

Si la surface du piston *en centimètres carrés* est S, la pression totale reçue P, sera :

$$P = 1^k,0334 (N - 1) S.$$

Le piston parcourt la longueur l du cylindre un certain nombre de fois n, à l'aller et au retour, en une minute, ce qui donne sa vitesse :

$$V = \frac{2 . n . l}{60}$$

pour une seconde.

Le travail engendré en une seconde sera

$$P \times V$$

ou
$$P . V = 1,0334 \times (N - 1) \times S \times V \qquad (1)$$

en kilogrammètres. Pour savoir à combien de chevaux-vapeur de 75 kilogrammètres ce travail équivaut, il suffira en désignant par C ce travail, de diviser (1) par 75.

D'où
$$C = \frac{1,0334 \times (N - 1) \times S \times V}{75}. \qquad (2)$$

Mais les machines à vapeur de l'industrie ne rendent qu'une fraction du travail qu'on leur donne, aussi doit-on multiplier le résultat exprimé par (2), par un coefficient de rendement K qui varie avec la puissance du moteur.

53. *Tableau n° 5. Valeurs du coefficient* K.

FORCE DE LA MACHINE.	Valeurs de K.
4 à 8 chevaux.....................................	0,60
10 à 20 chevaux.....................................	0,70
30 à 50 chevaux.....................................	0,79
60 à 100 chevaux.....................................	0,85

La vitesse du piston varie généralement de $0^m,80$ à $1^m,25$.

La relation (2) peut encore se mettre sous la forme suivante :

Désignons par p la pression par centimètre carré de surface du piston : $p = 1,0334 (N - 1)$; par V sa vitesse en mètres par seconde et par S sa surface en centimètres carrés.

La puissance en chevaux devient, d'après la relation (2) :

$$C = \frac{p \times S \times V}{75} \qquad (3)$$

et pour tenir compte du rendement K, dont les valeurs sont indiquées au tableau n° 5.

On aura :

$$C' = K \times \frac{p \times S \times V}{75}. \qquad (4)$$

APPLICATION. Quelle est en chevaux la puissance d'une machine dont le cylindre a $0^m,40$ de diamètre, la course $0^m,50$, la pression de la vapeur dans le cylindre est 6 atmosphères et le nombre des coups doubles 50 à la minute.

Un coup double comprend l'aller et le retour du piston, ce qui correspond à un tour de la manivelle.

La pression qui agit sur chaque centimètre carré de la surface du piston sera de $6 - 1 = 5$ atmosphères et d'après le tableau n° 3, colonne 2,

On aura : $\qquad p = 5^k,167 .$ $\qquad\qquad$ (5)

La surface du piston en centimètres carrés sera :

$$S = \frac{\pi . \overline{40}^{\,2}}{4} = 1256,64 .$$ $\qquad$ (6)

Enfin la vitesse du piston en mètres par seconde

$$V = \frac{2 \times 50 \times 0^m,50}{60} = 0^m,833 .$$ $\qquad$ (7)

Dans la formule (3,) substituons aux lettres leurs valeurs (5,) (6,) (7,) il viendra :

$$C = \frac{5,167 \times 1256.64 \times 0,833}{75}$$

et calculs faits

$$C = 72,11 \text{ chevaux-vapeur.}$$

Cette machine étant supérieure à 50 chevaux, le coefficient $k = 0,85$ d'après le tableau 5 et nous aurons par la relation (4)

$$C' = 0,85 \times 72,11,$$

c'est-à-dire pratiquement une machine de la force

$$C' = 60 \text{ chevaux-vapeur.}$$

APPLICATION. Quel diamètre faut-il donner au cylindre d'une machine à vapeur qui doit produire 70 chevaux, la vitesse du piston étant limitée à $1^m,20$ et la pression dans le cylindre à 4 atmosphères?

Le tableau n° 3 nous donne pour $p = 4 - 1 = 3$ atmosphères

$$p = 3^k,1002,$$

de plus, D étant le diamètre du cylindre en centimètres.

$$S = \frac{\pi D^2}{4},$$

enfin $\qquad V = 1^m,20.$

La relation (4) devient :

$$70 = 0,85 \times \frac{3,1002 \times \frac{\pi D^2}{4} \times 1,20}{75}$$

attendu que $C' = 70$ et que $K = 0,85$ d'après le tableau n° 5.

Mais $\qquad \frac{\pi}{4} = 0,785.$

On aura donc :

$$70 = 0,85 \times \frac{3,1002 \times 0,785 \times D^2 \times 1,20}{75},$$

et en simplifiant :

$$70 = 0,85 \times 3,1002 \times 0,157 \times 0,08 \times D^2,$$

d'où $\qquad D^2 = \dfrac{70}{0,85 \times 3,1002 \times 0,157 \times 0,08}$

et $\qquad D^2 = \dfrac{7}{0,17 \times 3,1002 \times 0,157 \times 0,04}$

calculs faits $\qquad D^2 = 2121,$

enfin $\qquad D = 46$ centimètres.

Le cylindre aura 46 centimètres de diamètre.

54. Machines à vapeur à détente.

Dans les unes, la vapeur se détend et s'échappe à l'air libre, ce sont les *machines à détente sans condensation;* dans les autres, la vapeur se détend et va s'éteindre dans un récipient réfrigérant, le condenseur ; aussi les nomme-t-on *machines à détente et à condensation.*

La première catégorie éprouve de la part de l'atmosphère une résistance ou *contre-pression* de 1 atmosphère.

La *contre-pression* dans la deuxième catégorie est inférieure à une atmosphère. Pour qu'elle soit toujours vaincue par la vapeur motrice, on laisse à cette dernière, à la fin de la course du piston, une force élastique de 0,5 atmosphère.

55. Machines à détente sans condensation.

Ces machines sont toujours à haute pression et ne peuvent fonctionner dans de bonnes conditions qu'à des pressions de 6, 7 et 8 atmosphères. On doit envelopper le cylindre pour empêcher son refroidissement. Comme pendant la détente, la force élastique de la vapeur doit suffire à faire mouvoir le piston, les constructeurs estiment qu'elle doit être égale à 1,5 atmosphère quand le piston est à fond de course.

Cette condition nous permet de trouver la *détente moyenne* à laquelle ces machines peuvent fonctionner.

Soient :

p la pression initiale dans le cylindre,

p' la pression à la fin de la détente,

v le volume engendré par le piston pendant l'admission de la vapeur à pleine pression,

v' le volume occupé par la vapeur à la fin de la détente.

Nous aurons, en appliquant la loi de Mariotte;

1° La machine marche à 6 atmosphères :

$$vp = v'p', \qquad 6v = 1{,}5v',$$

d'où
$$\frac{v}{v'} = \frac{1}{4}.$$

Ainsi la plus longue détente pourra commencer *au quart* de la course du piston.

2° La pression de la chaudière est 7 atmosphères :

$$7v = 1{,}5v', \qquad \frac{v}{v'} = \frac{1{,}5}{7} = \frac{1}{4{,}66}.$$

La plus grande détente commencera à $\frac{1}{4,66}$ de la course du piston.

3° La pression initiale est de 8 atmosphères :

$$8v = 1,5v' \qquad \text{et} \qquad \frac{v}{v'} = \frac{45}{8} = \frac{3}{16}.$$

L'admission de la vapeur se fera au moins pendant les $\frac{3}{16}$ de la course du piston,

56. *Tableau n° 6. Valeurs du coefficient* K.

FORCE DE LA MACHINE.	Valeurs de K.
4 à 8 chevaux...........................	0,45
10 à 20 chevaux...........................	0,58
30 à 50 chevaux...........................	0,70
60 à 100 chevaux.	0,80

La vitesse du piston est le plus souvent de 1 mètre par seconde, elle atteint $1^m,20$ et $1^m,30$, sa plus grande limite est de $1^m,50$ quand on veut conserver une marche régulière ; elle atteint trois mètres dans les locomotives et les machines de laminoirs.

57. Machines à détente et à condensation.

La vapeur doit conserver à la fin de la course du piston une force élastique égale à 0,5 atmosphère.

De plus ces machines marchent à 4, 5, 6, 7 et 8 atmosphères.

Partant de ces données, limitons les détentes dans chaque cas.

1° La machine marche à 4 atmosphères :

On a, d'après la loi de Mariotte :

$$4v = 0,5v', \qquad \text{d'où} \qquad \frac{v}{v'} = \frac{0,5}{4} = \frac{1}{8}.$$

La détente la plus grande commencera à $\frac{1}{8}$ de la course du piston.

2° La pression étant de 5 atmosphères :

$$5v = 0{,}5v' \qquad \text{et} \qquad \frac{v}{v'} = \frac{0{,}5}{5} = \frac{1}{10}.$$

La détente est limitée au $\frac{1}{10}$ de la course.

3° La pression est de 6 atmospbères :

$$6v = 0{,}5v' \qquad \text{et} \qquad \frac{v}{v'} = \frac{0{,}5}{6} = \frac{1}{12}.$$

La détente pourra commencer au $\frac{1}{12}$ de la course.

4° La pression est égale à **7** atmosphères :

$$7v = 0{,}5v' \qquad \text{et} \qquad \frac{v}{v'} = \frac{0{,}5}{7} = \frac{1}{14}.$$

La détente peut être fixée au $\frac{1}{14}$ de la course.

5° La machine marche à 8 atmosphères :

$$8v = 0{,}5v', \qquad \text{d'où} \qquad \frac{v}{v'} = \frac{0{,}5}{8} = \frac{1}{16}.$$

La détente la plus prolongée commencera au $\frac{1}{16}$ de la course du piston.

Ces machines consomment d'autant moins qu'elles reçoivent de la vapeur à une pression plus grande.

La quantité de houille brûlée par heure et par force de cheval varie de $1^k,540$ pour 4 atmosphères à $1^k,390$ pour 8 atmosphères. On arrive même à consommer moins encore.

58. *Tableau n° 7. Valeurs du coefficient K.*

FORCE DE LA MACHINE.	Valeurs de K.
4 à 8 chevaux..............................	0,41
10 à 20 chevaux..............................	0,52
30 à 50 chevaux..............................	0,63
60 à 100 chevaux..............................	0,74

La vitesse du piston est comprise entre 1 mètre et $2^m,50$. Pour les petites machines, la vitesse de 1 mètre convient bien, tandis que pour les moteurs puissants elle peut varier de $1^m,30$ à $1^m,50$.

Le volant fait d'ordinaire de 38,5 à 24,5 tours à la minute, depuis les machines les plus faibles jusqu'aux plus grandes. Celles qui sont à *balancier* font de 30 à 15,9 tours à la minute.

59. Puissance des machines à détente.

La relation (3) dans laquelle p représente la pression en kilogrammes sur un centimètre carré du piston, s'applique encore en remplaçant p par *la pression moyenne s'exerçant sur le piston en kilogrammes par centimètre carré.* Désignons cette pression moyenne par p_m, la formule (3) deviendra

$$C = \frac{p_m \times S \times V}{75} \qquad (8)$$

Pour évaluer p_m, on se sert de la relation

$$p_m = k \times p - p' \qquad (9)$$

dans laquelle :

    k est un coefficient variable avec le degré de la détente et la nature de la machine considérée.

$p =$ pression absolue de la vapeur, comptée à partir du vide en kilogrammes par centimètre carré.

$p' =$ contre-pression agissant sur le piston, en kilogrammes par centimètre carré.

$S =$ surface du piston en centimètres carrés.

$V =$ vitesse du piston en mètres par seconde.

Désignons par d le degré de détente, les valeurs de k qui seront introduites dans la relation (9) pour calculer p_m sont contenues dans le tableau ci-dessous.

60. *Tableau n° 8. Valeurs du coefficient k de la formule (9).*

d	k	d	k	d	k	d	k
$\frac{9}{10}$	0,9951	$\frac{6}{10}$	0,9117	$\frac{1}{4}$	0,6258	$\frac{1}{9}$	0,4131
$\frac{8}{10}$	0,9796	$\frac{1}{2}$	0,8556	$\frac{1}{5}$	0,5588	$\frac{1}{10}$	0,3919
$\frac{3}{4}$	0,9675	$\frac{4}{10}$	0,7813	$\frac{1}{6}$	0,5086	$\frac{1}{11}$	0,3739
$\frac{7}{10}$	0,9523	$\frac{1}{3}$	0,7196	$\frac{1}{7}$	0,4697	$\frac{1}{12}$	0,3585
$\frac{2}{3}$	0,9404	$\frac{3}{40}$	0,6845	$\frac{1}{8}$	0,4386	$\frac{1}{13}$	0,3230

En réalité dans la pratique, la pression de la chaudière est supérieure de 1 0/0 à 25 0/0 à la pression initiale p.

La valeur de p', *contre-pression* dans les *machines sans condensation*, estimée pour les calculs précédents à $1^k,550$ est de $1^k,05$ à $1^k,09$ si l'échappement est bien disposé et de $1^k,1$ à $1^k,2$ s'il se fait difficilement.

Dans les locomotives p' va de $1^k,100$ à $1^k,300$.

La valeur de p', *contre-pression* dans les *machines à condensation*, évaluée pour les calculs des détentes à $0^k,517$ ne vaut que de $0^k,150$ à $0^k,330$, d'ordinaire sa valeur est de $0^k,280$.

APPLICATIONS. 1° Quelle est la puissance en chevaux

4

d'une machine à vapeur *à détente sans condensation* dont le cylindre a 405 millimètres de diamètre, sachant que la vitesse du piston est $1^m,20$ par seconde, la pression initiale dans le cylindre 6 atmosphères et la détente $\frac{1}{4}$?

Nous avons d'après la relation (8).

$$C = \frac{p_m \times S \times V}{75}$$

dans laquelle

p_m est la pression moyenne donnée par la formule (9).

$$p_m = k \times p - p';$$

mais le tableau (8) nous indique $k = 0,6258$ pour la détente au quart, d'après l'énoncé $p = 6$ atmosphères ou 6,2004 kilogrammes et nous savons que pour un échappement disposé ordinairement la contre-pression $p' = 1,10$ kilogrammes. Par conséquent

$$p_m = 0,6258 \times 6,2004 - 1,10,$$

ou $\qquad\qquad p_m = 2,780 \text{ kilogrammmes} \qquad\qquad (a)$

D'autre part la surface S du piston *en centimètres carrés*, pour un diamètre de 40,5 centimètres, *sera* :

$$\frac{\pi \times \overline{40,5}^2}{4} = 1288,25. \qquad\qquad (b)$$

Enfin la vitesse V du piston en mètres par seconde est

$$V = 1^m,20. \qquad\qquad (c)$$

Substituons dans la formule (8) les valeurs (a), (b), (c) que nous venons de trouver, il viendra

$$C = \frac{2,78 \times 1288,25 \times 1.20}{75}$$

et calculs faits

$$C = 43,968 \text{ chevaux.}$$

Ce genre de machine, d'après le tableau n° 6, ne *rend* pour une force de 30 à 50 chevaux que 0,70, nous devons donc multiplier le dernier résultat par 0,70 pour avoir la force en chevaux disponible réellement.

D'où
$$C = 0,70 \times 43,968$$
et enfin
$$C = 31 \text{ chevaux environ,}$$

2° Quelle est la puissance en chevaux d'une machine à vapeur, à détente et à condensation, dont le cylindre a 405 millimètres de diamètre, sachant que la vitesse du piston est $1^m,20$ par seconde, la pression initiale dans le cylindre 6 atmosphères et la détente $\frac{1}{10}$?

Dans la relation (8)
$$C = \frac{p_m \times S \times V}{75}$$
nous avons :

p_m la pression moyenne qui nous est donnée par la formule

$$p_m = k \times p - p'.$$

Pour une détente au dixième, le tableau n° 8 indique $k = 0,3919$, d'après l'énoncé $p = 6$ atmosphères ou $6,2004$ kilogrammes par centimètre carré et comme la machine est à condensation, nous savons que la contre-pression $p' = 0,280$ kilogramme.

Par suite :
$$p_m = 0,3919 \times 6,2004 - 0,280,$$
ou
$$p_m = 2,150 \text{ kilogrammes.} \qquad (a)$$

La surface S du piston en centimètres carrés est

$$\frac{\pi \times \overline{40,5}^2}{4} = 1288,25 \qquad (b)$$

Enfin la vitesse V du piston en mètres par seconde est

$$V = 1^m,20. \qquad (c)$$

Substituons les valeurs (a), (b), (c) dans la formule (8), nous aurons :

$$C = \frac{2,15 \times 1288,25 \times 1,20}{75},$$

calculs faits

$$C = 44,315 \text{ chevaux.}$$

Le tableau n° 7 relatif au rendement des machines à détente et à condensation, nous indique pour une puissance de 30 à 50 chevaux, un rendement de 0,63.

On aura donc :

$$C = 0,63 \times 44,315,$$

ou
$$C = 28 \text{ chevaux environ.}$$

Si nous comparons la machine à détente sans condensation à la même machine disposée avec condensation, nous constatons que la première détend sa vapeur au $\frac{1}{4}$ et la seconde au $\frac{1}{10}$ de la course.

La seconde machine emploie donc les

$$\frac{\frac{1}{10}}{\frac{1}{4}} = \frac{4}{10} = \frac{2}{5}$$

de la vapeur nécessaire à la première tandis que les puissances de ces deux moteurs sont presque égales : 28 chevaux pour la seconde et 31 chevaux pour la première. La détente avec condensation est en effet très avantageuse parce que le condenseur allonge la détente.

61. Machine de Woolf.

Dans cette machine, la vapeur admise au petit cylindre se détend dans le grand, le travail est celui d'une machine qui aurait pour cylindre unique le grand cylindre de la machine considérée, la détente ayant lieu dans le même rapport.

La valeur de p_m s'obtient par la relation (9) dans laquelle

$$d = \frac{\text{volume de l'admission au petit cylindre}}{\text{volume total du grand cylindre}}.$$

S de la formule (8) sera l'aire du piston du grand cylindre.

Le rapport de détente, dans le petit cylindre varie de 1 à 0,75 et même à 0,50.

La détente appliquée aux moteurs à vapeur est une question d'économie de combustible, puisqu'on ne dépense à chaque coup simple du piston que la moitié, le tiers, le quart ou le cinquième d'une cylindrée de vapeur. Le tableau suivant, par une simple lecture, permet d'apprécier les avantages de la détente, attendu que le point de comparaison est le travail à pleine pression.

62. *Tableau nº 9. Économie de la détente.*

DEGRE d de la détente.	TRAVAIL par rapport à celui de la pleine pression sans détente.	TRAVAIL avec 1 de vapeur.	PRIX de la même quantité de travail.
1	1	1	1
$\frac{3}{4}$	0,9796	1,29	0,78
$\frac{1}{2}$	0.8556	1,69	0,60
$\frac{1}{3}$	0,7196	2,11	0,48
$\frac{1}{4}$	0.6258	2,50	0,44
$\frac{1}{5}$	0,5588	2,65	0,40
$\frac{1}{10}$	0,3919	3,50	0,32

Application à une machine à détente sans condensation.

Évaluer le travail d'une machine dans laquelle le cylindre a $0^m,40$ de diamètre et le piston $0^m,80$ de course. La vapeur entre à pleine pression pendant $\frac{1}{4}$ de la course, la pression initiale est de 7 atmosphères et la machine fait 45 tours à la minute.

D'après ces données, la relation (9) :

$$p_m = k \cdot p - p',$$

nous aurons par le tableau n° 8, $k = 0,6258$; le tableau n° 3 donne pour 7 atmosphères $p = 7^k,2338$ et la contre-pression peut-être évaluée $p' = 1^k,5$ pour un échappement mal disposé.

Par conséquent

$$p_m = 0,6258 \times 7,2338 - 1.5,$$

ou
$$p_m = 3,027.$$

Dans la formule (8) :

$$C = \frac{p_m \times S \times V}{75}.$$

Nous aurons :

$$S = \frac{\pi}{4} \times D^2 = \frac{\pi}{4} \, \overline{40}^2 = 1256,64 \text{ centimètres carrés,}$$

$$V = \frac{2nl}{60} = \frac{2 \times 45 \times 0,80}{60} = 1^m,20 \text{ vitesse du piston.}$$

Il en résulte que

$$C = \frac{3.027 \times 1256,64 \times 1,20}{75},$$

d'où
$$C = 60,86 \text{ chevaux-vapeur.}$$

Mais le rendement de cette machine qui atteint 60 chevaux n'est que de $K = 0,80$.

Sa puissance pratique sera donc :

$$C' = 0,80 \times 60,86$$

ou bien
$$C' = 48,69 \text{ chevaux-vapeur.}$$

Application à une machine à détente et à conden-sation.

Reprenons les données de la machine précédente.

L'introduction du condenseur vient modifier : p' la contre-pression $= 0^k,500$, en l'exagérant,
par suite,

$$p_m = 0,6258 \times 7,2338 - 0,5 = 4,027.$$

La formule (8) nous donne :

$$C = \frac{4,027 \times 1256,64 \times 1,20}{75}$$

$$C = 80,97 \text{ chevaux-vapeur.}$$

Ces moteurs rendent 0,74; la puissance pratique sera donc :

$$C' = 0,74 \times 80,97,$$

$$C' = 59,91 \text{ chevaux-vapeur.}$$

Le condenseur appliqué à cette machine a donné un béné-fice de $59,91 - 48,69 = 11,22$ chevaux-vapeur, avec la même dépense de vapeur.

63. **Volant de la machine à vapeur.**

Le principal but du volant est d'emmagasiner, aux dépens de la puissance, du travail sous forme de puissance vive, pour la restituer au moment où la machine faiblit.

Le moteur peut ainsi continuer sa marche avec régu-larité.

Le volant est donc un magasin de puissance vive, une réserve qui vient au secours de la machine, quand on lui demande subitement un excès de travail.

D'après Hrabàk, on peut calculer les volants par les formules suivantes :

Soient :

P' le poids de la jante en kilogrammes ;

R' le rayon extérieur du volant en mètres ;

V la vitesse en mètres d'un point de la circonférence du volant ;

n le nombre de tours qu'il fait en une minute ;

a la hauteur de la jante, dans le sens du rayon et b sa largeur ;

N la puissance de la machine en chevaux-vapeur.

On aura :

$$R' = \frac{00V}{n\pi}, \quad \text{ou environ} \quad 10 \times \frac{V}{n}.$$

Le rayon du volant $R' = 3$ à 5 fois le rayon de la manivelle.

$$V = \frac{R'n}{10} \tag{1}$$

et

$$P' = 5000 \frac{kN}{nV^2} \times S. \tag{2}$$

k *est un coefficient* variable avec le degré de régularité qu'on désire obtenir.

Pour les pompes, les moulins, les scieries　$k = 20$.

Pour les usines ordinaires et ateliers　$k = 30$.

Pour les papeteries et les tissages　$k = 40$ à 60.

Pour les filatures et la grande régularité　$k = 60$ à 100.

Le coefficient S *dépend du degré d de la détente*, ses valeurs correspondant à chaque détente sont indiquées dans les tableaux ci-après.

64. *Tableau n° 10. Machines à un cylindre.*

d	$\frac{9}{10}$	$\frac{8}{10}$	$\frac{7}{10}$	$\frac{6}{10}$	$\frac{1}{2}$	$\frac{4}{10}$	$\frac{1}{3}$	$\frac{3}{10}$	$\frac{1}{4}$	$\frac{1}{5}$	$\frac{1}{7}$	$\frac{1}{8}$	$\frac{1}{10}$	$\frac{1}{15}$
S	1,00	1,03	1,07	1,12	1,17	1,27	1,36	1,41	1,52	1,66	1,87	1,99	2,12	2,45

65. *Tableau n° 11. Machines de Woolf.*

d	$\frac{1}{3}$	$\frac{3}{10}$	$\frac{1}{4}$	$\frac{1}{5}$	$\frac{3}{20}$	$\frac{1}{8}$	$\frac{1}{10}$	$\frac{1}{15}$	$\frac{1}{20}$
S	1,10	1,11	1,14	1,18	1,25	1,30	1,37	1,53	1,74

On peut admettre pour le poids des bras, $\frac{1}{3}$ du poids de la jante ; assez souvent $V = 10$ à 15 mètres par seconde et $a = 2\,b$.

Quand le volant sert de poulie motrice, la largeur b est déterminée par celle de la courroie qui le chausse.

Application. Soit à calculer le poids P du volant d'une machine de 50 chevaux dont le piston a $0^m,80$ de course avec détente au $\frac{1}{4}$, l'arbre faisant 45 tours à la minute.

Nous avons d'après les relations (1) et (2) relatives aux volants :

$N = 50$ chevaux-vapeur ;

Course du piston $0^m,80$;

$d =$ degré de détente $= \frac{1}{4}$;

$n =$ nombre de tours de l'arbre $= 45$.

Prenons pour R′ le rayon du volant, cinq fois le rayon de la manivelle ou cinq fois la demi-course

$$R' = 5 \times 0^m,40 = 2^m,00.$$

La relation (1) nous donne :

$$V = \frac{R'n}{10},$$

ou

$$V = \frac{2 \times 45}{10} = 9 \text{ mètres}$$

et

$$V^2 = 81.$$

Mais la formule (2).

$$P' = 5000 \times \frac{kN}{nV^2} \times S, \qquad\qquad (3)$$

contient k et S que nous n'avons pas encore déterminé.

Adoptons pour coefficient de régularité, celui des ateliers ordinaires $k = 30$; la machine possédant une détente au $\frac{1}{4}$, le tableau n° 10 nous donnera pour valeur de S au-dessous de $d = \frac{1}{4}$: $S = 1{,}52$.

Dès lors (3) devient en remplaçant les lettres par leurs valeurs :

$$P' = 5000 \frac{30 \times 50}{45 \times 81} \times 1{,}52$$

et calculs faits

$$P' = 3127 \text{ kilogrammes.}$$

Pour avoir la section S de la jante qui pèse 3,127 kilog., il suffit d'écrire, en se rappelant que le décimètre cube de fonte pèse $7^k{,}200$:

$$2\pi \times R' \times 7{,}200 \times S = 3127,$$

d'où

$$S = \frac{3127}{3{,}1416 \times 40 \times 7{,}2},$$

en exprimant le diamètre 2 R' en décimètres, nous aurons la section S' en décimètres carrés :

$$S = 3^{dq}{,}4552.$$

Nous pouvons maintenant donner à cette section la forme qui convient le mieux.

Pour diminuer la résistance de l'air sur le volant, il faut le faire mince. Souvent on lui donne la forme rectangulaire, sa dimension suivant les bras étant a, est double de la largeur b de la jante.

On a donc :
$$b = \frac{1}{2} a.$$

La section $\quad S = a \times b = a \times \frac{1}{2} a = \frac{1}{2} a^2.$

Nous aurons donc :
$$\frac{1}{2} a^2 = 3^{dq},4552,$$

ou
$$a^2 = 6,9104 ;$$

d'où
$$a = \sqrt{6,9104} = 2,63 \text{ décimètres}$$

et
$$b = \frac{1}{2} a = 1,31.$$

La jante aura donc 265×130 millimètres.

Le calcul du poids d'un volant exige des tâtonnements et d'ordinaire on s'aide de tables, dans lesquelles les vitesses circonférentielles, correspondant à un grand nombre de diamètres, et les sections en décimètres carrés des jantes des volants de poids et de diamètres donnés, sont calculés à l'avance.

De cette façon les opérations sont de beaucoup abrégées.

Le volant, nous l'avons dit déjà, a pour effet de diminuer les variations de vitesse de l'arbre.

Mais si l'atelier ne consomme pas le travail fourni par le piston, pendant un certain nombre de tours, la machine et son volant vont prendre un mouvement accéléré, ce qui s'exprime en disant que *la machine s'emballe*. On évite cet inconvénient *en fermant l'introduction de vapeur* dans le cylindre, de façon à forcer le moteur à faire toujours le même nombre de tours, afin de lui conserver sa *vitesse de régime.*

Si la vitesse s'accélère, on supprime en partie l'arrivée de vapeur, si elle se ralentit, on l'ouvre davantage. Ce résultat s'obtient automatiquement à l'aide d'un appareil nommé régulateur.

66. Régulateur conique ou à boules.

Le régulateur de Watt est encore aujourd'hui le plus répandu.

Cet appareil (fig. 7) est monté sur un arbre vertical AB mis en mouvement par le moteur, il tourne donc comme l'arbre de la machine et subit proportionnellement toutes ses

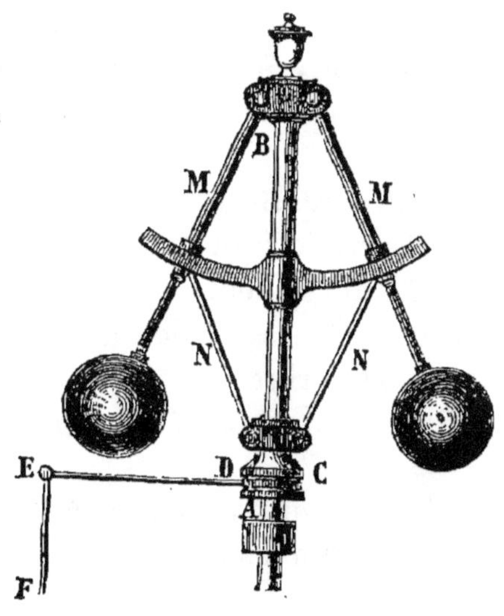

Fig. 7.

variations. Deux boules pesantes sont fixées aux extrémités inférieures des côtés supérieurs d'un losange articulé. Les côtés inférieurs de ce losange sont reliés en bas à une douille CD qui coulisse sur l'arbre vertical AB du régulateur.

La douille actionne un levier DEF à l'aide duquel la valve

d'introduction de vapeur s'ouvre ou se ferme progressive-ment. Cette valve porte le nom de *papillon*.

Si la vitesse du moteur s'accélère, la force centrifuge fait écarter les boules, le losange s'ouvre, la douille mobile remonte et le papillon ferme l'arrivée de vapeur. Si, au con-traire, la vitesse de la machine se ralentit, les boules se rapprochent, le losange s'allonge, la douille descend et le levier qu'elle commande ouvre le papillon, pour donner au piston l'excès de vapeur dont il a besoin, pour rendre à l'arbre moteur sa vitesse de régime.

Tous les régulateurs, quelle que soit leur nature, ont pour objet de conserver à la machine une vitesse constante nommée *vitesse de régime*.

Le régulateur *conique* ou *à boules* est destiné, par l'action de la force centrifuge, à ramener la machine à la vitesse normale qui lui a été assignée, dès qu'elle est sortie de cette limite.

67. Appareils d'observation.

Les appareils d'observation qui servent à évaluer la puis-sance d'un moteur à vapeur sont :

1º Les compteurs de tours à l'aide desquels on se rend compte de la vitesse de l'arbre.

2º Le frein de Prony qui mesure le travail disponible sur l'arbre.

3º L'indicateur de Watt qui fait tracer à la machine elle-même tout ce qui se passe dans le cylindre.

68. Compteurs de tours.

On compte le nombre de tours que fait l'arbre d'une machine à vapeur en marquant à la craie un point du volant et en comptant le nombre de ses passages devant un repère fixe. Si le moteur ne marche pas trop vite, l'opéra-tion est suffisamment approchée. à la condition toutefois que sa durée soit de plusieurs minutes.

On divise le nombre trouvé par le temps exprimé en minutes, afin de savoir combien la machine fait de tours par minute.

Par exemple, on a trouvé 400 tours en 5 minutes, on aura 80 tours par minute ou 1 tour $\frac{1}{3}$ à la seconde.

69. Compteur Sainte.

L'appareil Sainte se compose d'une vis sans fin à un filet qui actionne la roue des dizaines. Sur l'axe de la roue des dizaines, un pignon de 10 dents mène la roue des centaines. Les roues des dizaines et des centaines portent 100 dents (fig. 8).

Des index permettent, en partant des zéros, d'évaluer les nombres de tours.

Manœuvre de l'appareil. Une pointe carrée A termine l'axe du compteur et se place dans le centre de l'arbre. L'entraînement se produit aussitôt et les roues se mettent en mouvement. Il suffit d'enlever l'appareil au bout d'un temps déterminé et de lire sur les roues, les centaines, les dizaines et les unités pour avoir le nombre de tours faits par l'arbre.

Une simple division donne les tours par minute.

Si l'arbre en mouvement se termine par une pointe saillante, on remplace la pointe carrée A du compteur par une pointe creuse B (fig. 8 *bis*), garnie intérieurement de cannelures qui déterminent l'entraînement.

Pour ramener les roues aux zéros devant les index I, il suffit de débrayer en appuyant au point D et de faire tourner les deux grandes roues à la main.

Cet appareil très simple est d'un maniement commode.

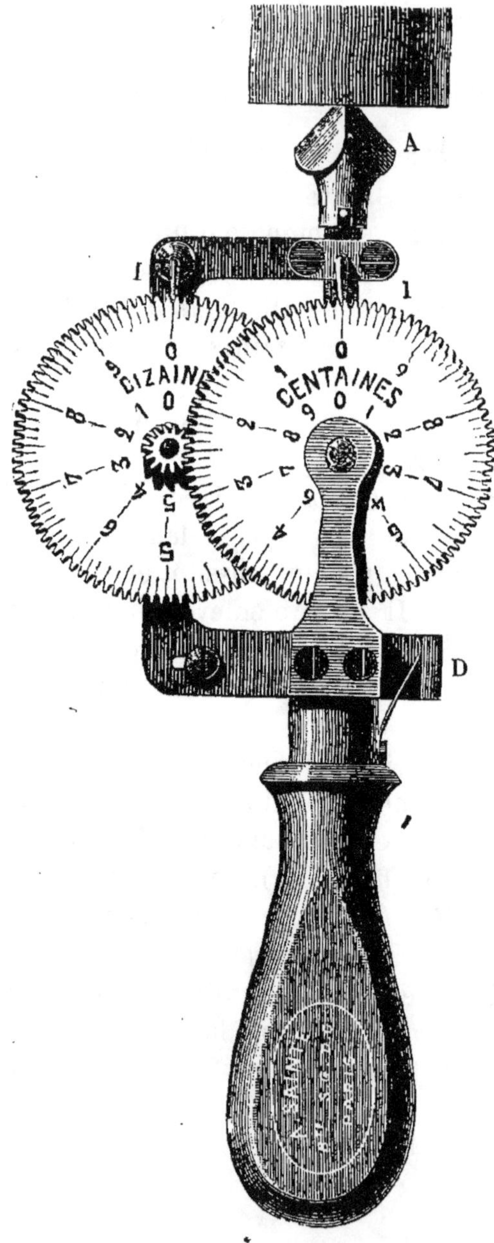

Fig. 8.

Enfin une roulette C de 10 centimètres de développement, mise à la place de la pointe carrée, procure la vitesse en décimètres d'une poulie, par son contact avec elle, pendant un temps connu.

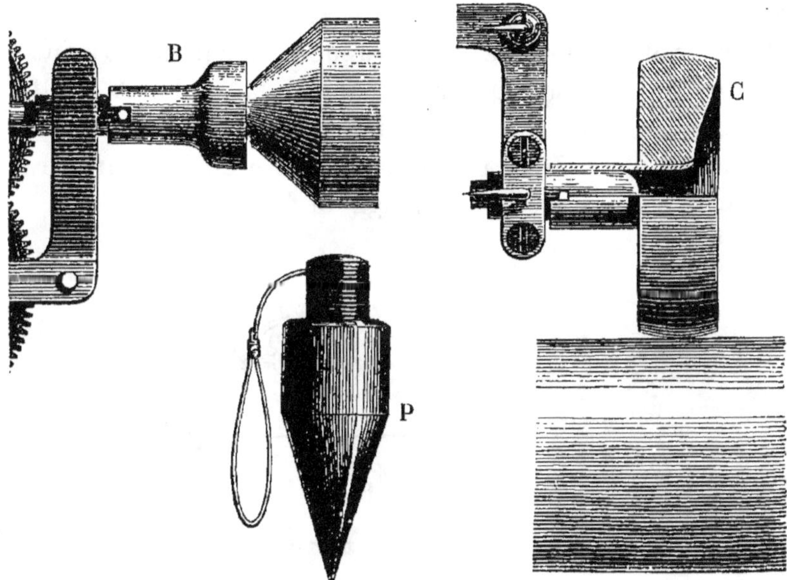

Fig. 8 *bis*.

Un fil à plomb P sert de pointeau et en même temps de pendule à battre la seconde, la longueur du fil étant de 995 millimètres. Cet appareil est vendu par la maison Piat, dont nous avons parlé à l'occasion des engrenages.

70. Compteur vélocimètre Deschiens.

Cet appareil donne de suite le nombre de tours de l'arbre, par une simple lecture, si l'on part de zéro, et en retranchant le nombre initial, du nombre final, si le zéro est dépassé.

Une pointe carrée et une pointe creuse sont jointes à ce compteur dont le maniement est très facile.

71. Frein de Prony.

Prony imagina de mesurer la quantité de travail que peut fournir une machine motrice en lui donnant à exécuter un travail de frottement facile à évaluer. La poulie du moteur reçoit un frein, au lieu de la courroie qui la garnit d'ordinaire.

L'appareil se compose d'une bande de fer plat *abc* armée de morceaux de bois qui reposent sur la poulie A. Cette dernière est serrée entre le collier *abc* et un levier LL′ à l'aide de boulons BB′. L'écrou B est à oreilles pour permettre le serrage ou le desserrage du frein.

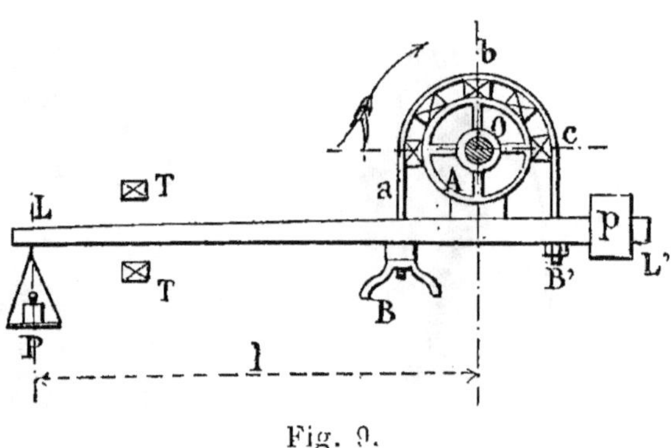

Fig. 9.

Le levier LL′ est soigneusement équilibré par rapport à l'axe au moyen d'un contre-poids *p* placé en L′, de sorte qu'au repos, il occupe une position horizontale. L'extrémité L est munie d'un crochet ou d'un plateau sur lequel se placent des poids métriques. L'arbre doit tourner en sens inverse du mouvement que les poids imprimeraient au levier. Mettons la machine en mouvement.

Le frein, serré sur la poulie, serait entrainé si des taquets T disposés exprès, ne s'y opposaient. La machine tourne et sa poulie frotte contre le frein.

Il est nécessaire de placer des poids gradués dans le plateau pour obliger le levier LL′ à reprendre une position horizontale et à s'y maintenir jusqu'à ce que la machine ait sa vitesse de régime.

Dans ces conditions le travail du frottement sur le frein est *identiquement celui que fournit le moteur.* Évaluons ce travail du frottement.

Soient P les poids placés sur le plateau, l la longueur du bras de levier depuis le crochet jusqu'à l'axe du frein et n le nombre de tours faits par la poulie en une minute.

Le moment du poids P par rapport à l'axe O du mouvement est :

$$P \times l.$$

Le travail pour un tour sera :

$$2\pi Pl$$

attendu que, l'équilibre existant pendant la rotation de la poulie dans le frein, c'est comme si le levier du frein tournait sous l'influence de la force P, la poulie étant au repos.

Mais la machine fait n tours à la minute.

Le travail pour une minute :

$$2\pi Pln$$

deviendra en une seconde,

$$T = \frac{2\pi Pln}{60}. \qquad (1)$$

Ce travail T, sera obtenu en kilogrammètres par seconde, à la condition d'exprimer P en kilogrammes et l en mètres.

Nous avons vu que le cheval-vapeur valait 75 kilogrammètres fournis en une seconde, il suffira donc de diviser la relation (1) par 75 pour avoir, en chevaux, le travail du moteur.

Désignons par C. V. ce travail, nous aurons :

$$C.V. = \frac{2\pi Pln}{60 \cdot 75},$$

ou calculs faits :

$$C.V. = 0{,}001396 \times P . l . n. \qquad (1)$$

L'essai au frein de Prony donne des résultats exacts à la condition de prolonger l'expérience pendant un certain nombre d'heures.

Les morceaux de bois sont baignés d'eau de savon afin d'éviter un trop grand échauffement de la poulie ; on doit d'abord laisser les coussinets de bois s'user suivant la forme de la poulie pour que le contact ait lieu partout.

Le frein de Prony est une des plus belles applications du frottement.

APPLICATION. Soit un frein de Prony dans lequel la distance du centre de la poulie au centre du crochet est $l = 2^m,50$ et les poids placés sur le plateau P $=$ 25 kilogrammes. La machine fait en moyenne, pendant la durée de l'observation, un nombre de tours $n = 60$ par minute.

La force en chevaux de cette machine sera, d'après la formule (1) :

$$C.V. = 0,001396 \times 25 \times 2,50 \times 60,$$

ou calculs faits :

$$C.V. = 5,2 \text{ chevaux environ.}$$

72. Observations sur l'emploi du frein de Prony.

Au lieu d'équilibrer le levier LL' par rapport à l'axe au moyen d'un contrepoids p placé en L' (fig. 9), ce qui surcharge l'appareil d'un poids inutile, on peut monter la poulie chaussée du frein sur les pointes d'un tour ou poser le levier sur l'arête horizontale d'un couteau, au point de ce levier, qui se trouve sur la verticale passant par le centre de la poulie. Cela fait, l'extrémité L du frein repose sur le plateau d'une bascule et le poids P', qui fait équilibre, est noté avec soin. Ce poids P' est la *charge permanente* due au levier, elle devra être ajoutée au poids P de la formule (1) qui deviendra simplement :

$$C \times V = 0,001396 \times (P + P') \times l \times n. \qquad (2)$$

APPLICATION. Soit un frein de Prony dans lequel la distance du centre de la poulie au centre du crochet est $l = 2^m,50$. Les poids placés sur le plateau, P $=$ 20 kilogrammes. La machine fait 60 tours par minute et la *charge permanente* P' déterminée par l'expérience précitée est égale à 25 kilogrammes.

La force en chevaux de cette machine sera, d'après la formule (2) :

$$C \cdot V \cdot = 0,001396 \, (20 + 25) \, 2,50 \times 60,$$

ou calculs faits :

$$C \cdot V = 9,4 \text{ chevaux environ.}$$

73. Observations pratiques sur l'emploi du frein.

Plus le rayon de la poulie est petit et plus le frottement est considérable ; cependant il ne faut pas augmenter outre mesure le frottement, car les surfaces en contact pourraient s'altérer et la régularité du frottement s'en ressentirait.

L'expérience a appris que les conditions résumées dans le tableau suivant, donnent de bons résultats :

PUISSANCE en chevaux.	DIAMÈTRE des poulies en centimètres.	NOMBRE DE TOURS de l'arbre par minute.
6 à 8	16 à 20	20 à 30
15 à 25	30 à 40	15 à 30
40 à 70	60 à 80	15 à 30

Si l'arbre qui porte le frein marche avec une grande vitesse, l'expérience n'en est que plus régulière, d'après les expériences de Morin. Pour produire un frottement bien régulier, on arrose les surfaces en contact avec un filet d'eau de savon introduit par un trou disposé dans la partie supérieure du frein.

74. Frein Kretz.

M. Kretz, ingénieur des manufactures de l'État, emploie un frein très élégant qui est équilibré autour de l'axe (fig. 10).

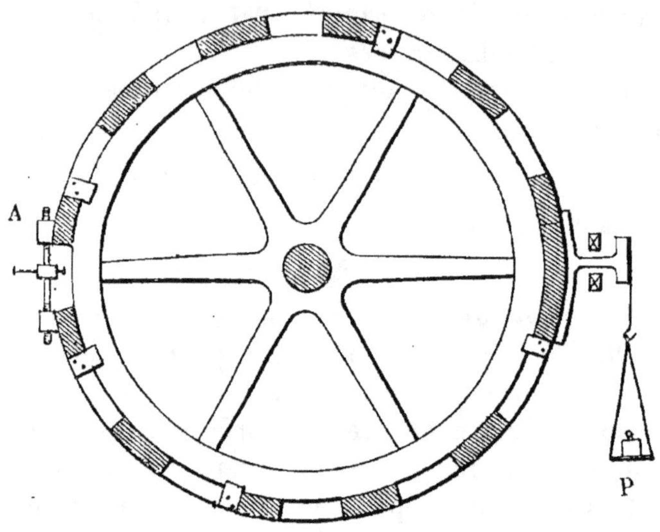

Fig. 10.

Un écrou avec barrettes A de manœuvre, fileté à droite et à gauche, permet de serrer et de desserrer le frein sur la gauche de l'appareil, tandis qu'un plateau P situé à droite, reçoit les poids marqués destinés à tenir l'équilibre.

75. On emploie pour mesurer le travail nécessaire à la mise en mouvement des véhicules, le *dynamomètre de traction*.

76. Le *dynamomètre de rotation* évalue le travail transmis à une machine sans qu'on interrompe le mouvement de l'usine.

77. La *manivelle dynamométrique* donne le travail développé par un effort appliqué sur une manivelle.

78. Le *dynamomètre de M. Taurines* évalue le travail consommé par les propulseurs à hélice, les machines outils et en général les machines industrielles.

5.

79. **Indicateur de Watt.**

Cet appareil trace lui-même toutes les phases de la transmission du travail d'une machine à vapeur. Il sert à mesurer sa puissance, à connaître la pression de la vapeur dans le cylindre et surtout à étudier la loi de sa variation pendant la période de détente.

Perfectionné par Mac Naught, introduit en France par Combes, son usage est aujourd'hui universellement répandu dans les ateliers de construction de machines à vapeur.

Cet instrument si commode, dû au génie de Watt, se compose d'un petit cylindre creux C en laiton, muni à sa partie inférieure d'un robinet R ; une partie filetée F permet de le fixer sur un des fonds du cylindre (fig. 11).

Ce cylindre contient un piston p surmonté d'un ressort à boudin logé d'une part dans le piston et d'autre part dans le fond supérieur qui ferme le cylindre.

La tige du piston porte une pointe traçante t, ou agit sur un système qui transmet un mouvement rectiligne à une pointe à tracer.

La pointe presse à son tour contre une bande de papier mue par la machine elle-même. Dans ce cas, la courbe dessinée est fermée et chaque révolution correspond à un tour entier de l'arbre sur lequel on prend le mouvement.

Les hauteurs seront alors proportionnelles aux distances angulaires parcourues par le moteur, et par conséquent aux positions successives du piston de la machine motrice qui actionne cet arbre.

Une cordelette, liée au cylindre couvert de la bande de papier, est attachée à la crosse du piston ; un ressort tend à ramener le cylindre porte-papier à sa position de repos.

Cela fait, avant d'ouvrir le robinet R, on met le traçoir en contact avec le papier, aussitôt un crayon trace une ligne circulaire qui, développée, est droite.

Cette horizontale correspond au zéro de l'échelle des pressions.

On relève le porte-crayon, puis on ouvre le robinet R ; aussitôt la vapeur pousse le petit piston, comprime le ressort à boudin qui le surmonte et cette compression est proportionnelle à la pression qu'éprouve le petit piston.

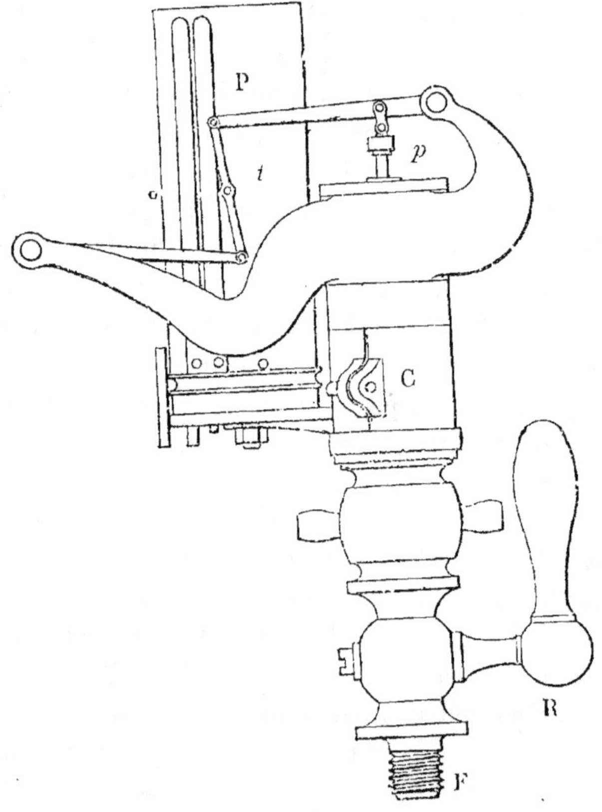

Fig. 11.

On amène le crayon en contact avec le papier, le cylindre porte-papier P tourne sur lui même, tandis que le piston porte-crayon monte et descend dans le petit cylindre à vapeur C.

De ce double mouvement résulte sur la feuille, le tracé d'une courbe fermée nommée *diagramme*, qui représente la loi de la tension de la vapeur et le degré de vide dans le cylindre de la machine, à chaque instant de la course.

L'aire du diagramme sera proportionnelle au travail total développé sur la face du piston à laquelle l'indicateur est fixé.

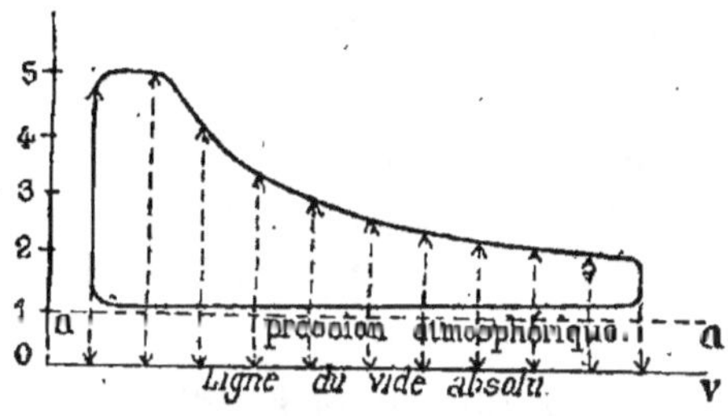

Fig. 12.

La feuille de papier qui porte le diagramme étant déroulée présente une courbe variable avec la nature de la machine.

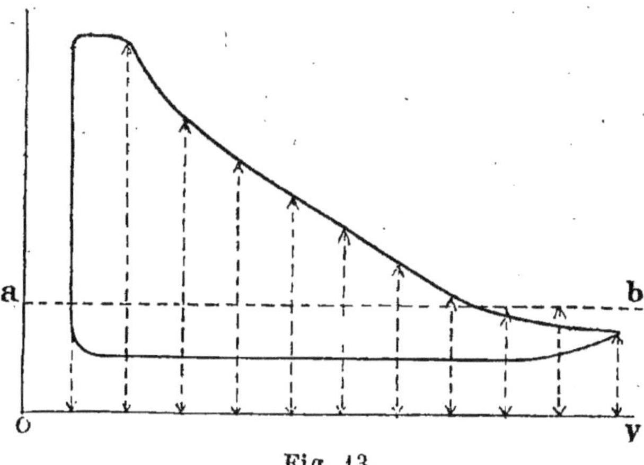

Fig. 13.

Pour un moteur à détente sans condensation, la ligne atmosphérique sera *ab*, et le diagramme, la figure 12.

Une machine à détente et à condensation donnera la figure 13 relevée sur une Corliss.

La ligne atmosphérique sera représentée par ab et le vide absolu par ov.

L'indicateur est un instrument précieux que Watt avait inventé afin d'étudier ses machines. Pour que ses indications soient sérieuses, il est indispensable que le mouvement du papier soit rigoureusement proportionnel à celui du piston, et que le crayon obéisse instantanément, et avec une régularité parfaite aux variations de pressions.

Les diagrammes donnent non seulement la pression et le travail, mais ils servent encore à reconnaître si le vide se fait bien dans le condenseur, si les appareils de distribution sont bien réglés et si les orifices d'admission et d'évacuation de la vapeur sont assez grands.

L'étude du diagramme, fourni par l'indicateur, permet donc de connaître toutes les phases du mouvement de la vapeur dans le cylindre.

Nous représentons (fig. 11) le dynamomètre indicateur de Watt tel qu'on le construit actuellement.

RÉSISTANCE DES MATÉRIAUX

80. Les matériaux employés à la construction des machines résistent aux efforts auxquels on les soumet, par la propriété que possèdent leurs molécules, dé se tenir entre elles avec plus ou moins d'énergie, c'est-à-dire à cause de la *cohésion*.

Sous l'influence des forces qu'on applique sur les matériaux, ils s'allongent ou se compriment, se fléchissent ou se tordent.

Nous aurons donc à considérer quatre sortes d'efforts.

1° Les *efforts de traction ou d'extension* qui agissent sur les pièces dans le sens de leur longueur et les allongent d'une manière plus ou moins appréciable.

Un lustre suspendu à une corde l'allonge ; un poids retenu par un fil de fer, détermine chez ce dernier, une augmentation de longueur.

La vapeur introduite sur le piston du côté de la tige, allonge cette tige qui, transmettant l'effort de traction à la bielle, l'allonge également. Cette faculté d'allongement, évidente dans les corps élastiques comme le caoutchouc, existe pour tous les corps à des degrés variables, qu'il est possible d'étudier par l'expérience.

2° Les *efforts de compression* actionnent les pièces dans le sens de leur longeur, de façon à les raccourcir, ou en quelque sorte, à les refouler. Un poteau, une colonne, diminuent de hauteur sous l'influence de la charge.

Une tige de piston se raccourcit au moment où la vapeur agit sous le piston. La bielle se comporte de la même manière en recevant l'action de la tige.

Quand la matière possède une cohésion assez grande elle résiste, mais si la cohésion est vaincue, *l'écrasement* est le résultat.

Si l'effort détermine un *glissement* parallèle à la section que l'on considère, il y a *cisaillement*. C'est ainsi qu'une feuille de tôle se coupe à la cisaille, parce que les lames déterminent le glissement des molécules sur toute l'épaisseur et sur toute la longueur de la feuille, c'est-à-dire sur la section entière.

3° Les *efforts de flexion* agissent perpendiculairement à la longueur des pièces, ils leur font prendre une certaine courbure.

Une poutre en forme de poteau, scellée dans un mur, se courbe sous l'influence de son propre poids, et davantage, si son extrémité supporte une charge.

Les pièces longues et minces soutenues par une extrémité prennent d'elles-mêmes une courbure visible, elles fléchissent. Un plancher qui supporte un certain nombre de personnes, se courbe d'autant plus que le poids qu'on lui donne à porter est plus grand.

4° Les *efforts de torsion* ont pour effet, comme le nom l'indique, de tordre les pièces autour de leur axe. Les vrilles, les mèches, les forets, les tarauds, qui ne travaillent que sous l'influence des efforts de torsion, portent souvent des effets visibles de ce genre d'efforts.

Considérons un treuil simple, la manivelle actionnée par un homme tend à faire tourner l'arbre dans un sens, tandis que la charge appliquée au bout de la corde tangente au tambour tend à tordre en sens contraire. Les arbres qui tournent sont tous soumis pendant le travail à des efforts de torsion.

Le plus souvent, avec un peu d'attention, il devient facile de distinguer quels sont les genres d'efforts auxquels sont soumis les organes qui travaillent.

81. **Traction.**

Les corps élastiques possèdent la propriété de reprendre leurs dimensions primitives dès que l'effort qui les déformait cesse d'agir.

Ainsi un cylindre de caoutchouc chargé modérément s'allonge, mais reprend sa longueur première dès qu'on enlève le poids qui le sollicite.

Un fil de fer de 2 millimètres de diamètre et de 3 mètres de longueur, devient plus grand, quand on suspend à son extrémité un poids de 20 kilogrammes, mais la charge supprimée, il reprend sa dimension primitive.

Les allongements que nous venons d'infliger à ces corps sont des déformations qui ne subsistent pas. L'élasticité de la matière leur résiste; aussi dit-on, dans ce cas, que *la déformation est élastique.*

En augmentant la charge que supporte le fil de fer dont nous parlions tout à l'heure, il arrive un moment où, après suppression des poids, on constate que la tige possède un peu plus de 3 mètres de longueur.

Ce fil n'a pas repris sa dimension primitive, il a été en quelque sorte *forcé*, il a subi un allongement qui cette fois est *permanent*. Son élasticité ne lui a pas permis de reprendre sa longueur première, elle a été vaincue par la charge. On a donc atteint et même dépassé sa *limite d'élasticité.* C'est ce point, qu'en mécanique, il s'agit de ne jamais atteindre, en établissant les dimensions des pièces.

L'expérience a montré ces faits, mais en même temps, elle a permis d'établir des règles et de déterminer des chiffres, au moyen desquels il sera facile de ne jamais s'approcher trop près de la *limite d'élasticité.*

L'expérience a encore montré que, tant qu'on n'atteint pas cette limite d'élasticité, les *allongements* de la pièce sont *proportionnels aux efforts de traction.*

Enfin, ces *allongements* sont *proportionnels à la longueur de la pièce.*

La pièce qui est soumise à des efforts de cette nature conserve sa section primitive.

Enfin, les efforts auxquels il est permis de soumettre la pièce pour lui imprimer un certain allongement, sont proportionnels à l'aire de la section.

Nous appellerons *coefficient de résistance à la traction ou à l'extension*, l'effort en kilogrammes, que peut supporter une pièce *en toute sécurité*, par millimètre carré de section.

Cette charge est pour les bois $\frac{1}{10}$ de la charge qui détermine la rupture et pour les métaux $\frac{1}{6}$ de cette charge.

Appelons C_t le coefficient de résistance à la traction ou de sécurité, S la section transversale en millimètres carrés. La charge P que pourra porter la pièce, sera donnée par la relation simple :

$$P = C_t \times S, \tag{1}$$

attendu que chaque millimètre carré de la section pourra porter C^t en toute sécurité.

Le tableau suivant donne les valeurs de C_t déterminées par l'expérience, pour la plupart des corps qui sont employés dans les ateliers.

81. *Tableau n° 1. Coefficients de sécurité et de rupture à la traction longitudinale.*

DÉSIGNATION DES MATÉRIAUX	EFFORTS en kilog. par millimètre carré	
	pratiques ou de sécurité	produisant a rupture
Fer	KG	KG
Fer forgé ou étiré { le plus fort, de petit échantillon.....	10,00	60,00
{ le plus faible, de très gros échantillon.	4,16	25,00
Fers en barres, moyen échantillon...............	6,66	40,00
Fer ou tôle laminé { tiré dans le sens du laminage......	6,00	36,00
{ tiré perpendiculairement au laminage.	5.50	33.00
Tôle de fer tirée diagonalement au laminage...	5,70	34,20
Fer dit *ruban*, très doux....................	7,00	45,00
Fil de fer non recuit { de 0^{mm},23 de diamètre.............	15,50	90,00
{ de 0^{mm},5 à 1^{mm} de diamètre.........	13,33	80,00
{ de 1^{mm} à 3^{mm} de diamètre.........	10,00	60,00
{ de diamètre supérieur à 3$^{m/m}$.......	8,33	50,00
Fil de fer en faisceau ou câble.................	5,00	30,00
Chaînes en fer doux { ordinaires à maillons oblongs.......	6,00	24,00
{ chaque maillon étançonné..........	5,33	32,00
Fonte de fer		
Fonte grise coulée verticalement..............	2,50	15,00
— — horizontalement.............	2,15	12,90
Fonte de qualité inférieure coulée horizontalement....................	1,30	7,80
Acier		
Acier doux en petits échantillons..............	11,71	70,30
— en moyens échantillons.............	9,35	56,10
— en gros échantillons..............	7,02	42,18
— cémenté....................	14,05	84,30
Acier fondu ou acier de cémentation { non trempé, petits échantillons..	17,70	106,20
{ — moyens échantillons	14,05	84,30
{ — gros échantillons...	5,00	30,00
Cuivre rouge		
Laminé { écroui.........................	6,60	39,60
{ recuit.........................	2,50	15,00
En fil non recuit { au-dessous de 1^{mm} de diamètre.......	11,76	70,00
{ de 1^{mm} à 2^{mm} de diamètre...........	8,33	50,00
{ qualité inférieure, de 1^{mm} à 2^{mm}......	6,67	40,00

DÉSIGNATION DES MATÉRIAUX	EFFORTS en kilog. par millimètre carré	
	pratiques ou de sécurité	produisant la rupture
Laiton ou cuivre jaune	KG	KG
Cuivre jaune en feuilles..........................	2,10	12,60
Laiton non recuit en fils — au-dessous de 1mm de diamètre.....	13,00	78,00
— de 1mm à 2mm de diamètre.........	8,00	18,00
— qualité inférieure, au-dessus de 2mm.	4,80	28,80
Bronze		
Des canons très résistants et de pièces de fatigue	6,00	36,00
Laminé ou battu.............................	4,20	25,20
Pièces de machines ordinaires et canons	3,80	22,80
Fondu	2,60	15,60
Fondu, 8 de Cu et 1 de Sn...................	2,00	12,00
Bronze phosphoreux (pièces de machines)	6,90	41,40
Métaux divers		
Fil de Platine — écroui, non recuit, de 0mm,127 de diamètre	19,33	116,00
— écroui et recuit	5,67	34,00
Zinc — fondu..................................	1,00	6,00
— laminé	0,833	5,00
Étain fondu...................................	0,50	3,00
Plomb — fondu..................................	0 213	1,28
— laminé	0,225	1,35
Plomb en fils de 4mm de diamètre.............	0,227	1,36
Courroies et cordes		
Courroies en cuir, qualité ordinaire.............	0,21	2,10
— bonne qualité	0,35	3,50
Cordes blanches, qualité ordinaire.............	0,61	4,90
— bonne qualité	1,05	8,40
Cordages goudronnés...........................	0,52	4,40
Bois		
Chêne dans le sens des fibres (fort)	1,00	10,00
— perpendiculairement aux fibres (fort)......	0,16	1,60
— dans le sens des fibres (faible)...........	0,60	6,00
— perpendiculairement aux fibres (faible)...	0,10	1,00
Sapin dans le sens des fibres (Vosges)..........	0,40	4,00
— (ordinaire) dans le sens des fibres (Nord).	0,80	8,00
— (fort) dans le sens des fibres (Nord)	0,90	9,00
Hêtre dans le sens des fibres.................	1,17	11,70
— perpendiculairement aux fibres...........	»	0,73

DÉSIGNATION DES MATÉRIAUX	EFFORTS en kilog. par millimètre carré	
	pratiques ou de sécurité	produisant la rupture
Bois (*suite*)	KG	KG
Frêne parallèlement aux fibres	1,20	12,00
Tremble —	0,65	6,50
Orme. —	0,80	8,00
Buis —	1,40	14,00
Acajou —	0,60	6,00
Teak pour constructions navales..	1,10	11,00
Poirier parallèlement aux fibres	0,70	7,00
Saplu rouge ou Pin	0,70	7,00
Pierres		
Calcaires de bonne qualité	1,50	15,00
Briques de bonne qualité	1,00	10,00
Plâtre gâché assez ferme	0,55	5,50
Mortiers (bien faits) en moyenne	0,77	7,70

APPLICATIONS. *1° Quel diamètre convient-il de donner à une barre de fer rond de qualité moyenne, qui doit supporter un effort longitudinal de 4,000 kilogrammes?*

La relation (1)

$$P = C_t \times S$$

nous donne, en remplaçant les lettres par leurs valeurs numériques :

$$4000 = C_t \times \frac{\pi D^2}{4},$$

ou bien
$$4000 = C_t \times 0{,}785\, D^2.$$

Mais d'après le tableau n° **1**,

$$C_t = 6{,}66.$$

On a donc :

$$4000 = 6{,}66 \times 0{,}785\, D^2;$$

d'où
$$D = \sqrt{\dfrac{4000}{6,66 \times 0,785}}$$

et calculs faits :
$$D = 27^{mm},64.$$

La tige aura donc un diamètre de 28 millimètres.

2° Une tige carrée de 20 millimètres de côté éprouve, de la part d'une charge qu'elle supporte, un effort de 6 kilogrammes sur chaque millimètre carré de sa section; évaluer cette charge?

La formule
$$P = C_t \times S$$

devient
$$P = 6 \times \overline{20}^2.$$

ou
$$P = 2400 \text{ kilogrammes.}$$

3° Une barre de fer méplat ou rectangulaire mesurant 15×25 millimètres, soutient une charge verticale de 2,500 kilogrammes, calculer l'effort de traction C_t auquel elle travaille?

De même
$$P = C_t \times S$$

devient
$$2500 = C_t \times 15 \times 25,$$

ou
$$2500 = C_t \times 375$$

et
$$C_t = \dfrac{2500}{375}.$$

Enfin, on a :
$$C_t = 6^k,66 \text{ par millimètre carré.}$$

4° Sachant qu'un piston de $0^m,40$ de diamètre fonctionne dans un cylindre par la pression de la vapeur à 7 atmosphères, déterminer le diamètre de sa tige?

Chaque centimètre carré de la surface du piston supportera pour 1 atmosphère $1^k,033$; la pression pour 7 atmosphères sera $7 \times 1,033$ sur 1 *centimètre carré*, et sur le piston entier :

$$P = 7 \times 1,033 \times \dfrac{\pi \overline{40}^2}{4}.$$

D'autre part $C_t = 6{,}66$; si d est en millimètres le diamètre de la tige du piston, sa section sera :

$$S = \frac{\pi d^2}{4}.$$

Nous aurons donc :

$$7 \times 1{,}033 \times \frac{\pi \times \overline{40}^2}{4} = 6{,}66 \times \frac{\pi d^2}{4}$$

d'après la relation

$$P = C_t \times S.$$

Simplifions en divisant par π et en multipliant par 4, il viendra :

$$7 \times 1{,}033 \times \overline{40}^2 = 6{,}66 \times d^2;$$

d'où

$$d^2 = \frac{\overline{40}^2 \times 7 \times 1{,}033}{6{,}66}$$

et en extrayant la racine

$$d = 40 \sqrt{\frac{7 \times 1{,}1033}{6{,}66}},$$

calculs faits :

$$d = 41^{\text{mm}},56.$$

Nous donnerons donc à la tige 42^{mm} de diamètre.

5° Une chaîne à maillons oblongs est faite avec du fer doux de 15 millimètres de diamètre. On demande quelle charge pourra supporter cette chaîne en toute sécurité.

Chaque maillon comporte deux branches sur lesquelles on peut admettre une égale répartition de la charge, de sorte que la section qui résiste est double de la section du fer dont est formée la chaîne. On aura donc :

$$S = 2 \times \frac{\pi \times \overline{15}^2}{4}.$$

Le tableau n° 1 nous donne $C_t = 6^{\text{kg}}$.

Par suite

$$P = 6 \times 2 \times \frac{\pi \times \overline{15}^2}{4}.$$

ou
$$P = 6 \times 2 \times 0{,}785 \times \overline{15}^2,$$

calculs faits

$$P = 2119{,}500 \text{ kilogrammes.}$$

Cette chaîne pourra subir un effort de 2,000 kilogrammes en toute sécurité.

6° *Une courroie de 8 millimètres d'épaisseur doit transmettre le mouvement à une poulie par un effort de 250 kilogrammes. Quelle sera sa largeur ?*

Nous aurons d'après le tableau précité

$$C_l = 0^k,21.$$

Soit l la largeur demandée en millimètres, la section du cuir sera

$$S = 8 \times l,$$

or,
$$P = 250 \text{ kilogrammes.}$$

Nous aurons donc :

$$250 = 0{,}21 \times 8 \times l;$$

d'où
$$l = \frac{250}{0{,}21 \times 8},$$

calculs faits

$$l = 153 \text{ millimètres.}$$

Cette courroie aura 155 millimètres de largeur.

7° *Une corde blanche de qualité ordinaire a 30 millimètres de diamètre. A quelle charge peut-on la soumettre ?*

D'après le tableau n° 1

$$C_l = 0^{kg},61.$$

Or, la section

$$S = \frac{\pi \times \overline{30}^2}{4} = 706,86 \text{ millimètres carrës},$$

Nous aurons :

$$P = 0,61 \times 706,86,$$

ou
$$P = 431,18 \text{ kilogrammes.}$$

On ne devra pas dépasser 400 kilogrammes.

8° *Une bielle de traction en bois de sapin ordinaire du Nord, doit supporter un effort de 5,000 kilogrammes. Cette tige est rectangulaire, sa section a ses côtés dans le rapport de 1 à 2. Déterminer les dimensions transversales de la section ?*

Le sapin ordinaire du Nord, d'après le tableau, permet

$$C_t = 0^k,800.$$

Soit a le petit côté de la section, le grand côté sera $2a$ et la section aura pour mesure

$$S = a \times 2a = 2\,a^2.$$

Par suite, puisque

$$P = 5000 \text{ kilogrammes}$$

$$5000 = 0,8 \times 2a^2 ;$$

d'où
$$a^2 = \frac{5000}{0,8 \times 2}$$

et
$$a^2 = 3125 \text{ millimètres carrés.}$$

en extrayant la racine, le plus petit côté du rectangle de la section de la bielle sera :

$$a = 55,90$$

et l'autre

$$2a = 111.80.$$

Les dimensions seront pratiquement ;

$$a = 55^{mm} \qquad \text{et} \qquad 2a = 113^{mm}.$$

82. Travail d'une barre chargée en traction.

En suspendant des poids à une barre, on lui impose un travail. La tension, d'abord nulle, croît jusqu'à C_t. On admet que la tige conserve la même section, aussi l'allongement l est-il le chemin parcouru par l'extrémité de la barre après l'application de la charge. Le travail varie proportionnellement au volume de la barre.

83. Résistance des cylindres minces à une pression intérieure.

Considérons un tube mince, cylindrique, de diamètre d, de longueur l, d'épaisseur t, soumis à une pression intérieure p.

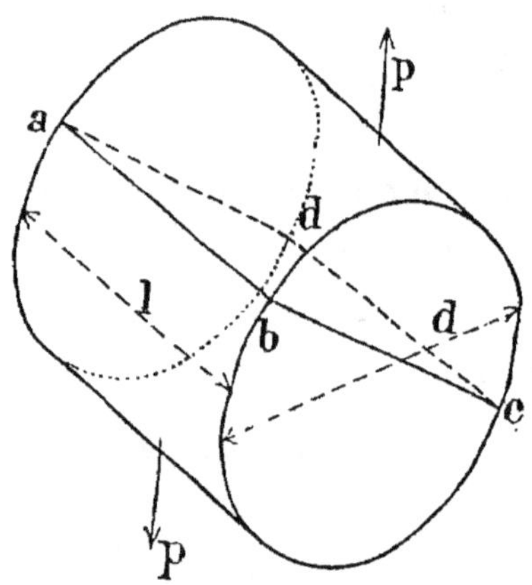

Fig. 14.

Si nous coupons ce cylindre par un plan diamétral $abcd$ (fig. 14) la résultante P qui agit sur chaque face de ce plan est égale à

$$p \times \text{surface } abcd,$$

ou bien à

$$P = p \times d \times l \qquad (1)$$

Le cylindre résiste à la rupture par la matière contenue

6

dans les sections ab et cd. Soit C_t la tension dans ces sections, chacune d'elle résistera avec un effort

$$C_t \times t \times l$$

et les deux sections par

$$2 \times C_t \times t \times l. \qquad (2)$$

Égalons la charge et la résistance, nous aurons :

$$p \times d \times l = 2C_t \times t \times l;$$

divisons par l pour simplifier, il restera

$$p \times d = 2C_t \times t;$$

d'où
$$C_t = \frac{pd}{2t}. \qquad (3)$$

L'épaisseur t serait donnée par

$$t = \frac{pd}{2C_t}. \qquad (4)$$

APPLICATIONS. 1° *Quelle épaisseur doit-on donner à une chaudière en tôle destinée à contenir de la vapeur à 7 atmosphères, le diamètre étant 1^m,20 et le coefficient de résistance 3 kilogrammes par millimètre carré.*

Dans la formule (4) nous aurons :

$p =$ pression de la vapeur en kilogrammes sur un millimètre carré de la surface de la chaudière, il est à remarquer que la pression atmosphérique s'exerçant à l'extérieur, on aura $p = 7 - 1 = 6^{atm}$.

$d =$ diamètre de la chaudière en millimètres.

$t =$ épaisseur de la chaudière en millimètres.

$C_t =$ résistance à la traction du métal de la chaudière.

Dans le cas actuel

$p = 7 - 1 = 6^{atm} = 0^k,062$ grammes par millimètre carré.

$d = 1200$ millimètres.

$C_t = 3$ kilogrammes.

La formule (4) nous donne, en remplaçant les lettres par leurs valeurs numériques :

$$t = \frac{0,062 \times 1200}{2 \times 3}$$

et calculs faits $\qquad t = 12^{mm},4.$

Si cette chaudière n'avait que $0^m,60$ de diamètre, son épaisseur, dans les mêmes conditions, devrait être

$$t = \frac{0,062 \times 600}{2 \times 3},$$

ou $\qquad t = 6^{mm},2.$

L'épaisseur va croissant proportionnellement au diamètre, on a donc intérêt à faire des chaudières de petits diamètres.

2° La chaudière dont nous venons de calculer l'épaisseur peut supporter la pression de 7 atmosphères et ne s'ouvrira pas *suivant une des génératrices* de son cylindre, mais comment résistera-t-elle à la pression intérieure qui tend à l'arracher dans le sens longitudinal, c'est-à-dire en déterminant une rupture de la tôle suivant une circonférence ou une coupe transversale.

La pression p agit sur toute la surface intérieure, dans le sens longitudinal, c'est-à-dire sur un cercle de surface $\frac{\pi d^2}{4}$.

La pression qui tend à produire l'arrachement sera donc

$$p \times \frac{\pi d^2}{4} = \text{section} \times \text{pression par } \overline{mm}^2.$$

La matière qui résiste à cet effet, est le métal visible par une coupe faite en travers de la chaudière. Cette surface sera

$$\pi \times d \times t = \text{circonférence} \times \text{épaisseur}.$$

sa résistance à l'arrachement, par millimètre carré, étant C_t', la résistance totale sur cette section sera

$$C_t' \times \pi d \times t.$$

Ces deux efforts doivent être égaux ; on aura donc

$$p \times \frac{\pi d^2}{4} = C_t' \times \pi dt$$

et en simplifiant

$$pd = 4 C_t' \times t ;$$

d'où
$$C_{t'} = \frac{pd}{4t}. \qquad (5)$$

Si nous comparons les expressions (3) et (5), il est facile de voir que

$$C_{t'} = \frac{1}{2} C_t.$$

Notre chaudière résiste donc deux fois plus facile- ment à la rupture dans le sens longitudinal que dans le sens transversal.

Il fallait suivant les génératrices une tension de 3 kilogr., il n'y aura, suivant les anneaux, qu'une tension de $1^k,500$ kilogrammes.

3° *La tension, dans une sphère soumise à la même pres- sion, sera aussi moitié de celle qu'éprouve un cylindre de même diamètre et de même épaisseur.*

On calculera donc toujours l'épaisseur de la paroi cylin- drique en tenant compte de l'effort suivant les génératrices ; les fonds hémisphériques étant de même tôle que la chau- dière seront deux fois plus résistants.

4° *Le fond d'un cylindre à vapeur est fixé par quatre boulons en fer. Le diamètre du cylindre est 400 millimètres et la pression de la vapeur de 7 atmos- phères.*

Quel doit être le diamètre des boulons ?

Soit d le diamètre d'un boulon, sa section sera $\dfrac{\pi d^2}{4}$ et si nous adoptons $C_t = 6$ kilogrammes, il pourra supporter

$$6 \times \frac{\pi d^2}{4} \text{ kilogrammes.}$$

Les quatre boulons ensemble résisteront à

$$4 \times 6 \times \frac{\pi d^2}{4} \text{ kilogrammes.}$$

D'autre part la pression de la vapeur sur le fond du cylindre sera

$$\frac{\pi \times \overline{400}^2}{4} \times \text{ la pression}.$$

La pression en kilogrammes sur un millimètre carré est pour une atmosphère $0^k,01033$, le fond reçoit $7 - 1 = 6$ atmosphères, chaque millimètre carré portera donc

$$6 \times 0,01033 = 0^k,062.$$

Le fond entier transmettra aux quatre boulons un effort évalué par

$$\frac{\pi \overline{400}^2}{4} \times 0^k,062.$$

Nous aurons donc :

$$4 \times 6 \times \frac{\pi d^2}{4} = \frac{\pi \overline{400}^2}{4} \times 0,062$$

et en simplifiant

$$d^2 = \frac{\overline{400}^2 \times 0,062}{24},$$

calculs faits : $d^2 = 413$;

d'où $d = \sqrt[2]{413}$

et $d = 20^{mm},33$

Ô.

Nous adopterons quatre boulons de 20 millim., attendu que $C_t = 6$ kilogrammes est inférieur à l'effort sur lequel on est en droit de compter pour du bon fer.

5° Quelle épaisseur doit-on donner à un cylindre en fonte de machine à vapeur, sachant que la pression intérieure est de 7 atmosphères, que le diamètre est de 400 millimètres et que la résistance $C_t = 1,50$ kilogrammes.

La formule (4) deviendra pour 6 atmosphères de pression réelle :

$$t = \frac{0^k,062 \times 400}{2 \times 1,50}$$

et calculs faits : $\qquad t = 8^{mm},26.$

Dans la pratique, les cylindres à vapeur sont plus épais, en prévision des soufflures qui diminuent la résistance d'une manière imprévue et aussi pour pourvoir aux nécessités des *réalésages* lorsque le cylindre s'est ovalisé par un fonctionnement plus ou moins prolongé.

REMARQUE. Il convient d'ajouter à la charge des pièces soumises à la traction, leur poids propre, quand elles ont une longueur importante par rapport à leurs dimensions transversales.

84. Compression.

La compression est un effort qui tend à rapprocher les molécules les unes des autres, les fibres sont raccourcies, la pièce est refoulée, dans le sens de sa longueur.

La résistance d'un corps à la compression est proportionnelle à la section sur laquelle s'exerce cet effort.

Considérons un poteau en chêne qui supporte une charge placée à son sommet, si nous augmentons graduellement sa longueur, il arrive un moment où nous voyons le poteau *fléchir* sous la charge qui, cependant, n'a pas varié. Plus une pièce est longue, moins elle est capable de résister à la compression. Il en résulte que, *dans les calculs, nous devrons tenir compte de la longueur des pièces* chargées debout.

L'expéaience prouve encore que, tant qu'on n'atteint pas la limite d'élasticité, les raccourcissements subis par les corps sont proportionnels aux efforts de compression.

Comme précédemment appelons C_c le coefficient de résistance à la compression par centimètre carré, S la section transversale en centimètres carrés ; et P la charge que pourra porter la pièce. Nous aurons :

$$P = C_c \times S$$

puisque chaque millimètre carré de la section peut porter C_c en toute sécurité.

Le tableau ci-dessous donne les valeurs expérimentales de C_c pour un grand nombre de corps.

85. *Tableau n° 2. Coefficients* de sécurité *et de rupture à la compression.*

DÉSIGNATION DES MATÉRIAUX.	EFFORTS en kil. par centim. carré	
	pratiques ou de sécurité	produisant la rupture
Fonte	730^k	7300^k
Fer en barres	730	3516
Fer en feuilles	703	»
Acier doux, non trempé	1240	»
Acier fondu, non trempé	3650	»
Cuivre laminé, recuit	250	4100

La résistance des poteaux et des colonnes diminue, quand on augmente leur longueur tout en conservant la même section.

A l'aide du tableau n° 3, déduit des règles trouvées par Rondelet et vérifiées par Morin, il sera facile de calculer dans tous les cas les poteaux de chêne ou de sapin.

86. *Tableau n° 3. Charges de sécurité que peuvent porter les poteaux en chêne ou en sapin.*

RAPPORT de la hauteur du poteau à sa plus petite dimension transversale.	CHARGE en kilogrammes par centimètre carré.	RAPPORT de la hauteur du poteau à sa plus petite dimension transversale.	CHARGE en kilogrammes par centimètre carré.
12	44,5	28	26,0
14	42,0	32	22,0
16	39,5	36	16,0
18	37,0	40	15,4
20	35,0	48	10,2
22	32,7	60	5,4
24	36,0	72	2,5

APPLICATION. *Un poteau* (chêne ou sapin) *de 4 mètres de hauteur, est à section carrée de* $0^m,18$ *de côté. Quelle charge peut recevoir ce poteau en toute sécurité?*

Prenons le rapport de la hauteur au côté de la section, nous aurons en exprimant les dimensions *en centimètres* :

$$\frac{400}{18} = 22{,}22\ldots$$

Le tableau n° 3 nous indique qu'au rapport 22 correspond une charge pratique de $32^{kg},700$ par centimètre carré de section du poteau.

La charge P sera donc :

$$P = 32{,}700 \times \overline{18}^{2}\ \text{kilogrammes,}$$

ou

$$P = 10594\ \text{kilogrammes.}$$

Il faut avoir soin d'exprimer la longueur et le côté de la section *en centimètres.*

REMARQUE. Si le rapport de la base à la hauteur est compris entre deux nombres consécutifs du tableau n° 3, on adoptera comme valeur de la charge la moyenne arithmétique entre les charges qui correspondent à ces nombres.

87. Formules de Hodgkinson permettant de trouver les dimensions pratiques des poteaux.

Supposons les poteaux carrés, soient :

a le côté du carré, l la hauteur et P la charge.

$a =$ le côté de la section *en centimètres.*

$l =$ la hauteur du poteau *en décimètres.*

P $=$ la charge en kilogrammes.

$$\text{Bois de chêne fort} \qquad P = 256,5 \times \frac{a^4}{l^2} \qquad (1)$$

$$\text{Bois de chêne faible} \qquad P = 180 \times \frac{a^4}{l^2} \qquad (2)$$

$$\text{Bois de sapin fort} \qquad P = 214,2 \times \frac{a^4}{l^2} \qquad (3)$$

$$\text{Bois de sapin faible} \qquad P = 160 \times \frac{a^4}{l^2} \qquad (4)$$

APPLICATION. *Trouver le côté de la section d'un poteau carré de 5 mètres de hauteur en chêne ordinaire qui porte une charge de 10,000 kilogrammes.*

La relation (2) devient, en remplaçant les lettres par leurs valeurs :

$$10000 = 180 \frac{a^4}{50^2},$$

ou bien

$$a^4 = \frac{\overline{50}^2 \times 10000}{180} = 138888.$$

Extrayons la racine carrée de ce nombre et nous aurons :

$$a^2 = 372,7.$$

Extrayant la racine de ce dernier, il vient :

$$a = 19 \text{ centimètres.}$$

Il convient en effet d'extraire deux fois de suite la racine pour avoir a, puisque nous savons que

$$a^4 = a \times a \times a \times a = a^2 \times a^2 = (a^2)^2.$$

Vérifions cette dimension de la section à l'aide du tableau n° 3.

Le rapport de la longueur au côté sera :

$$\frac{500}{19} = 26,$$

auquel correspond une charge pratique de 31 kilogrammes par centimètre carré.

On aura donc :

$$P = 31 \times \overline{19}^2 = 11191 \text{ kilogrammes.}$$

Il en résulte que le poteau de 19 centimètres de côté résistera convenablement.

88. Colonnes en fonte ou en fer.

Ce que nous avons dit à l'occasion des poteaux en bois s'applique également aux colonnes en fonte ou en fer ; leur longueur a une grande influence sur leur résistance à la compression.

Les formules suivantes empruntées à Reuleaux permettent de calculer la charge P ou le diamètre d.

Colonnes en fonte (pleines)
$$P = 1900 \frac{d^4}{l^2} \tag{5}$$
$$d = 0{,}15 \sqrt{l} \times \sqrt[4]{P} \tag{6}$$

Colonnes en fer forgé (pleines)
$$P = 3800 \frac{d^4}{l^2} \tag{7}$$
$$d = 0{,}13 \sqrt{l} \times \sqrt[4]{P} \tag{8}$$

$P =$ la charge en kilogrammes.

$d =$ le diamètre exprimé en millimètres.

$l =$ la hauteur de la colonne en millimètres.

APPLICATIONS. 1º *Quelle est la charge P que peut sou-tenir une colonne en fonte de 120 millimètres de dia-mètre et de 5 mètres de hauteur.*

La relation (5) nous donne :

$$P = 1900 \times \frac{\overline{120}^4}{\overline{5000}^2}$$

ou bien
$$P = 1900 \, \frac{207360000}{25000000},$$

en simplifiant

$$P = 19 \, \frac{20736}{25} = 16071 \text{ kilogrammes.}$$

Cette colonne convient pour 16,000 kilogrammes.

2º *Quel sera le diamètre d'une colonne pleine en fonte de 5 mètres de hauteur, pour une charge de 50,000 kilo-grammes?*

La relation (6) devient

$$d = 0,15 \sqrt{5000} \times \sqrt[4]{50000}$$

ou
$$d = 0,15 \times 70,71 \times \sqrt[2]{223,60}$$

et
$$d = 0,15 \times 70,71 \times 14,95,$$

calculs faits :
$$d = 158,5 \text{ millimètres.}$$

Nous adopterons une colonne de 160 millimètres.

89. **Colonnes creuses en fonte.**

Les colonnes creuses nécessitent des calculs plus com-pliqués, en outre, elles doivent avoir des épaisseurs au-dessous desquelles il ne faut pas descendre, sous peine d'amener des difficultés de moulage. Ces épaisseurs per-mettent à la la fonte liquide de se répartir également autour du noyau qui doit être fixé solidement.

Hauteur des colonnes......	2 à 3^m	3 à 4^m	4 à 6^m	6 à 8^m
Épaisseurs au-dessous desquelles il ne faut pas descendre...............	12mm	15mm	20mm	25mm

90. Pierres et mortiers.

Les pierres et les mortiers sont employés dans les ateliers pour constituer les massifs et les fondations, le tableau suivant s'emploiera comme les précédents.

91. *Tableau n° 4. Coefficients de sécurité et de rupture à la compression.*

DÉSIGNATION des matériaux.	EFFORT en kilogrammes par centimètre carré.		POIDS du décimètre cube.
	Pratique ou de sécurité.	Produisant la rupture.	
Basalte...............	120 à 200	1200 à 2000	2,95
Gneiss et granit	60	600	2,75
Pierre calcaire de Châtillon	17	170	2,29
Pierre calcaire d'Arcueil	25	250	2,30
Lambourde vergelée...	6	60	1,80
Grès	20	200	2,50
Brique de choix.......	10 à 15	100 à 150	1,56
Brique ordinaire..	6	60	2,17
Mortier de ciment.....	5 à 15	50 à 150	1,45 à 2,10
Mortier de chaux......	3,50	35	1,60
Béton bien fait (6 mois)	4,10	410	1,85

92. Cisaillement.

La pression des lames d'une cisaille ordinaire détermine un effort de cisaillememt.

Il y a *glissement* de la matière parallèlement à la section considérée.

Une tôle coupée à la cisaille montre dans sa section le glissement manifeste des molécules les unes sur les autres.

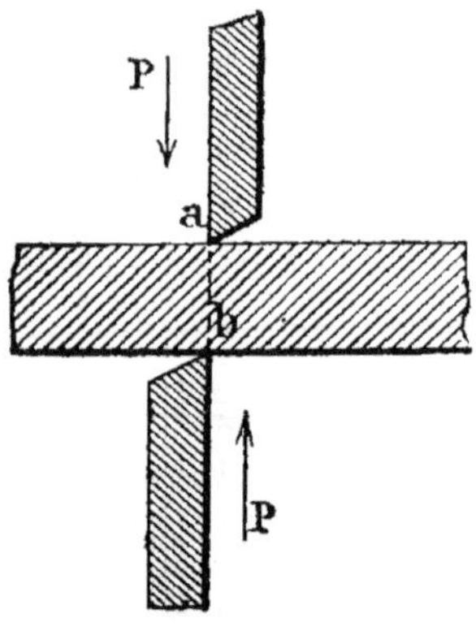

Fig. 15.

Soit S la section dans laquelle s'opère le cisaillement ou glissement, si C^g est le coefficient correspondant, nous aurons en désignant par P la pression nécessaire

$$P = C_g \times S \qquad (1)$$

attendu que l'effort de cisaillement est C_g dans chaque millimètre carré de la section.

93. Tableau n° 5. Coefficients de sécurité et de rupture au cisaillement ou glissement.

DÉSIGNATION DES MATÉRIAUX.	EFFORTS en kilogrammes par millimètre carré.	
	pratiques ou de sécurité.	produisant la rupture.
Métaux		
Fonte....................................	2,00	20,03
Fer en barres...........................	5,50	35,15
Fer en feuilles (tôles).................	5,50	35,15
Acier doux, non trempé.................	10,00	50,00
Acier fondu, non trempé................	25,00	65
Cuivre laminé { écroui.................	5,00	»
Cuivre laminé { recuit.................	1,60	»
Laiton..................................	4,90	»
Fil de laiton...........................	5,00	»
Bronze..................................	1,70	»
Bronze phosphoreux......................	5,19	»
Bois		
Chêne...................................	0,07	0,79
Hêtre...................................	0,06	0,66
Pin.....................................	0,04	0,42

APPLICATION. *Soit à couper ou à cisailler une tôle de 250 millimètres de largeur et de 30 millimètres d'épaisseur, on demande quel sera l'effort nécessaire en kilogrammes ?*

La section à cisailler sera en millimètres carrés

$$S = 250 \times 30 = 7500.$$

Le coefficient Cg au cisaillement est dans ce cas, d'après le tableau n° 5 : $Cg = 35,15$ kilogrammes.

Nous aurons donc :

$$P = 7500 \times 35,15 = 263625 \text{ kilogrammes.}$$

On évite cet effort considérable en inclinant la lame supérieure de la cisaille, afin de n'attaquer la métal que sur une faible longueur à la fois.

94. Flexion.

Une pièce travaille par flexion lorsqu'elle est soumise à des efforts extérieurs dirigés perpendiculairement à son axe. Tant qu'on ne dépasse pas la limite d'élasticité, il se produit dans chaque section perpendiculaire à la tige, *un équilibre entre le moment des forces extérieures et celui des forces moléculaires développées dans la section.*

Quelques expériences simples permettent de se rendre compte de ce qui se passe dans une barre soumise à la flexion.

Considérons un morceau de bois à section rectangulaire, donnons-lui, à l'aide des deux mains, une flexion prononcée, il est facile de constater que les fibres du dessus s'allongent tandis que celles de dessous se raccourcissent du côté de la surface concave.

Les allongements vont en diminuant, de la surface convexe extérieure, jusqu'à une couche située à l'intérieur à partir de laquelle commence la compression. C'est la surface concave qui éprouve le plus grand degré de compression.

Ces effets sont connus de tous ceux qui ont plié un morceau de bois sur le genou pour le rompre.

En pliant à froid une barre de fer rectangulaire on voit à l'œil nu et mieux à la loupe les fibres de dessus manifestement allongées et celles du dessous comprimées et refoulées.

Il existe à l'intérieur du solide une couche, parallèle aux deux faces extérieures parallèles, qui n'éprouve ni extension ni compression ; cette surface a reçu le nom de *couche neutre* ou couche des fibres invariables.

Si par la pensée nous faisons une *section droite* dans

cette pièce, *l'intersection de cette section et de la couche neutre* est *une ligne* autour de laquelle la section tournera pendant la flexion.

Au-dessus de la ligne que nous venons de définir, il y a extension d'autant plus prononcée qu'on s'approche davantage de la surface convexe de la pièce.

Au-dessous d'elle, il y a compression croissante jusqu'à la surface concave de la tige considérée.

Les efforts d'extension et ceux de compression s'unissent pour résister aux forces qui déterminent la flexion.

Le moment des forces moléculaires dans la section, par rapport à l'axe neutre, ou moment de résistance, fait équilibre au moment de la force extérieure fléchissante ou *moment fléchissant*. C'est donc la section de la pièce qui agit et de sa forme dépend sa plus ou moins grande résistance, selon que son moment est plus ou moins grand.

L'axe neutre passe par le centre de gravité de la section.

La section de la pièce qui subit les plus grandes altérations porte le nom de *section dangereuse*.

Soient M le moment des forces extérieures qui agissent par flexion ou le moment fléchissant par rapport à la section ;

Z le *module* de la section ;

R la tension de la matière dans les fibres éloignées de l'axe neutre.

Nous aurons : $\qquad M = R \times Z.$

R est la charge pratique qu'il ne faut *jamais dépasser*.

95. *Tableau n° 6. Modules et aires pour des sections de formes diverses.*

Numéros	FORME de la section.	CROQUIS de la section.	MODULE Z de la section.	AIRE de la section A.
I	Rectangulaire.	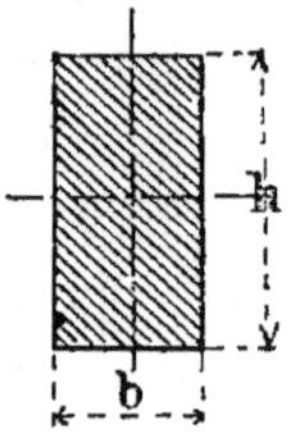	$\frac{1}{6}\,bh^2$	bh
II	Carrée.	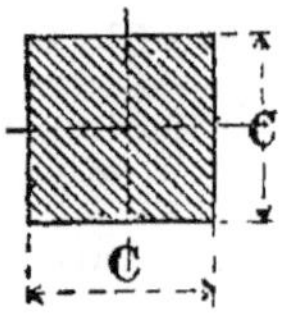	$\frac{1}{6}\,C^3$	C^2
III	Carrée posée sur l'angle.	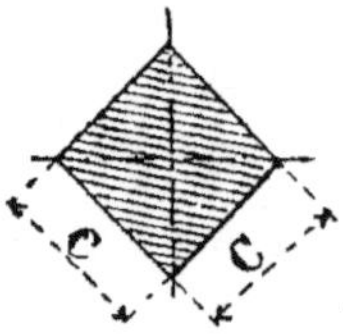	$0{,}118\,C^3$	C^2
IV	Triangulaire.	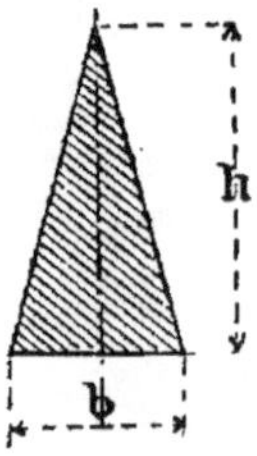	$\frac{1}{24}\,bh^2$	$\frac{1}{2}\,bh$

Numéros.	FORME de la section.	CROQUIS de la section.	MODULE Z de la section.	AIRE de la section A.
V	Rectangulaire creuse.	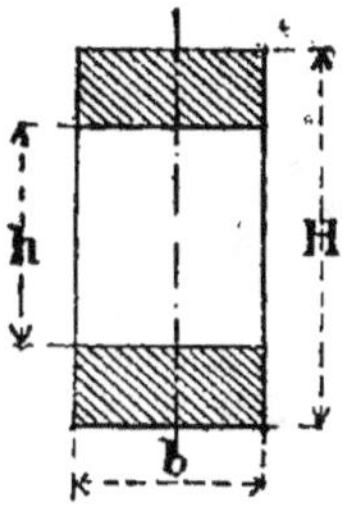	$\dfrac{1}{6}\dfrac{b}{H}(H^3 - h^3)$	$b\,(H - h)$
VI	Circulaire.	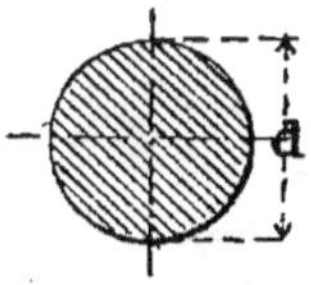	$\dfrac{\pi}{32}d^3 = 0{,}0982\,d^3$	$\dfrac{\pi}{4}d^2 = 0{,}785\,d^2$
VII	Circulaire creuse.	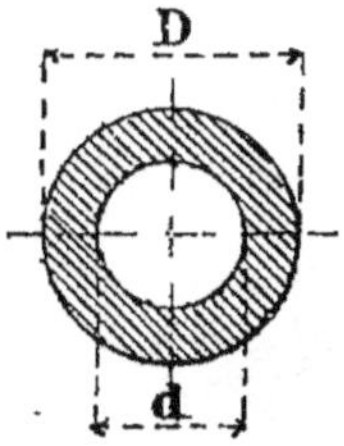	$\dfrac{\pi}{32}\times\dfrac{D^4 - d^4}{D}$	$\dfrac{\pi}{4}(D^2 - d^2)$
VIII	Elliptique.	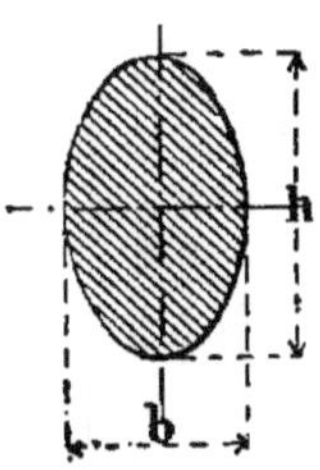	$\dfrac{\pi}{32}bh^2$	$\dfrac{\pi}{4}bh$

Numéros.	FORME de la section.	CROQUIS de la section.	MODULE Z de la section.	AIRE de la section A.
IX	Elliptique creuse.	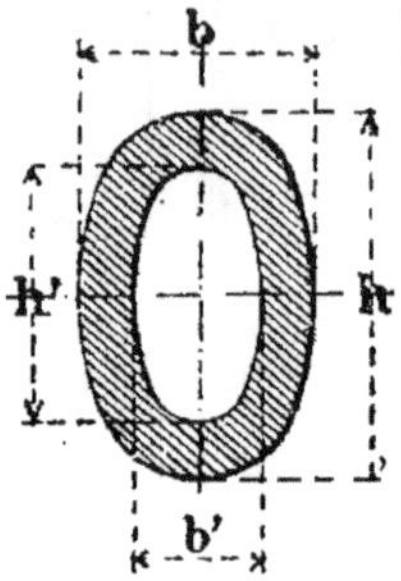	$\dfrac{\pi}{32} \times \dfrac{bh^3 - b'h'^3}{h}$	$\dfrac{\pi}{4}(bh - b'h')$
X	Carrée creuse.	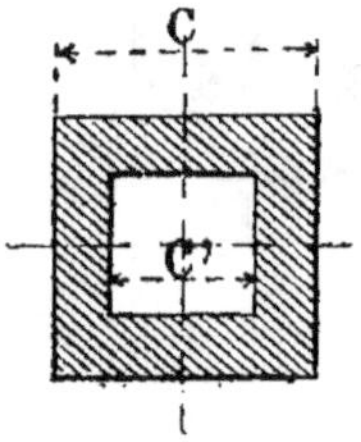	$\dfrac{1}{6} \times \dfrac{C^4 - C'^4}{C}$	$C^2 - C'^2$
XI	Croix ou simple ⊤	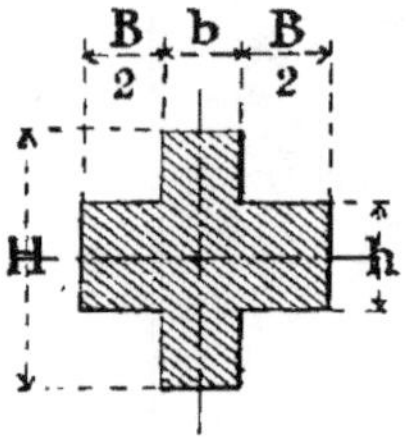 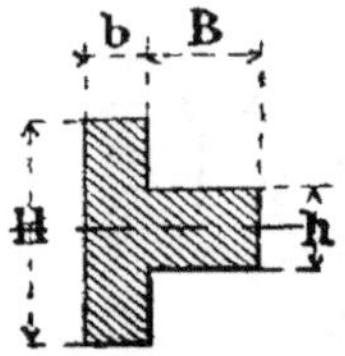	$\dfrac{bH^3 + Bh^3}{6h}$	$bH + Bh$

Numéros.	FORME de la section.	CROQUIS de la section.	MODULEZ de la section.	AIRE de la section
XII	Rectangle creux ou double H ou section en C		$\dfrac{BH^3 - bh^3}{6H}$	$BH - bh$

96. Économie relative de diverses formes de sections.

Le poids d'une barre est proportionnel à l'aire de sa section et sa résistance à la flexion au module de sa section.

A résistance égale, la barre la plus économique sera celle qui aura la plus petite section A. Par suite, *plus la forme sera économique, plus le rapport $\dfrac{Z}{A}$ sera grand ; c'est le quotient du module par la section.*

Dans une barre de section régulière, circulaire ou rectangulaire, il n'y a, nous l'avons dit, que les parties supérieures et inférieures qui travaillent complètement. Près de la surface neutre, la matière travaille peu et la surface neutre elle-même ne travaille pas sous l'influence de la flexion.

Il y a avantage à enlever la matière qui avoisine l'axe neutre et à la reporter en haut et en bas de la section, puisque c'est là que se répartit la fatigue.

De là les formes à double T et à simple T, qui sont excellentes. La matière est massée dans les deux ailes qui supportent tous les efforts dus à la flexion, le reste contitue une lame ou *âme* dont la fonction est de résister à l'effort de cisaillement ou de glissement des sections les unes sur les autres.

APPLICATION. 1° *Comparons deux pièces ayant même section, 144 centimètres carrés, l'une rectangulaire et l'autre carrée. La pièce rectangulaire a* $9 \times 16 = 144^{\overline{cm}^2}$ *et l'autre* $12 \times 12 = 144^{\overline{cm}^2}$. *Quelle est la plus avantageuse au point de vue de la résistance?* D'après le tableau n° 6, la section rectangulaire a pour module n° I :

$$Z = \frac{1}{6} bh^2 = \frac{1}{6} 9 \times \overline{16}^2.$$

La section sera :

$$A = b \times h = 9 \times 16.$$

Le rapport $\dfrac{Z}{A}$ sera :

$$\frac{Z}{A} = \frac{9 \times \overline{16}^2}{6 \times 9 \times \overline{16}} = 2,66. \tag{1}$$

La section carrée a pour module n° II

$$Z = \frac{1}{6} C^3 = \frac{1}{6} \overline{12}^3,$$

l'aire sera :

$$A = \overline{C}^2 = \overline{12}^2.$$

7.

Le rapport $\dfrac{Z}{A}$ nous donne :

$$\frac{Z}{A} = \frac{\overline{12}^3}{6 \times \overline{12}^2} = 2 \qquad (2)$$

La pièce à section rectangulaire possède $\frac{1}{3}$ de résistance en plus que la pièce carrée, nous pourrons donc diminuer ses dimensions pour avoir même force et par suite économiser de la matière. Il suffit en effet de lui donner 15^{cm} de hauteur et 9^{cm} de largeur pour que sa résistance soit égale à celle de la barre carrée de 12^{cm} de côté, il y aura donc économie de $18^{\overline{cm}^2}$ dans la section ou de $\frac{1}{8}$ de la matière employée.

$2°$ *Comparons une pièce carrée dont l'aire est $144^{\overline{cm}^2}$ à une pièce carrée creuse.*

Tableau n° 6, figure X de même section.

La pièce creuse aura par exemple pour dimensions.

$$C = 13 \qquad \text{et} \qquad C' = 5,$$

sa section sera :

$$A = \overline{13}^2 - \overline{5}^2 = 144,$$

son module,

$$Z = \frac{1}{6} \times \frac{\overline{13}^4 - \overline{5}^4}{13}.$$

Le rapport $\dfrac{Z}{A}$ nous donnera :

$$\frac{Z}{A} = \frac{13^4 - 5^4}{6 \times 13\left(\overline{13}^2 - \overline{5}^2\right)} = 2,487. \qquad (1)$$

Mais la pièce carrée de $144^{\overline{cm}^2}$ de surface donne, nous l'avons vu dans l'application précédente

$$\frac{Z}{A} = 2. \qquad (2)$$

En comparant (1) et (2) il est évident que la section carrée creuse est plus avantageuse de $\frac{1}{5}$ environ, nous pourrons donc réduire ses dimensions sans altérer sa résistance. Un carré creux de $c = 9^{cm},3$ et de $c' = 5$, qui procure les mêmes résultats que le carré plein n'a plus que 62^{cm} carrés au lieu de 144 et donne par conséquent 0,57 d'économie de matière.

3° *Comparons une pièce rectangulaire de 24 centim. de hauteur et de 6 centim. de base avec une pièce à double T de même hauteur et de même section (fig. 16).*

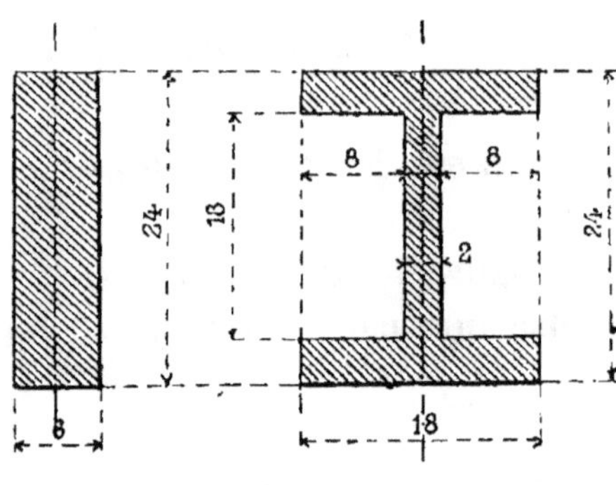

Fig. 16.

D'après le n° 1 du tableau n° 6.
Le module de la section rectangulaire sera :

$$Z = \frac{1}{6}\, 6 \times \overline{24}^2$$

et l'aire

$$A = 6 \times 24.$$

Le rapport

$$\frac{Z}{A} = \frac{6 \times \overline{24}^2}{6 \times 6 \times 24} = \frac{24}{6} = 4 \qquad (1)$$

par le n° XII du tableau n° 6.

Le module de la section à double T est :

$$Z = \frac{18 \times \overline{24}^3 - 16 \times \overline{18}^3}{6.24}$$

et l'aire $A = 18 \times 24 - 16 \times 18 .$

Le rapport

$$\frac{Z}{A} = \frac{18 \times \overline{24}^3 - 16 \times \overline{18}^3}{6 \times 24 \,(18 \times 24 - 16 \times 18)}$$

ou bien $\dfrac{Z}{A} = 7,5 .$ (2)

Les résistances des sections, (1) et (2), sont entre elles comme 4 et 7,5, c'est-à-dire que le double T vaut presque deux fois la pièce rectangulaire qui contient la même quantité de matière : exactement $\dfrac{7}{8}$ en plus.

Les trois exemples que nous venons d'examiner démontrent combien la forme de la section a d'influence sur la résistance.

97. **Poutres soumises à des efforts de flexion.**

D'ordinaire les poutres soumises à la flexion ont nécessairement une section uniforme, comme les poutres et les solives des planchers en bois ou les fers à double T qui servent aux mêmes usages.

On ne doit calculer que le plus grand moment fléchissant et la section qui lui correspond.

98. **Pièces encastrées.**

Une pièce encastrée à l'une de ses extrémités est dans la position d'une potence scellée très solidement dans un mur, ou d'un manche enfoncé à force dans un outil muni d'un œil.

Le tableau n° 7 donne le plus grand moment fléchissant qui correspond à des charges diversement disposées sur une pièce encastrée.

99. *Tableau n° 7. Plus grand moment fléchissant correspondant à des charges diversement disposées.*

Numéros.	PIÈCES ENCASTRÉES à une extrémité.	Plus grand moment fléchissant (au point x)	REMARQUES.
I	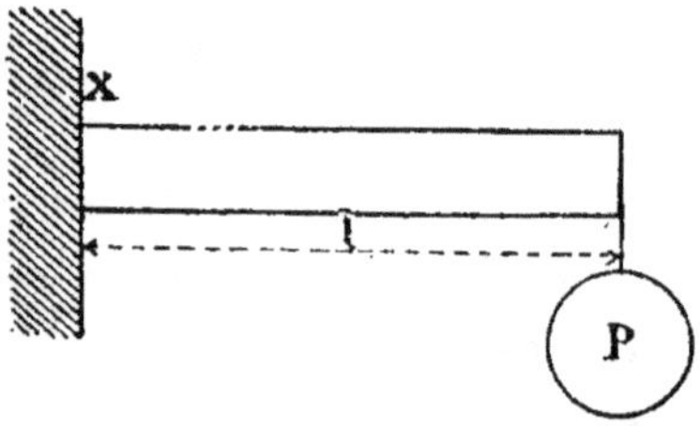	Pl	Chargée à l'extremité.
II	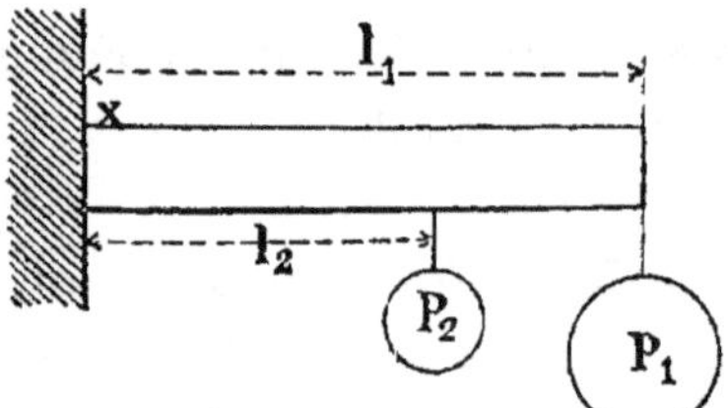	$P_1 l_1 + P_2 l_2$	Deux charges ou davantage.
III	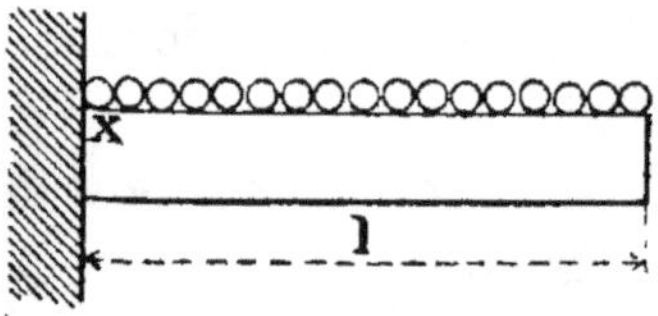	$p\dfrac{l^2}{2}$	Chargée uniformément d'un poids p en kilog. par mètre de longueur.
IV	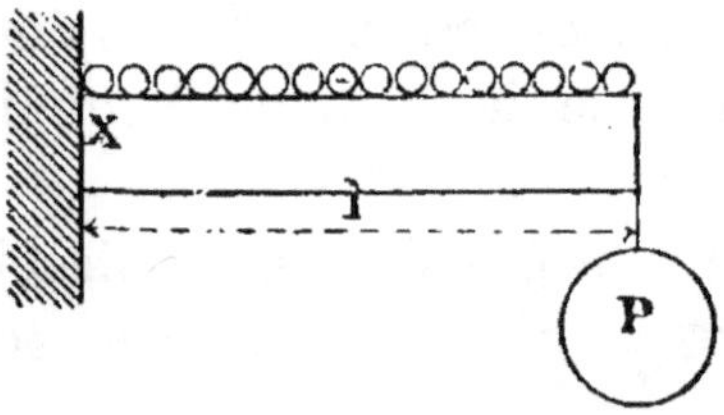	$p\dfrac{l^2}{2} + Pl$	Chargée uniformement et aussi d'un poids isolé dans le courant de la longueur.

Nous avons vu précédemment que le *moment de résistance* de la pièce est RZ. C'est ce moment qui, dans chaque cas, doit être égal au *moment fléchissant*.

La valeur de R varie avec la nature des matériaux ; elle sera par centimètre carré :

$$\text{Pour le fer} \qquad\qquad R = 600.$$
$$\text{Pour la fonte} \qquad\qquad R = 750.$$
$$\text{Pour le chêne ou le sapin} \quad R = 60.$$

Z est le module de la section, il est donné par le tableau n° 6 dans chaque cas.

Il faut exprimer les dimensions de la section et la longueur de la pièce *en centimètres*. La charge est en kilogrammes.

APPLICATIONS. 1° *Trouver la charge que peut porter en sécurité un barreau carré en fonte de 12 centimètres de côté, sachant que le poids est appliqué à 1^m,20 de la section encastrée.*

Nous sommes dans le cas du n° 1 du tableau n° 7 ; nous aurons donc :

$$Z\,R = P\,l. \tag{1}$$

Mais $R = 750$, puisque la pièce est en fonte, $Z = \dfrac{C^3}{6}$, attendu que la barre est carrée, par suite

$$Z = \frac{\overline{12}^3}{6}$$

$l = 120$ centimètres, longueur du bras de levier de la charge ; enfin P la charge est inconnue.

La relation (1) devient en substituant aux lettres leurs valeurs numériques

$$750 \times \frac{\overline{12}^3}{6} = P \times 120 ;$$

d'où
$$P = \frac{750 \times \overline{12}^3}{6 \times 120}$$

calculs faits $\qquad$ $P = 1800$ kilogrammes.

2° *Quel est le côté de la section d'une pièce de bois carrée encastrée à une extrémité et chargée d'un poids de 1200 kilogrammes à $1^m,50$ de l'encastrement ?*

Ce problème est semblable au précédent.

On a $\qquad$ $R \times Z = Pl.$

Mais $R = 60$, puisque la poutre est en bois, nous aurons donc :

$$60 \times \frac{C^3}{6} = 1200 \times 150$$

et
$$C^3 = \frac{1200 \times 150 \times 6}{60},$$

ou
$$C^3 = 18000,$$

extrayant la racine cubique

$$C = 26 \text{ centimètres.}$$

3° *Une pièce de bois rectangulaire possède une section dont les côtés sont dans le rapport $\frac{1}{2}$. Elle est encastrée à une extrémité et chargée de 1200 kilogrammes à 1,50 de l'encastrement. On demande les dimensions de la section ?*

Ici encore :

$$R \times Z = Pl.$$

$R = 60$, la section étant rectangulaire, le tableau n° 6 donne $Z = \frac{bh^2}{6}$, mais d'après l'énoncé $b = \frac{1}{2} h$, donc on a :

$$Z = \frac{h}{2} \times \frac{h^2}{6} = \frac{h^3}{12}$$

et par suite

$$60 \times \frac{h^3}{12} = 1200 \times 150 ;$$

d'où

$$h^3 = \frac{1200 \times 150 \times 12}{60} = 36000.$$

Extrayant la racine cubique

$$h = 33 \text{ centimètres}$$

et

$$b = \frac{h}{2} = 16,5 \text{ centimètres.}$$

4° *Une barre ronde en fer encastrée à une extrémité supporte une charge de 5000 kilogrammes à* $1^m,50$ *de son encastrement. Quel est son diamètre ?*

Dè même : $RZ = Pl.$ (1)

La valeur de R pour le fer est $R = 600$.
Le tableau n° 6 nous donne par son n° VI pour z

$$Z = 0,785\, d^2.$$

On a donc :

$$600 \times 0,785\, d^2 = 5000 \times 150 ;$$

d'où

$$d^2 = \frac{5000 \times 150}{600 \times 0,785}.$$

et

$$d^2 = 1592$$

en extrayant la racine carrée

$$d = 39,9 \text{ centimètres.}$$

5° *Quelles sont les dimensions d'un fer à double T encastré à une extrémité, chargé de 1000 kilogrammes à 2 mètres de l'encastrement.*

On a : $R \times Z = Pl,$

ou $600 \times Z = 1000 \times 200 ;$

et $Z = \frac{1000 \times 200}{600} ;$

par suite : $Z = 333.$

Reportons nous aux tableaux que fournissent les forges pour indiquer la résistance de leurs fers. Une colonne spéciale signale les diverses valeurs de Z, de sorte qu'on peut immédiatement trouver le fer à double T qui s'approche le plus de celui dont on a besoin, par une simple lecture. Nous voyons ainsi que *les fers à double* T *de Montataire, de 26 centimètres de hauteur, à larges ailes, ont un module quelque peu supérieur* à celui que nous avons trouvé. Ces fers conviennent donc bien.

6° *Quelles sont les dimensions d'une pièce carrée en chêne encastrée qui doit porter 500 kilogrammes à 3 mètres et 200 kilogrammes à 2 mètres de l'encastrement ?*

Le rapport de la base à la hauteur de la pièce est $\frac{1}{3}$.

D'après le tableau n° 6, nous avons

$$Z = \frac{1}{6}\, bh^2,$$

de plus
$$b = \frac{h}{3}.$$

Donc
$$Z = \frac{1}{6} \times \frac{h}{3} \times h^2 = \frac{h^3}{18}$$

et le tableau 7, n° 9, nous donne

$$RZ = P_1 l_1 + P_2 l_2,$$

ou en substituant

$$60 \times \frac{h^3}{18} = 500 \times 300 + 200 \times 200,$$

ou en simplifiant

$$\frac{10}{3}\, h^3 = 190000,$$

enfin
$$h^3 = \frac{190000 \times 3}{10}$$

$$h^3 = 3 \times 19000$$
$$h^3 = 57000$$

et
$$h = 38,5 \text{ centimètres,}$$

par suite :
$$b = 12,8 \text{ centimètres.}$$

7° *Une poutre en fer creux, uniformément chargée, d'un poids de 500 kilogrammes par mètre de longueur, est un tube dont le diamètre intérieur est les $\frac{2}{3}$ du diamètre intérieur. La poutre a 4 mètres de longueur. On demande de calculer les diamètres intérieur et extérieur du tube?*

Le tableau n° 6 nous donne par son n° VIII :

$$Z = \frac{\pi}{32} \times \frac{D^4 - d^4}{D}.$$

Mais
$$d = \frac{2}{3} D.$$

On a donc
$$Z = 0,098 \times \frac{D^4 - \left(\frac{2}{3} D\right)^4}{D}$$

ou
$$Z = 0,098 \times D^3 \left(1 - \left(\frac{2}{3}\right)^4\right)$$

et
$$Z = 0,098 \times D^3 \left(1 - \frac{16}{81}\right)$$

enfin
$$Z = 0,098 \times D^3 \times 0,8024$$
$$Z = 0,078 D^3.$$

Or $R = 600$ et comme chaque centimètre de la longueur du tube porte 5 kilogrammes, on a, d'après le n° III du tableau n° 7 :

$$600 \times 0,078 \times D^3 = 5 \times \frac{\overline{400}^2}{2} = 2,5 \times \overline{400}^2$$

d'où
$$D^3 = \frac{2,5 \times \overline{400}^2}{600 \times 0,078}$$

$$D^3 = 8547$$

en extrayant la racine cubique

$$D = 21 \text{ centimètres}$$

et

$$d = 14 \text{ centimètres.}$$

$$\text{Épaisseur tout autour} = 3,5 \text{ centimètres.}$$

8° Une pièce de fonte à section elliptique uniformément chargée d'un poids de 100 kilogrammes par mètre de longueur porte un poids unique de 200 kilogrammes à 1ᵐ,20 de l'encastrement. Le rapport du grand axe au petit axe de l'ellipse est 10. On demande de calculer les dimensions des deux axes.

Dans ce cas, tableau n° 6 — n° VIII,

$$Z = \frac{\pi}{32} \, bh^2,$$

mais $\qquad \dfrac{b}{h} = \dfrac{1}{10}, \qquad$ d'où $\qquad b = \dfrac{1}{10} \, h,$

par suite $\qquad Z = \dfrac{\pi}{32} \times \dfrac{1}{10} \times h^3.$

Or $R = 750$ et chaque centimètre de poutre porte 1 kilog.

Donc $\qquad 750 \times \dfrac{\pi}{320} \, h^3 = p \, \dfrac{l^2}{2} + Pl,$

d'après le n° IV du tableau n° 7.

Nous aurons donc :

$$750 \times \frac{\pi}{320} \, h^3 = 1^k,00 \times \frac{\overline{120}^2}{2} + 200 \times 120,$$

d'où
$$h^3 = 4160$$
et
$$h = 16,0 \text{ centimètres}$$
$$b = 1,6 \text{ centimètres.}$$

100. Poutres supportées sur deux appuis.

Dans ce cas les poutres sont simplement posées sur deux supports et chargées de diverses manières indiquées dans le tableau ci-dessous.

101. *Tableau n° 8. Plus grand moment fléchissant correspondant à des charges diversement disposées.*

Numéros.	PIÈCES SUPPORTÉES aux deux extrémités.	Plus grand moment fléchissant (au point x),	REMARQUES.
I	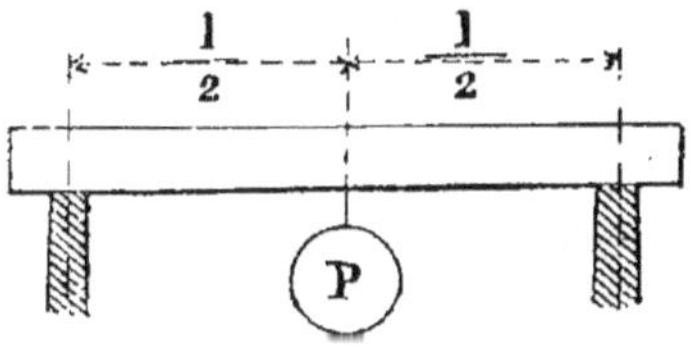	$P\dfrac{l}{4}$	Chargée au milieu.
II	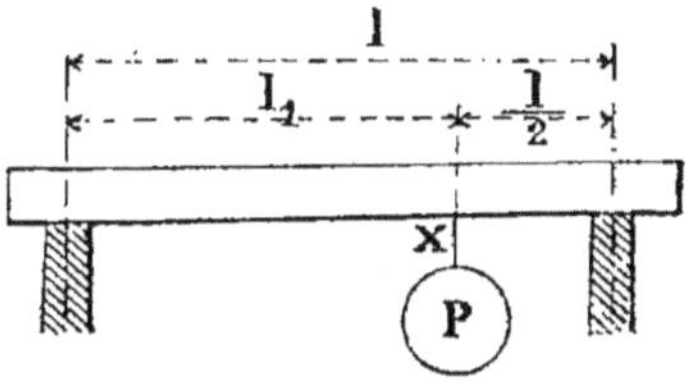	$P\dfrac{l_1 l_2}{l}$	Chargée en un point quelconque.
III	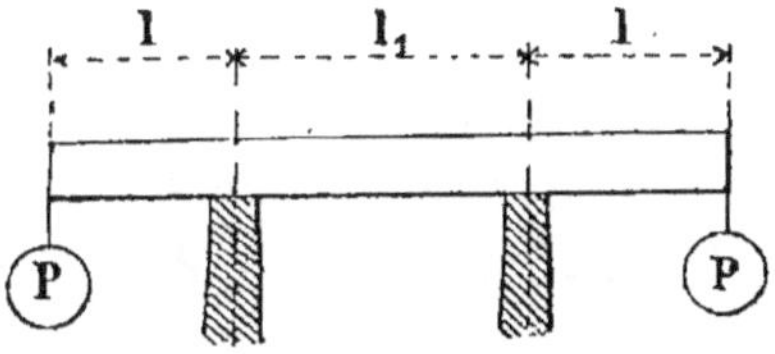	Pl	Chargée aux deux extrémités en porte-à-faux.
IV	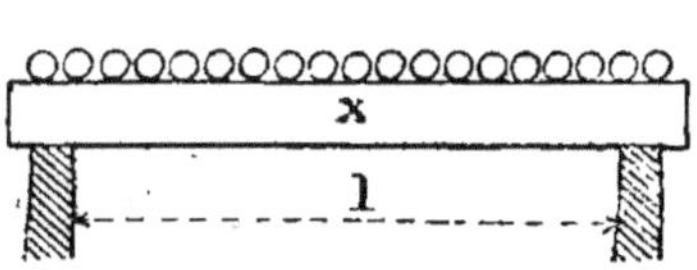	$\dfrac{pl^2}{8}$	Charge uniformément répartie en kilog. par mètre de longueur.

Dans chacune des applications suivantes, nous emploierons les renseignements contenus dans les tableaux n° 6 et n° 8 en les substituant dans l'expression

$$RZ = Pl.$$

APPLICATIONS. 1° *Quelle est la charge unique que peut supporter en son milieu une poutre en sapin de 22 centimètres de hauteur et de 8 centimètres d'épaisseur placée sur champ, en supposant les appuis écartés de 6 mètres ?*

Dans ce cas :

$$Z = \frac{1}{6} bh^2 = \frac{1}{6} 8 \times \overline{22}^2 = 645,33$$

$$R = 60.$$

D'après le n° I du tableau n° 8.

On a
$$60 \times 645,33 = P \times \frac{600}{4},$$

ou
$$60 \times 645,33 = P \times 150$$

et
$$P = \frac{60 \times 645,33}{150}$$

$$P = 258 \text{ kilogrammes.}$$

2° *Une barre de fer carrée de 3 mètres de longueur posée sur deux appuis est chargée à 1 mètre de l'un des appuis d'un poids de 150 kilogrammes. Quel est le côté de la section ?*

On a :
$$Z = \frac{1}{6} C^3$$

$$R = 600.$$

De plus le n° II du tableau n° 8 nous donne :

$$600 = \frac{1}{6} C^3 = 150 \times \frac{200 \times 100}{300},$$

ou
$$100\,C^3 = 10000$$
$$C^3 = 100$$
et
$$C = 4,6 \text{ centimètres.}$$

3° Une pièce de fonte de 4 mètres de longueur est posée sur deux appuis avec un porte-à-faux de chaque côté de 1 mètre de longueur. Cette pièce de forme triangulaire, supporte à chaque extrémité une charge de 125 kilogrammes. Dans la section de la pièce, la base du triangle est égale à la hauteur. On demande de calculer cette base?

On aura : $R \times 750$ et $Z = \dfrac{1}{24}\,bh^2$

mais $b = h$, donc $Z = \dfrac{1}{24}\,b^3$.

Le n° III du tableau n° 8, permet d'écrire :

$$750 \times \frac{1}{24}\,b^3 = 125 \times 100,$$

d'où
$$b^3 = \frac{125 \times 100 \times 24}{750}$$

et
$$b^3 = 400 ;$$

enfin,
$$b = 7,4 \text{ centimètres}$$
$$h = 7,4 \text{ centimètres.}$$

Le triangle est isocèle.

4° Un plancher impose, à une poutre à double T en fer, une charge uniformément répartie de 420 kilogrammes par mètre de longueur avec une portée de 5 mètres entre les appuis. Quelles dimensions adopterons-nous pour ce fer à double T?

$F = 600$ de plus chaque centimètre de la poutre porte $4^k,20$.

On aura par le n° IV du tableau n° 8.

$$600 \times Z = 4,20 \times \frac{\overline{500}^2}{8},$$

ou
$$Z = \frac{4.20 \times \overline{500}^2}{8 \times 600} = 218,75 \,.$$

Si nous cherchons ce module de section dans les tableaux fournis par les forges, nous trouvons que *les fers à double T de 18 centimètres de hauteur à larges ailes* ont sensiblement ce même module. On peut donc les adopter.

102. Poutres encastrées à une extrémité et supportées ou encastrées à l'autre extrémité.

Ces poutres sont par exemple scellées très solidement dans un mur et posées sur une colonne ou emboitées dans une cavité ménagée à cette intention.

103. *Tableau n° 9. Poutres encastrées à une extrémité et supportées ou encastrées à l'autre.*

Numéros.	PIÈCES ENCASTRÉES à un bout et supportées ou encastrées à l'autre bout.	Plus grand moment fléchissant.	REMARQUES.
I	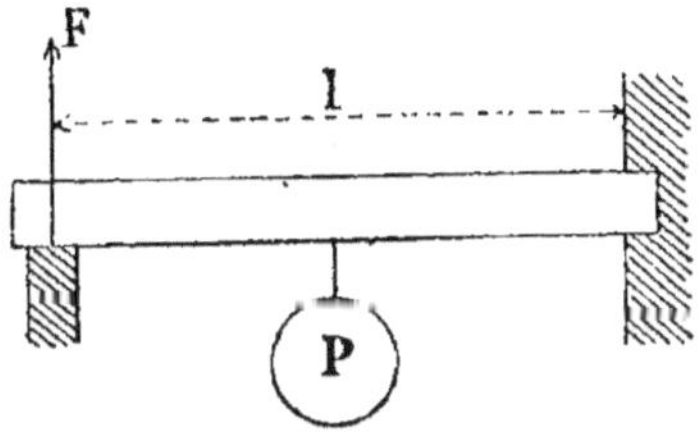	$\dfrac{3}{16}Pl.$	Charge au milieu. Presssion sur l'appui $F = \dfrac{5}{16}P$
II	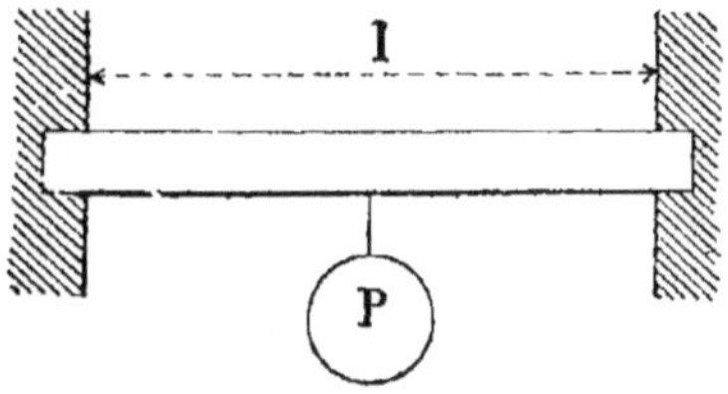	$\dfrac{Pl}{8}$	Charge au milieu.
III	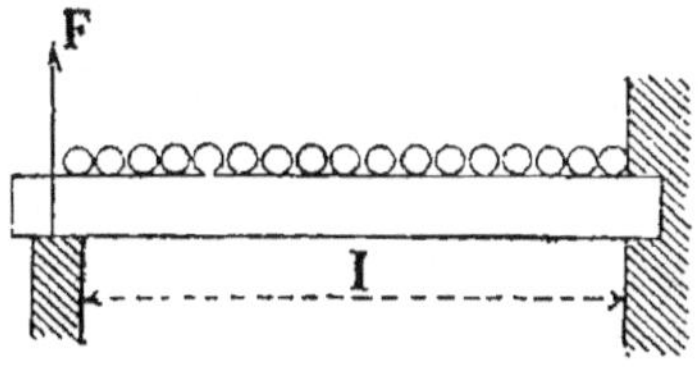	$\dfrac{pl^2}{8}$	Charge uniformément répartie.
IV	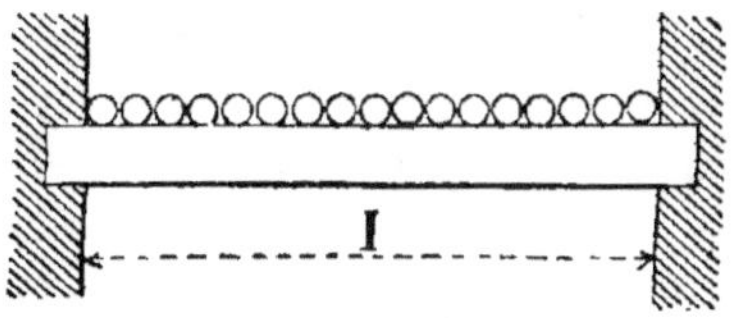	$\dfrac{pl^2}{12}$	Charge uniformément répartie.

APPLICATIONS. 1° *Une poutre encastrée dans un mur repose sur un fort étrier en fer à son autre extrémité. Cette pièce de chêne a 30 centimètres sur 15, sa portée est de 4 mètres. On demande quelle charge peut lui être appliquée en son milieu.*

$$Z = \frac{1}{6} bh^2, \qquad \text{mais} \qquad b = \frac{h}{2},$$

on aura :
$$Z = \frac{1}{6} 15 \times \overline{30}^2$$

$$R = 60,$$

d'où
$$RZ = 60 \times \frac{1}{6} \times 15 \times \overline{30}^2.$$

Le n° I du tableau n° 9, nous donnera :

$$60 \times \frac{1}{6} \times 15 \times \overline{30}^2 = \frac{3}{16} \times P \times 400,$$

d'où
$$P = \frac{16 \times 60 \times 15 \times \overline{30}^2}{6 \times 3 \times 400}$$

et
$$P = 1800 \text{ kilogrammes.}$$

2° *La même pièce encastrée à ses deux extrémités supportera un poids que nous allons calculer.*

De même $\qquad RZ = \frac{1}{8} Pl \qquad$ n° II, tableau n° 9,

$$60 \times \frac{1}{6} \times 15 \times \overline{30}^2 = \frac{1}{8} P \times 400,$$

d'où
$$P = \frac{8 \times 60 \times 15 \times \overline{30}^2}{6 \times 400}$$

et
$$P = 2700 \text{ kilogrammes.}$$

Nous voyons que l'encastrement augmente beaucoup la résistance d'une pièce.

3° *Une poutre porte un poids uniformément réparti de 200 kilogrammes par mètre de longueur. Sa por-*

tée est de 5 mètres, elle est encastrée à l'une de ses extrémités et posée à l'autre. On demande ses dimensions sachant qu'elle est en chêne et que le rapport de sa base à sa hauteur est $\frac{5}{7}$.

Nous aurons 2 kilogrammes sur chaque centimètre de la poutre.

$$Z = \frac{1}{6}\,bh^2, \qquad \text{mais} \qquad b = \frac{5}{7}\,h,$$

d'où
$$Z = \frac{1}{6} \times \frac{5}{7}\,h^3.$$

$$Z = \frac{5}{42}\,h^3.$$

R $=$ 60 et d'après le n° III du tableau n° 9

$$60 \times \frac{5}{42}\,h^3 = \frac{1}{8}\,2{,}00 \times \overline{500}^2.$$

On aura :
$$h^3 = \frac{42 \times 2{,}00 \times \overline{500}^2}{8 \times 60 \times 5}$$

$$h^3 = 8750$$

et
$$h = 20{,}6 \text{ centimètres,}$$

enfin,
$$b = 14{,}7 \text{ centimètres.}$$

Ces dimensions vont nous montrer clairement la mauvaise influence de l'appui simple qui porte une des extrémités de la poutre.

4° Avec les données du problème précédent, supposons la pièce encastrée aux deux extrémités et calculons ses dimensions.

Nous aurons, d'après le n° IV du tableau n° 9, la relation :

$$60 \times \frac{5}{42}\,h^3 = \frac{1}{12}\,2{,}00 \times \overline{500}^2$$

et
$$h^3 = \frac{42 \times 2{,}00 \times \overline{500}^2}{12 \times 60 \times 5},$$

ou $$h^3 = 5833,$$

par suite : $$h = 18 \text{ centimètres}$$

et $$b = 13 \text{ centimètres}.$$

Nous voyons que l'encastrement procure un avantage, aussi ne manque-t-on pas en pratique de faire l'encastrement aussi bien que possible, mais, en calculant les dimensions d'une pièce il faut procéder comme si elle reposait librement sur ses appuis, parce qu'on n'est jamais certain que l'ouvrier pourra exécuter un bon encastrement. De cette manière si la poutre est encastrée, ce sera un bénéfice de solidité que l'on se sera ménagé.

Dans les pièces mécaniques, l'encastrement est souvent bien réussi.

5° *Un arbre rond en fer posé sur deux paliers à coussinets, éloignés de 3 mètres, porte deux roues d'engrenage qui pèsent chacune 500 kilogrammes. La première roue est à 1 mètre du coussinet de gauche et l'autre à 0ᵐ,50 du coussinet de droite. On demande de calculer le diamètre de cet arbre ?*

Nous sommes ici dans le cas indiqué tableau n° 8, n° II, mais avec cette différence qu'il y a deux poids P égaux sur la pièce (fig. 17).

D'après ce que nous avons dit dans la théorie des forces parallèles, les charges P égales ont des réactions sur le point d'appui A qui seront respectivement p et p'.

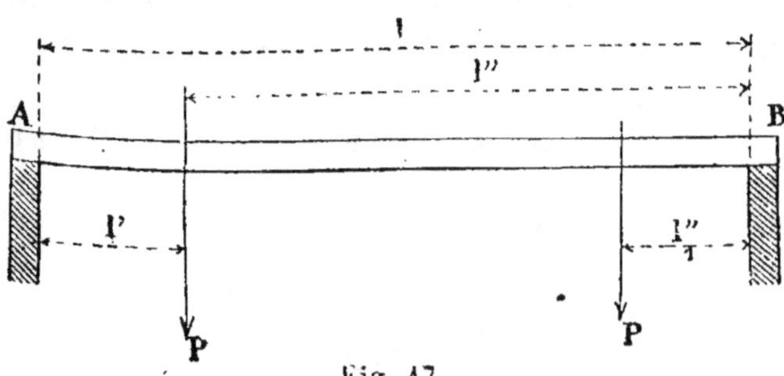

Fig. 17.

On aura :
$$\frac{p}{\mathrm{P}} = \frac{l''}{l}$$

et
$$\frac{p'}{\mathrm{P}} = \frac{l_1''}{l},$$

d'où la réaction $p + p'$ sur l'appui A ;

$$p + p' = \mathrm{P} \times \frac{l'' + l_1''}{l}$$

Mais le bras de levier de cette force est l', le moment fléchissant sera donc

$$\mathrm{P} \times \frac{l'' + l_1''}{l} \times l' = 600 \times 0{,}0982\,d^3 \qquad (1)$$

d'après le n° VI du tableau n° 6.

On a soin de choisir $l' > l''$ pour que le moment fléchissant soit le plus grand.

Nous aurons d'après l'énoncé du problème :

$\mathrm{P} = 500\,\mathrm{kg}$; $l' = 1^{\mathrm{m}},00$; $l_1'' = 0^{\mathrm{m}},50$; $l'' = 2^{\mathrm{m}},00$ et $l = 3^{\mathrm{m}},00$.

La formule (1) devient en substituant aux lettres leurs valeurs numériques :

$$500 \times \frac{200 + 50}{300} \times 100 = 600 \times 0{,}0982\,d^3,$$

d'où

$$d^3 = \frac{500 \times 250 \times 100}{300 \times 600 \times 0{,}0982} = 707{,}179.$$

en extrayant la racine cubique

$$d = 9 \text{ centimètres.}$$

Si l'arbre doit transmettre des efforts sans secousses et sans brusques variations de travail, on adopte pour R dans les calculs 600 comme coefficient, mais, dans le cas contraire, il convient de ne prendre que la moitié de la valeur normale du coefficient de résistance à la flexion, c'est-à-dire 300.

104. Solides d'égale résistance à la flexion.

On désigne sous ce nom les solides qui dans toutes les sections présentent le même degré de résistance. Les solides encastrés à une extrémité et libres à l'autre, doivent être dans ces conditions. Les corbeaux qui soutiennent les poutres, les consoles, les potences de toutes sortes, offrent des exemples de ces dispositions.

Le tableau suivant indique les formes dont on doit s'approcher le plus possible pour obtenir des solides d'égale résistance.

105. *Tableau nº 10. Formes de poutres d'égale résistance.*

Numéros.	Charges.	ÉLÉVATION longitudinale de la poutre.	Forme de la section transversale.	Lignes qui limitent l'élévation ou le plan.	Formule qui détermine les dimensions.
		Poutres encastrées à une extrémité.			
I	Charge à l'extrémité libre.	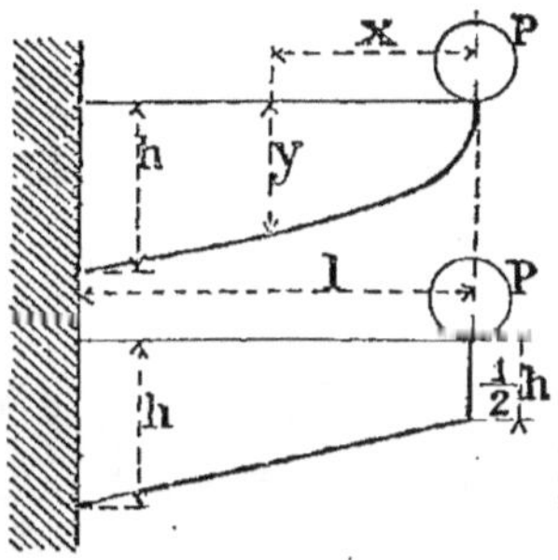	Rectangle de largeur uniforme b et de hauteur variable y.	Ligne droite et parabole. Forme approchée : pyramide tronquée.	$y^2 = \dfrac{6P}{bf}x$
II		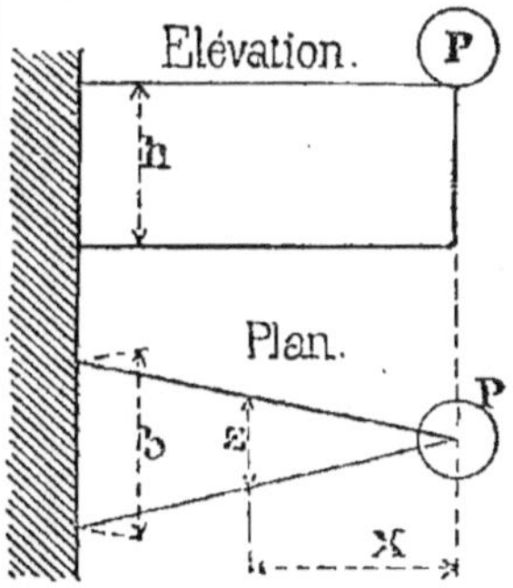 Élévation. Plan.	Rectangle de hauteur uniforme h et de largeur variable z.	Lignes droites formant un coin.	$z = \dfrac{6P}{h^2 f}x$
III	Charge uniformément répartie.	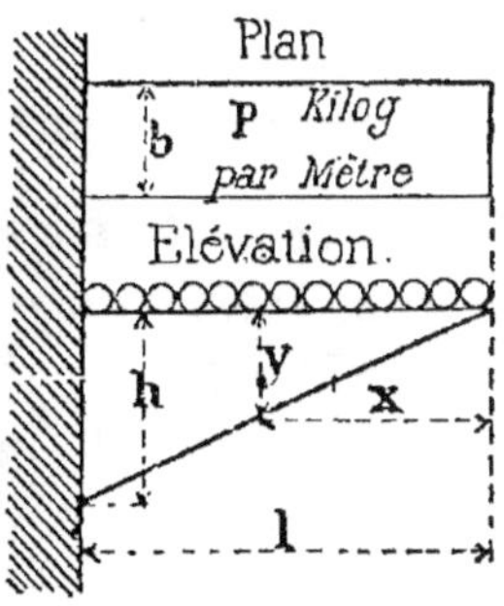 Plan P Kilog par Mètre Élévation.	Rectangle de largeur uniforme b et de hauteur variable y.	Lignes droites formant un coin.	$y^2 = \dfrac{3p}{bf}x^2$

Numéros.	Charges.	ELÉVATION longitudinale de la poutre.	Forme de la section transversale.	Lignes qui limitent l'élévation ou le plan.	Formule qui détermine les dimensions.
		Poutres posées sur deux appuis.			
IV	Poids unique.	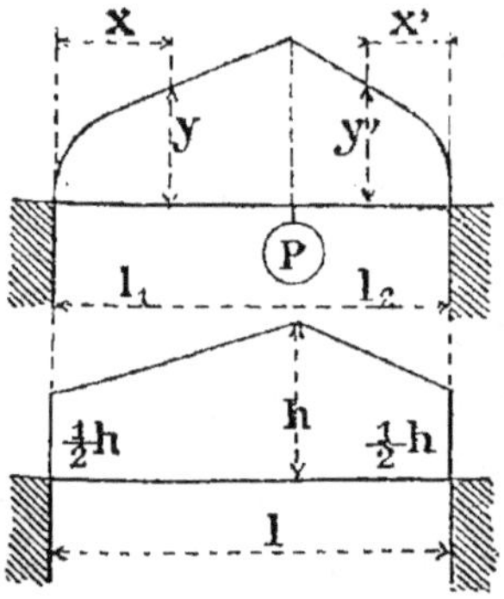	Rectangle de largeur uniforme b et de hauteur variable y.	Deux paraboles et une ligne droite. Forme approchée : deux pyramides tronquées.	$y^2 = \dfrac{6Pl_2}{bfl}x$ $y'^2 = \dfrac{6Pl_1}{bfl}x'$
V	Poids uniformément réparti.	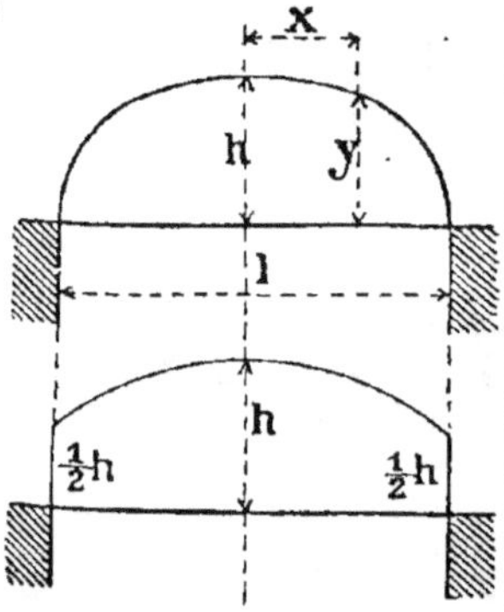	Rectangle de largeur uniforme b comme précédemment, poids uniformément réparti.	Ellipse et ligne droite. Forme approchée : arc de cercle et ligne droite.	$y^2 = \dfrac{3p}{4fb}(l^2-4x^2)$

APPLICATIONS. 1° *Un solide d'égale résistance en fonte, de 1ᵐ,50 de longueur, porte à son extrémité une charge de 500 kilogrammes. Sa largeur uniforme est de 0ᵐ,20. On demande de calculer les dimensions à l'extrémité, près de la charge et près de l'encastrement?*

On a d'après l'énoncé :

$$l = 150^{cm}; \quad P = 500^{k3}; \quad b = 20^{cm}; \quad f = 600.$$

La formule tableau n° 10, n° I, nous donne :

$$y^2 = \frac{6P}{bf} x$$

et devient

$$h^2 = \frac{6 \cdot 500}{20 \times 600} \times 150 = 37,5,$$

ou

$$h = 6,5 \text{ centimètres}$$

près de l'encastrement, et sous la charge

$$\frac{h}{2} = 3,25 \text{ centimètres.}$$

2° Les mêmes données appliquées au n° II du tableau n° 10 nous donnent par la formule

$$Z = \frac{6P}{h^2 f} x$$

la hauteur h étant égale à $0^m,20$.

$$b = \frac{6 \times 500}{20^2 \times 600} \times 150,$$

d'où

$$b = 1,9 \text{ centimètres.}$$

3° *Un solide d'égale résistance d'une largeur uniforme de 10 centimètres en dessus et en forme de coin supporte un poids uniformément réparti de 2000 kilogrammes par mètre de longueur. Sa longueur totale est de $1^m,50$. On demande de calculer sa hauteur à l'encastrement?*

Le n° III du tableau n° 10, nous procure la formule

$$y^2 = \frac{3p}{b \times f} \times x^2$$

qui devient au point de l'encastrement :

$$h^2 = \frac{3p}{b \times f} \times l^2.$$

Mais $b = 10^{cm}$; $p = 20$ kilogrammes par centimètre de longueur; $f = 600$ et $l = 150^{cm}$.

Nous aurons donc :

$$h^2 = \frac{3 \times 20 \times \overline{150}^2}{10 \times 600}$$

et

$$h^2 = 225,$$

d'où

$$h = 15 \text{ centimètres.}$$

4° *Une poutre en fonte formée de deux pyramides tronquées, accolées par leurs grandes bases résiste à une charge unique de 36000 kilogrammes. Elle est posée sur deux appuis écartés de 2 mètres. Sa largeur uniforme est de* $0^m,30$; *enfin la charge est à* $0^m,50$ *du support de droite. On demande de calculer la hauteur de cette poutre sous la charge et au-dessus des appuis?*

Le n° IV du tableau n° 10 nous indique la formule

$$y^2 = \frac{6 \mathrm{P} l_2}{b \times f \times l}\, x,$$

dans laquelle il faut considérer le cas où $y = h$ de sorte que $x = 1^m,50$.

Nous aurons donc

$$h^2 = \frac{6 \times 36000 \times 50 \times 150}{30 \times 600 \times 200},$$

d'où

$$h^2 = 450$$

et

$$h = 21,2 \text{ centimètres.}$$

Près des appuis

$$\tfrac{1}{2} h = 10,6 \text{ centimètres.}$$

5° *Soit une poutre d'égale résistance en fonte, en arc de cercle par-dessus, posée sur deux appuis écartés de 3 mètres. Sa largeur uniforme est de* $0^m,30$. *Elle supporte une charge uniformément répartie de 50000 kilo-*

grammes par mètre de longueur. On demande sa hauteur au milieu et près des appuis?

Le n° V du tableau n° 10 nous permet d'écrire :

$$y^2 = \frac{3p}{4fb}\,(l^2 - 4x^2) \qquad (1)$$

en remarquant qu'au milieu du solide, nous avons : $y = h$; $p = 500$ kilogrammes par centimètre de longueur de la poutre; $f = 600$; $b = 30^{cm}$; $l = 200^{cm}$ et $x = o$.

La relation (1) devient donc

$$h^2 = \frac{3 \times 500}{4 \times 600 \times 30} \times \overline{200}^2,$$

d'où
$$h^2 = 833,33$$

$$h = 28,8 \text{ centimètres.}$$

pour la hauteur au milieu, et près des appuis

$$\frac{1}{2}h = 14,4 \text{ centimètres.}$$

106. Résistance à la torsion.

Une pièce travaille à la torsion quand elle est soumise à un effort transversal qui tend à faire tourner une section du corps autour de son axe longitudinal. Une meule étant fixée, si nous actionnons la manivelle, *il y a torsion de l'arbre*. Pendant l'affutage, la pression de l'outil tend à arrêter la meule, mais l'action de la manivelle agit en sens contraire et l'arbre porte-meule subit une certaine torsion qui provient de ces deux forces appliquées perpendiculairement à son plan pour faire tourner ses extrémités en sens opposés.

Un arbre de transmission est à l'état de torsion pendant le travail, puisque la courroie motrice le fait tourner dans un sens, tandis que les machines-outils tendent à arrêter ce mouvement par des efforts appliqués en sens contraire.

Le moment de torsion d'une pièce est le produit de

l'intensité de la force qui détermine la torsion par la longueur de son bras le levier.

Soit T le moment de torsion, P l'intensité de la force en kilogrammes et R la longueur du bras de levier, nous aurons :

$$T = P \times R.$$

La matière résiste à la torsion suivant sa cohésion et suivant la forme de sa section.

Soient F le plus grand effort au cisaillement (car la torsion n'est qu'un glissement ou cisaillement qui se fait circulairement autour d'un point), et Z_t le module de torsion, la résistance de la pièce à la torsion sera :

$$T = F \times Z_t. \qquad\qquad (1)$$

107. *Tableau n° 11. Les valeurs de F en sécurité, sont en kilogrammes, par centimètre carré :*

Pour la fonte	190
Fer en barres	548
Acier doux non trempé	914
Acier fondu non trempé	2700
Chêne ou sapin	40

108. *Tableau n° 12. Modules de diverses sections par rapport à la torsion.*

Numéros.	FORME de la section.	CROQUIS de la section.	MODULE Z_t de la section.
I	Cercle plein.	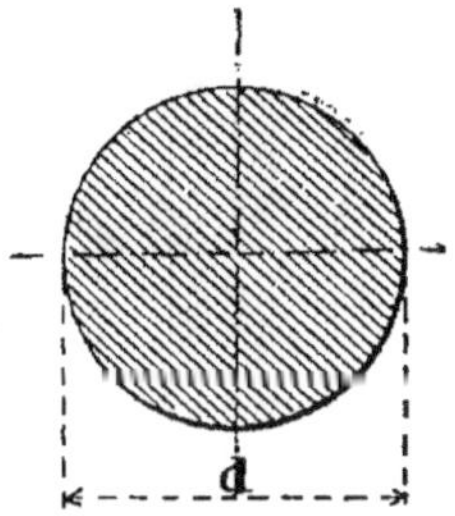	$\frac{1}{16}\pi d^3$ ou $0,196\,d^3$
II	Cercle creux ou section de tube.	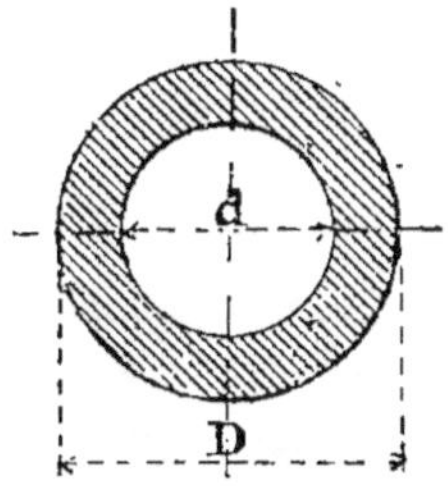	$\frac{1}{16}\pi \times \dfrac{D^4 - d^4}{D}$ ou $0,196\dfrac{D^4 - d^4}{D}$
III	Carré plein.	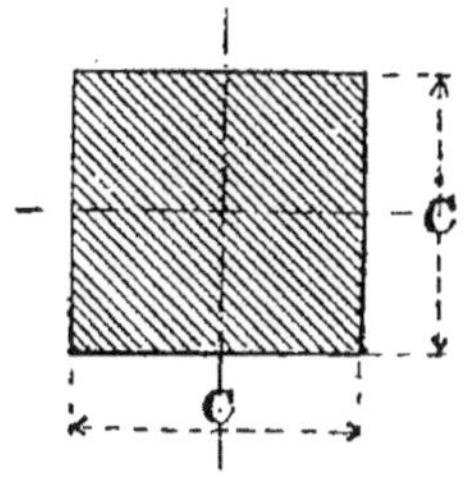	$\dfrac{C^3}{3\sqrt{2}}$ ou $0,235\,C^3$

Numéros.	FORME de la section.	CROQUIS de la section.	MODULE Z_t de la section.
IV	Rectangulaire pleine.		$\dfrac{b^2 h^2}{3\sqrt{b^2-h^2}}$
V	Hexagonale pleine.		$\dfrac{5}{8}\sqrt{3}\times C^3$ ou $1{,}082\,C^3$

109. La torsion est particulièrement appliquée au calcul des arbres de transmission. Assez souvent on évalue le moment de torsion $P \times R$ en fonction du nombre C de chevaux transmis par l'arbre et du nombre de tours N qu'il effectue en une minute.

Le travail fait par l'arbre en *un tour* est :

$$P \times 2\pi R.$$

En une minute, il sera :

$$P \times 2\pi RN,$$

Et en une seconde :

$$\frac{P \times 2\pi R \times N}{60}$$

Pour exprimer ce travail en chevaux, divisons par 75 et nous aurons :

$$C = \frac{P \times 2\pi R \times N}{60 \times 75}.$$

Groupons ensemble les deux facteurs PR du moment de torsion, il vient identiquement :

$$C = PR \times \frac{2\pi N}{60 \times 75},$$

d'où le moment de torsion T :

$$T = PR = \frac{C \times 60 \times 75}{2\pi N} = \frac{4500\,C}{2\pi N}$$

et

$$T = 716{,}2 \times \frac{C}{N}. \qquad (A)$$

Les tableaux n⁰ˢ 11 et 12 et la formule (A) nous permettront de traiter plusieurs applications, en faisant usage de la formule (1). Dans la relation (A) qui donne la valeur de PR, R est exprimé en mètres; si nous voulons que R soit en centimètres, on aura :

$$T = 71620\,\frac{C}{N}. \qquad (A')$$

Applications. 1° *Une tige en fer rond est sollicitée par un couple dont l'intensité est de 50 kilogrammes, appliqué à l'extrémité d'un bras de levier de 0ᵐ,40. On demande quel doit être le diamètre de cette tige pour qu'elle puisse résister en toute sécurité ?*

Nous avons la relation

$$P \times R = f \times z_t$$

dans laquelle :

$P = 50^{kg}$; $R = 40^{cm}$; $f = 548$ d'après le tableau n° 11 et $z_t = 0,196\, d^3$ par le n° I du tableau n° 12.

Substituons aux lettres leurs valeurs numériques, il vient :

$$50 \times 40 = 548 \times 0,196\, d^3,$$

d'où
$$d^3 = \frac{50 \times 40}{548 \times 0,196} = 18,620,$$

enfin,
$$d = 2,65 \text{ centimètres.}$$

2° Quel est le diamètre d'un arbre rond en fer qui transmet un travail de 120 chevaux à la vitesse de 60 tours par minute ?

Les relations (1) et (A′) qui précèdent nous donnent :

$$T = f \times z_t \qquad \text{et} \qquad T = 71620\, \frac{C}{N}.$$

Nous aurons donc :

$$f \times z_t = 71620 \times \frac{C}{N},$$

et d'après les tableaux n°ˢ 11 et 12, $f = 548$; $z_t = 0,196\, d^3$, mais pour l'énoncé $C = 120$ chevaux et $N = 60$ tours.

Remplaçons les lettres par leurs valeurs et nous avons :

$$548 \times 0,196\, d^3 = 71620 \times \frac{120}{60},$$

d'où
$$d^3 = \frac{71620 \times 120}{548 \times 0,196 \times 60}$$

et
$$d^3 = 1333,$$

enfin,
$$d = 11 \text{ centimètres.}$$

3° Quel est le nombre de chevaux que peut transmettre un arbre de 150 millimètres de diamètre, qui fait 30 tours à la minute ? Dans ce cas particulier et à cause des secousses que reçoit cet arbre, on limite la tension f à 400.

Nous aurons comme dans l'application précédente

$$f \times z_i = 71620 \times \frac{C}{N},$$

mais

$$f = 400; \qquad z_i = 0,196 \times \overline{15}^3 \qquad \text{et} \qquad N = 30.$$

Il viendra donc :

$$400 \times 0,196 \times \overline{15}^3 = 71620 \times \frac{C}{30}$$

et

$$C = \frac{30 \times 400 \times 0,196 \times \overline{15}^3}{71620},$$

d'où, calculs faits :

$$C = 118 \text{ chevaux.}$$

4° Un arbre déjà existant dans un atelier a 120 milli-mètres de diamètre; on a besoin de cet arbre pour trans-mettre 200 chevaux à la vitesse de 50 tours à la minute. On demande s'il sera de bonnes conditions de résistance ou bien de calculer la valeur de f, la tension.

De même que précédemment :

$$f \times z_i = 71620 \, \frac{C}{N}.$$

Remplaçons les lettres par leurs valeurs, nous aurons :

$$f \times 0,196 \times \overline{12}^3 = 71620 \times \frac{200}{50},$$

d'où

$$f = \frac{71620 \times 200}{0,196 \times \overline{12}^3 \times 50},$$

enfin,

$$f = 422.$$

D'après le tableau n° 11 nous pouvons en sécurité atteindre pour f la valeur 548, par suite, l'arbre donné transmettra aisément 200 chevaux avec une vitesse de 50 tours à la minute.

110. *Autre moyen de calculer le diamètre des arbres cylindriques.*

Assez souvent on fait usage de la formule suivante :

$$D = K \times \sqrt[5]{\frac{C}{N}} \qquad\qquad (a)$$

dans laquelle

D est le diamètre de l'arbre en centimètres,

K est un coefficient qui dépend de la matière dont est fait l'arbre,

C est le travail en chevaux à transmettre en une minute,

N est le nombre de tours de l'arbre par minute.

Dans le cas où l'on possède l'effort P de torsion en kilogrammes, qui agit au bout d'un rayon R, exprimé en mètres, on a :

$$D = K' \times \sqrt[3]{\overline{PR}}. \qquad\qquad (b)$$

111. Les valeurs de K' et de K sont indiquées dans le tableau suivant pour le fer, la fonte et l'acier.

NATURE DU MÉTAL.	K'	K
Fer..........................	0,947	8,476
Fonte	1,193	10,679
Acier........	0,799	7,146

De plus, si les *transmissions* sont *légères*, il convient, pour avoir de bons résultats pratiques de *multiplier le diamètre calculé à la torsion par* 1,30.

Les arbres de *grosses transmissions soumises à des*

chocs auront leur *diamètre calculé à la torsion multiplié par* 1,42.

REMARQUE. Les tableaux suivants donnent de suite les diamètres des arbres en fer.

Si la matière employée est la fonte il faut multiplier les diamètres du tableau par 1,26 ; s'il sont en acier on doit les multiplier par 0,874.

112. *Tableau n° 13. Diamètres des arbres calculés d'après la formule (a) connaissant la puissance en chevaux transmise et le nombre de tours par minute.*

(Divisez le nombre de chevaux par le nombre de tours. Le diamètre est en face du nombre le plus voisin du quotient dans le tableau.)

$\dfrac{C^{chx}}{N}$	Diamètre D	$\dfrac{C^{chx}}{N}$	Diamètre D	$\dfrac{C^{chx}}{N}$	Diamètre D
	cm		cm		cm
0,050	3,4	2,25	11,0	11	18,6
0,075	3,5	2,50	11,3	12	19,1
0,1	3,9	2,75	11,7	13	19,7
0,15	4,4	3,0	12,0	14	20,1
0,2	4,9	3,25	12,4	15	20,6
0,25	5,3	3,50	12,7	16	21,1
0,3	5,6	3,75	13,0	17	21,5
0,35	5,9	4,0	13,3	18	21,9
0,4	6,2	4,25	13,6	19	22,3
0,45	6,4	4,50	13,8	20	22,6
0,5	6,6	4,75	14,1	21	23,0
0,6	7,0	5,0	14,3	22	23,4
0,7	7,4	5,5	14,8	23	23,8
0,8	7,8	6,0	15,2	24	24,1
0,9	8,1	6,5	15,6	25	24,5
1,0	8,3	7,0	16,0	26	24,8
1,25	9,0	7,5	16,4	27	25,1
1,5	9,6	8,0	16,7	28	25,4
1,75	10,1	9	17,4	29	25,7
2,0	10,5	10	18,0	30	26,0

113. *Tableau n° 14. Diamètres des arbres en fer calculés à l'aide de la formule (b), pour des moments de torsion donnés en kilogrammètres, connaissant l'intensité de la force P en kilogrammes et le bras de levier R en mètres.*

Moment de torsion $P \times R$	Diamètre D	Moment de torsion $P \times R$	Diamètre D	Moment de torsion $P \times R$	Diamètre D
	cm		cm		cm
5,76	1,7	230,41	5,7	1612	10,9
8,64	1,9	287,02	6,1	1727	11,2
11,52	2,1	344,62	6,5	2015	11,7
17,28	2,4	402,22	6,8	2304	12,3
23,04	2,6	459,82	7,2	2880	13,2
28,80	2,8	517,42	7,4	3456	14,0
34,56	3,0	576,05	7,7	4608	15,5
46,08	3,3	691,26	8,2	5760	16,7
57,60	3,6	806,47	8,6	6912	17,7
69,12	3,8	921,68	9,0	8640	19,1
86,40	4,1	1036	9,4	11521	21,0
115,21	4,5	1152	9,7	14401	22,6
144,01	4,8	1267	10,1	17281	24,0
172,81	5,2	1382	10,3	20161	25,3
201,61	5,4	1497	10,6	23042	26,5

APPLICATIONS. *1° Un arbre de transmission doit mener 25 chevaux à la vitesse de 30 tours par minute. Les machines mises en mouvement par cet arbre sont sans chocs. Quel sera son diamètre ?*

Le tableau n° 13 nous donnera le diamètre par une simple lecture en cherchant dans les colonnes $\frac{C}{N}$ la valeur de ce rapport pris dans le problème :

$$\frac{C}{N} = \frac{25}{30} = 0,83 \,.$$

Le diamètre correspondant est

$$D = 7,8 \text{ centimètres.}$$

L'arbre marchant sans chocs, il convient, pour parer aux effets de la flexion et d'un angle trop prononcé de torsion, de multiplier son diamètre par 1,30 comme nous l'avons indiqué précédemment.

On aura donc :

$$D' = 7,8 \times 1,3 = 10 \text{ centimètres.}$$

Pour un arbre en fonte de même résistance

$$D'' = 10 \times 1,26 = 12,6 \text{ centimètres.}$$

Le même arbre en acier aurait un diamètre

$$D''' = 10 \times 0,874 = 8,74 \text{ centimètres.}$$

d'après la remarque faite plus haut.

2° *Le même arbre destiné à conduire des chocs devra avoir un diamètre plus fort.*

On aura pour un arbre en fer :

$$D_1 = 7,8 \times 1,42,$$

ou

$$D_1 = 11 \text{ centimètres.}$$

Le même arbre en fonte aurait pour diamètre :

$$D_1' = 11 \times 1,26 = 13,8 \text{ centimètres.}$$

Et s'il était en acier

$$D_1'' = 11 \times 0,874 = 9,6 \text{ centimètres.}$$

3° *Un arbre de transmission a 110ᵐᵐ de diamètre, il fait 90 tours à la minute. On demande combien de chevaux peut mener cet arbre en fer ?*

La formule (a) nous donne :

$$D = K \sqrt[3]{\frac{C}{N}},$$

dans laquelle $D = 11$ centimètres ; $K = 8,476$ et $N = 90$ tours :

Nous aurons :

$$11 = 8{,}476 \sqrt[3]{\frac{C}{90}},$$

ou

$$\frac{11}{8{,}476} = \sqrt[3]{\frac{C}{90}}$$

$$1{,}3 = \sqrt[3]{\frac{C}{90}}.$$

Élevons au cube

$$\overline{(1{,}3)}^3 = \frac{C}{90},$$

d'où

$$C = 90 \times \overline{1{,}3}^3$$

$$C = 190 \text{ chevaux environ.}$$

4° Un arbre de transmission porte une roue dentée de 3 mètres de diamètre. Un effort de 200 kilogrammes s'exerce à la denture. On demande de calculer le diamètre de cet arbre en le supposant en fer ?

L'effort de 200 kilogrammes est à l'extrémité d'un bras de levier de 1^m,50.

Nous aurons donc :

$$PR = 300 \text{ kilogrammètres.}$$

Le tableau n° 14 nous indique par une simple lecture que le diamètre supérieur le plus voisin est

$$D = 6{,}5 \text{ centimètres.}$$

qu'il conviendra de multiplier par le coefficient 1,3 relatif aux arbres sans chocs.

$$D' = 6{,}5 \times 1{,}3 = 8{,}5 \text{ centimètres.}$$

Nous pouvons calculer le diamètre D directement par la formule (*b*) dans laquelle nous ferons :

$$K' = 0{,}947$$

9.

Il viendra : $\qquad D = 0{,}947\sqrt[3]{200 \times 1{,}5}$,

ou $\qquad\qquad\qquad D = 0{,}947\sqrt[3]{300}$

et $\qquad\qquad\qquad D = 6{,}4$ centimètres.

Chiffre très voisin de 6,5 que nous savons un peu trop fort.

Boulons. Proportions des boulons et des écrous.

114. Écrous à six pans.

Diamètre d'une face à l'autre pour écrous bruts, d étant le diamètre du boulon en millimètres, pris sur le filet :

$$D = 4^{mm} + 1{,}5\,d \qquad \text{à} \qquad D = 10 + 1{,}5\,d.$$

Diamètre d'une face à l'autre pour les écrous ajustés :

$$D' = 1 + 1{,}5\,d \qquad \text{à} \qquad D' = 4 + 1{,}5\,d.$$

Diamètre sur les angles pour les écrous bruts :

$$D_1 = 4 + 1{,}75\,d \qquad \text{à} \qquad D_1 = 10 + 1{,}75\,d.$$

Diamètre sur les angles pour écrous ajustés :

$$D_1' = 0^{mm}{,}5 + 1{,}75\,d \qquad \text{à} \qquad D_1' = 2 + 1{,}75\,d.$$

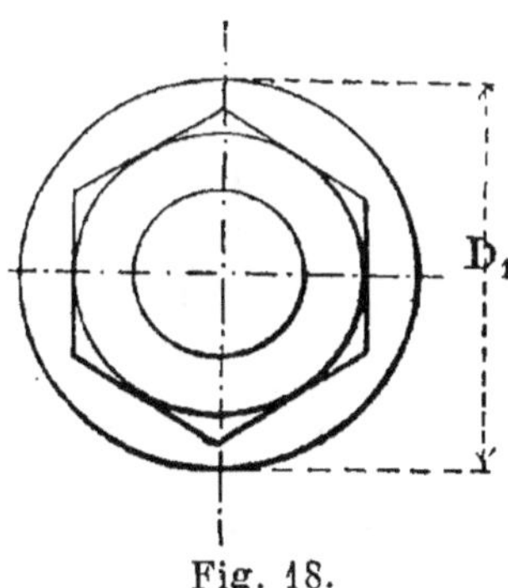

Fig. 18.

115. Écrous carrés.

Diamètre d'une face à l'autre pour écrous bruts :

$$D = 4 + 1{,}6\,d \qquad \text{à} \qquad D = 11 + 1{,}6\,d.$$

Diamètre d'une face à l'autre pour écrous ajustés :

$$D' = 1 + 1,6\,d \qquad \text{à} \qquad D = 1 + 1,6\,d.$$

Hauteur de l'écrou à six pans $= d$.

Hauteur de l'écrou carré $= \dfrac{2}{3}\,d$ à d.

Hauteur de la tête des boulons $\dfrac{2}{3}\,d$ à d.

Longueur de la clef qui sert à serrer les écrous, 15 d à 18 d.

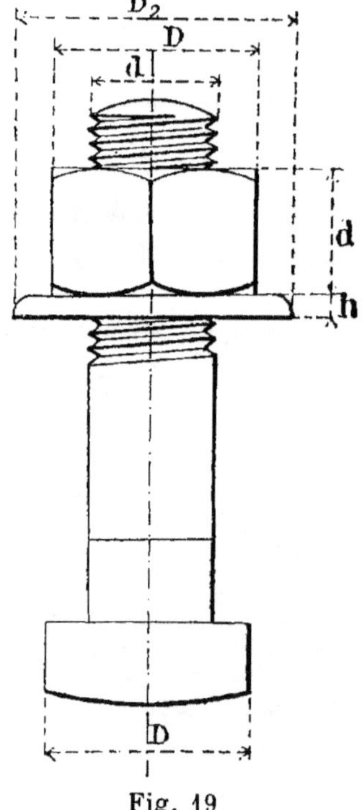

Fig. 19.

116. Rondelles.

Les petites rondelles ont d'ordinaire 2 millimètres d'épaisseur.

Les rondelles pour boulons à métaux avec écrous à six pans ont :

$$\text{Épaisseur} \quad 0,15\,d.$$

$$\text{Diamètre} \quad \frac{9}{8}\,d.$$

Les rondelles de boulons à bois ont :

$$\text{Épaisseur} \quad 0,3\,d.$$

$$\text{Diamètre} \quad 3\,d.$$

117. Tourillons.

Les tourillons doivent résister à la charge, au frottement et à l'usure.

Soient d le diamètre du tourillon en centimètres, P la pression en kilogrammes, l la longueur du tourillon en centimètres, R la charge pratique et n le nombre de tours fait par l'arbre en une minute.

On aura :

$$d = \sqrt[2]{\frac{16}{\pi R} \times \frac{l}{d} \times P}$$

dans laquelle nous ferons :

$$R = 3 \text{ kilogrammes pour la fonte.}$$
$$R = 6 \text{ kilogrammes pour le fer.}$$
$$R = 10 \text{ kilogrammes pour l'acier.}$$

D'après Reuleaux, il convient de prendre; au-dessous de 150 tours à la minute :

$$\text{Pour la fonte} \quad \frac{l}{d} = 1,33 \qquad d = 1,5\,\sqrt{P}.$$

$$\text{Pour le fer} \quad \frac{l}{d} = 1,5 \qquad d = 1,125\,\sqrt{P}.$$

$$\text{Pour l'acier} \quad \frac{l}{d} = 1,78 \qquad d = 0,95\,\sqrt{P}.$$

On suppose que les tourillons tournent sur des coussinets de bronze.

Au-dessus de 150 tours par minute, on devra se conformer aux règles suivantes d'après le même auteur :

Pour le fer $\qquad \dfrac{l}{d} = 12 \sqrt{n}$. $\qquad d = 0{,}32 \sqrt{P} \sqrt[4]{n}$.

Pour l'acier $\qquad \dfrac{l}{d} = 0{,}15 \sqrt{n}$ $\qquad d = 0{,}27 \sqrt{P} \sqrt[4]{n}$.

118. **Pivots.**

Les diamètres des pivots ou extrémités des arbres verticaux qui tournent dans les crapaudines sur un grain d'acier ou de gaïac se déterminent par la relation

$$d = k \sqrt{P}.$$

P est la pression sur le pivot et k un coefficient variable avec la nature du métal dont est fait le pivot.

Ainsi :

Pivot en fer sur bronze ou acier $\quad k = 0{,}186$,
Pivot en fonte sur bronze $\qquad\qquad k = 0{,}23$,
Pivot en fer sur gaïac $\qquad\qquad\quad k = 0{,}13$.

119. **Roues de friction.**

Elles peuvent être cylindriques ou coniques. Ces deux dispositions sont employées dans les essoreuses. Les tambours de friction doivent exercer l'un sur l'autre une pression p qui est une fraction de la résistance P qu'oppose au mouvement le tambour à mener.

Cette fraction est représentée par le coefficient de frottement des deux tambours. Soit f ce coefficient, ses valeurs sont variables suivant le poli des surfaces et leur état plus ou moins onctueux.

Fer sur fer $\qquad f = 0{,}10$ à $0{,}30$
Bois sur fer $\qquad f = 0{,}10$ à $0{,}60$
Bois sur bois $\quad f = 0{,}40$ à $0{,}60$

qui se substituent dans la relation

$$f \times QR = P \times r.$$

R est le rayon de la roue menante, la plus grande,

r est le rayon de la roue menée, la plus petite.

Il est bon de ne compter que sur une valeur inférieure de f.

120. Engrenages.

Les dents des roues d'engrenage peuvent être considérées comme encastrées à leur racine, sur la jante qui les porte.

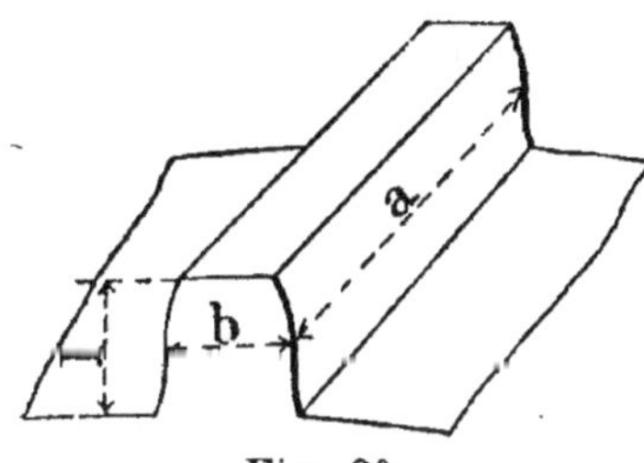

Fig. 20.

Soient a la largeur de la dent parallèlement à l'axe; b l'épaisseur sur la circonférence primitive; l la hauteur de la dent au-dessus de la racine.

La section de l'encastrement est un rectangle, nous aurons donc :

$$ab^2 = \frac{6Pl}{F}.$$

Souvent on fait $l = 1,26$ dans les cas ordinaires, et $l = 1,56$ quand les engrenages ne mènent que de faibles efforts.

Pour la fonte, on prend $F = 1,5,$
Pour les bois très durs $F = 0,870.$

Pour une vitesse à la circonférence primitive inférieure à $1^m,50$ on fait $a = 4b$.

Dès lors :

$$b = \sqrt{\frac{1,8\,P}{F}}.$$

Si la vitesse atteint ou dépasse 1^m,50, on prend

$$b = \sqrt{\frac{1{,}44\,P}{F}}.$$

Enfin, si $\qquad\qquad b = 6a$

$$b = \sqrt{\frac{1{,}2\,P}{F}}.$$

Poncelet a proposé les formules suivantes, très faciles à expliquer. Elles conviennent dans les cas les plus usuels.

Fonte	$b = 0{,}105\sqrt{P},$
Fer	$b = 0{,}074\sqrt{P},$
Bois (charme, poirier)	$b = 0{,}145\sqrt{P},$
Bronze et laiton	$b = 0{,}131\sqrt{P}.$

La pression P est exprimée en kilogrammes et l'épaisseur b en centimètres que l'on compte sur la circonférence primitive.

APPLICATION. *Quelle est l'épaisseur des dents d'une roue dentée en fonte, qui doit transmettre 20 chevaux avec une vitesse à la circonférence de 1^m,60 par seconde?*

Nous aurons d'après ce qui précède

$$b = 0{,}105\sqrt{P} \quad \text{et} \quad 20^{chx} = 20 \times 75 = 1500^{km},$$

d'où :

$$P = \frac{1500}{1{,}60} = 937{,}5 \quad \text{et} \quad b = 0{,}105\sqrt{937{,}5};$$

enfin

$$b = 3{,}2 \text{ centimètres.}$$

Les petites roues d'engrenage destinées à la transmission des petites forces n'ont qu'une faible épaisseur de dents, ce qui rend le travail du fondeur difficile. On est obligé en pareil cas de forcer un peu l'épaisseur.

On compte en moyenne, pour les dents d'engrenages à faible vitesse, sur une résistance R $= 2^k,500$ par millimètre carré de section transversale, cependant cette résistance doit diminuer avec la vitesse des roues, pour prévoir les chocs, c'est ainsi qu'on aura :

Vitesses	1^m	2^m	4^m	6^m	8^m	10^m	12^m
Résistances	$2^k,2$	$2^k,1$	$1^k,9$	$1^k,8$	$1^k,7$	$1^k,5$	$1^k,4$

Les calculs qui servent à établir la denture d'une roue, en détail, nous entraîneraient en dehors des limites que nous nous sommes assignées.

121. Courroies en cuir.

Le fonctionnement d'une courroie dépend de l'état des surfaces des poulies et du cuir, de la résistance de la courroie, de la vitesse du cuir et de la force à mener.

La vitesse qui donne les meilleurs résultats avec des courroies minces et résistantes appliquées sur des poulies lisses par leur côté *cuir* et non pas par le côté *chair*, comme cela se pratique d'habitude, est de $v = 25$ mètres, on ne doit pas atteindre $v = 30$ mètres. La vitesse ordinaire des courroies varie de 12 à 20 mètres.

122. *Tableau nᵒ 15. Largeur des courroies pour des forces transmises variant de 1 à 25 chevaux.*

Vitesse de la courroie en mètres par seconde.	LARGEUR EN MILLIMÈTRES D'UNE COURROIE de 6ᵐᵐ d'épaisseur pour des puissances en chevaux transmises de									
	1	2	3	4	5	7,5	10	15	20	25
0,30	400	795	»	»	»	»	»	»	»	»
0,75	160	270	475	»	»	»	»	»	»	»
1,50	78	160	240	320	395	»	»	»	»	»
2,30	55	105	160	215	265	395	535	»	»	»
3,05	35	80	120	160	200	300	400	600	795	»
3,80	30	65	95	125	160	240	320	475	640	»
4,55	20	55	80	105	130	200	265	395	535	665
6,10	15	40	60	80	100	150	200	300	395	500
7,60	»	35	50	65	80	120	160	240	320	395
9,15	»	30	40	55	65	100	130	200	270	335
10,65	»	»	35	45	55	85	115	175	230	285
12,20	»	»	»	40	50	75	100	150	200	250
13,70	»	»	»	»	45	65	90	130	180	225
15,25	»	»	»	»	40	60	80	120	160	200
18,30	»	»	»	»	35	50	65	100	130	165
21,30	»	»	»	»	30	45	55	85	115	140
24,40	»	»	»	»	»	40	50	75	100	125
27,40	»	»	»	»	»	35	45	65	90	115
30,50	»	»	»	»	»	30	40	60	80	100

Les courroies neuves par leur élasticité font perdre environ 2 pour 100 de la vitesse à la poulie menée.

123. Proportions des poulies.

Jantes. La jante d'une poulie est un peu plus large que le cuir qui doit la chausser.

Soient L la largeur de la jante et *l* la largeur de la courroie, on aura :

$$L = \frac{9}{8}(l + 10^{mm}).$$

Cette relation permet de calculer le tableau suivant dans lequel *l* et L sont exprimées en millimètres.

Valeurs de l...	50	75	100	125	150	200	250	300
Valeurs de L...	63	95	120	150	180	235	290	350

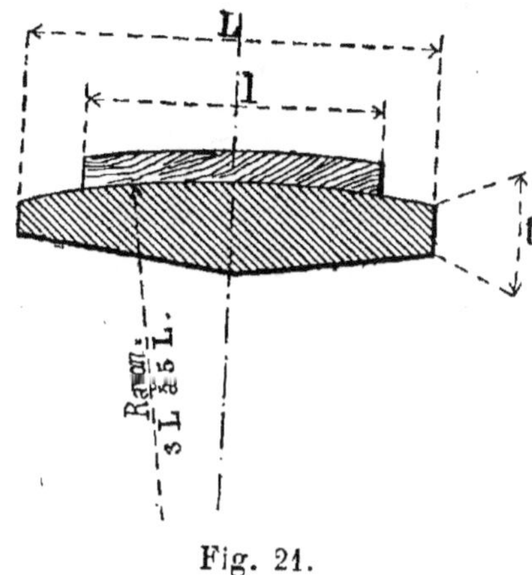

Fig. 21.

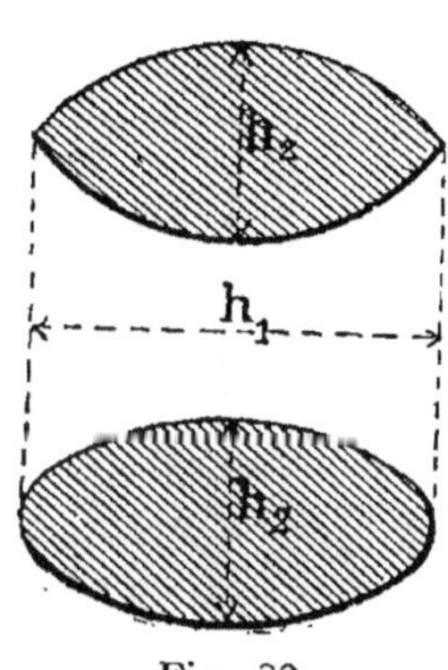

Fig. 22.

L'épaisseur de la jante sur les rives sera :

$$t = 0{,}7 \text{ épaisseur du cuir} + 0{,}005\,D,$$

D étant le diamètre de la poulie.

124. Bras des poulies.

Les bras sont elliptiques ou segmentés. L'épaisseur du bras segmenté est

$$h_2 = 1\tfrac{1}{2}\,h_1 \text{ , s'il est à section elliptique } h_2 = 0{,}4h_1 .$$

Les bras sont droits ou courbes de préférence, ils sont alors moins sujets à la rupture par le retrait dû au refroidissement de la fonte, mais les bras droits sont plus légers et plus résistants.

La section des bras va en diminuant du moyeu à la jante, de sorte que si h_1 et h_2 sont la largeur et l'épaisseur du bras, prolongé au centre de l'arbre, la largeur et l'épaisseur à la jante seront $\frac{2}{3}h_1$ et $\frac{2}{3}h_2$. Pour la figure 23 on aura :

$$r = 0{,}577\,R.$$

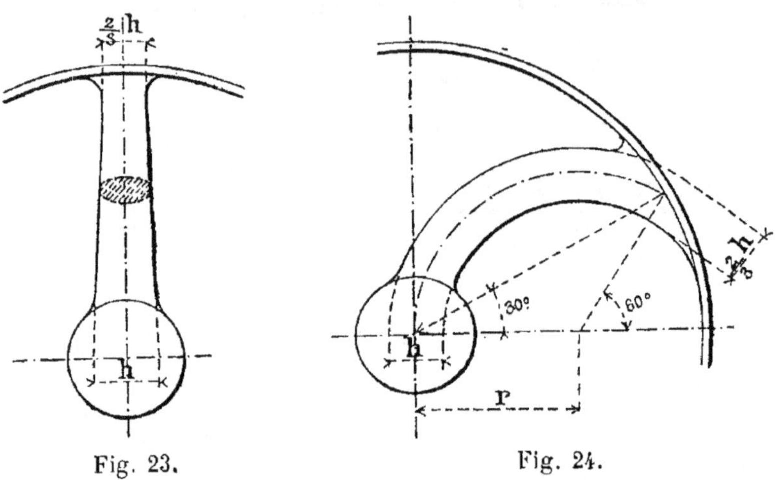

Fig. 23.   Fig. 24.

125. *Nombre de bras pour une largeur L des poulies et pour un diamètre D pris sur la jante.*

Largeur des poulies en centimètres	DIAMÈTRE DES POULIES en centimètres, pour un nombre de bras :				
	4	5	6	8	10
7,5	127	255	380	»	»
15,0	64	125	190	318	445
30,5	30	60	90	158	220
45,5	20	40	60	105	148
61,0	15	30	45	80	112

126. **Cordes-courroies**.

Actuellement on commence à employer les cordes rondes en chanvre pour remplacer les courroies de cuirs dans les transmissions. Il y a économie très notable. On les monte sur des poulies dont la jante est garnie de rainures en forme de V. Les cordes sont très peu tendues, elles ont de 25 à 50 millimètres de diamètre. Les épissures qui unissent les extrémités des cordes doivent avoir $2^m,50$ à 3 mètres de longueur pour assurer une solidité semblable à celle du câble lui-même.

127. *Tableau des poids, de la résistance et de la puissance de traction des cordes-courroies.*

Circonférence de la corde en centimètres	Diamètre de la corde en centimètres.	Poids par mètre en kilogrammes.	Résistance du travail en kilogrammes.	PUISSANCE DE TRACTION en kilogrammes		
				P	$K = \dfrac{P}{75}$	$K_1 = \dfrac{P}{4500}$
8,9	2,5	0,415	379	34,4	0,46	0,00764
12,0	3,8	0,935	873	79	1,05	0,01755
13,3	4,3	1,280	1171	106	1,41	0,02355
16,5	5,0	1,790	1635	148		0,03288

Pour transmettre le travail, on emploie plusieurs cordes placées dans des gorges parallèles.

Soient n le nombre de ces cordes, V la vitesse de cette courroie en mètres, d le diamètre de la poulie en mètres et N le nombre de tours de cette poulie par minute. Le travail transmis par chaque corde-courroie pour une puissance de traction P kilogrammes, sera :

$$P \times V \text{ kilogrammètres par seconde.}$$

Soit C le nombre de chevaux transmis :

$$C = \frac{n\mathrm{P} \times \mathrm{V}}{75} = \mathrm{K}n\mathrm{V}$$

et aussi

$$C = \frac{n \times \mathrm{P} \times d\mathrm{N}}{4500} = \mathrm{K_1}d\mathrm{N}n$$

Dans ces deux formules, les quantités K et $\mathrm{K_1}$ sont les nombres constants donnés dans le tableau précédent. On peut ainsi calculer de suite la puissance d'une transmission de cette nature.

Le diamètre de la plus petite poulie ne doit pas être inférieur à *trente fois* celui de la corde qu'elle reçoit ; plus la poulie est grande, mieux cela vaut. La distance entre les poulies varie de 6 à 18 mètres.

128. Câbles métalliques ou télédynamiques.

Les transmissions par câbles métalliques consistent en un câble sans fin formé de fils de fer, et enroulé sur deux poulies à gorge. C'est le poids même du câble qui produit la tension nécessaire à la transmission de la puissance. La vitesse de ces câbles atteint fréquemment 25 mètres et peut aller jusqu'à 50 mètres par seconde, en les montant sur des poulies entièrement *en fer*, qui résistent mieux que la fonte à la force centrifuge.

D'ordinaire les deux poulies sont dans un même plan vertical.

Les câbles métalliques sont formés de plusieurs *torons* tordus légèrement autour d'une *âme* en chanvre. Chaque toron se compose de plusieurs fils de fer tordus aussi autour d'une âme en chanvre. Il peut y avoir 6, 8 ou 10 torons, et chaque toron comprend de 6 à 24 fils.

Le diamètre des fils de fer varie de $0^{mm},5$ à 3 millimètres ; mais le plus ordinairement, il ne dépasse pas 2 millimètres.

Soit S la section du fer du câble en millimètres carrés et P le poids du câble en kilogrammes, on aura en moyenne :

$$P = \frac{S}{104}.$$

Les deux bouts du câble sont réunis par une épissure dont la longueur varie de 1 à 6 mètres, ou par une agrafe A. Piat, fort ingénieuse et qui se monte en peu de temps (fig. 25).

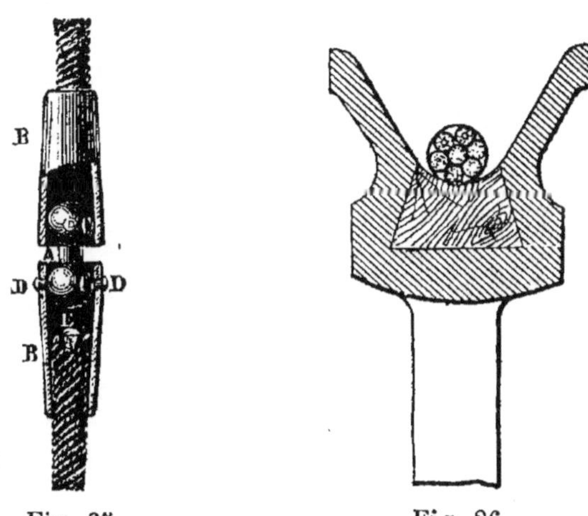

Fig. 25.   Fig. 26.

La gorge des poulies est garnie de gutta-percha, de bois ou de cuir, sur lequel s'appuie le câble (fig. 26).

Le diamètre des poulies à gorge varie de 1 mètre à 6 mètres, il doit être 150 à 200 fois celui du câble.

Le rendement d'un câble varie de 94 à 96 pour 100 et chaque relai en plus, fait perdre 2 à 3 pour 100 de la force transmise.

129. Le tableau suivant extrait de la *Théorie générale des transmissions par câbles métalliques de M. Leauté* se rapporte à un câble de 36 fils.

N est$_{25}$ le nombre de chevaux qu'il peut transmettre à la vitesse de 25 *mètres par seconde* et D'_{36} est le diamètre minimum des poulies à gorge.

$d =$ diamètre du câble en millimètres.

$p =$ poids du mètre de câble en kilogrammes.

$i =$ diamètre du fil dont est formé le câble.

La force transmise est, dans les mêmes conditions, proportionnelle à la vitesse du câble et au nombre des fils qui le composent. Enfin on peut toujours accroître le diamètre des poulies ou diminuer celui des fils en augmentant leur nombre tout en conservant au câble son même poids.

Distance horizontale des poulies			20m		40m		60m		80m		100m		120m		150m		200m	
d	p	i_{36}	N_{25}	D_{50}	N_{25}	D_{36}	N_{25}	D_{36}	N_{25}	D_{36}	N_{25}	D_{36}	N_{25}	D_{36}	N_{25}	D_{36}	N_{25}	D_{36}
mm		mm		m		m		m		m		m		m		m		m
5	0,062	0,5	0,4	0,65	1,3	0,70	2,4	0,85	3	0,95	4,7	1,05	5,4	1,10	4,8	1,15	3,4	1,15
6	0,090	0,6	0,6	0,75	1,9	0,85	3,5	1,00	4,4	1,15	6,8	1,25	7,4	1,30	6,9	1,35	4,9	1,35
7	0,122	0,7	0,8	0,90	2,5	1,00	4,8	1,20	6	1,35	9,3	1,45	10	1,55	9,4	1,60	6,7	1,60
8	0,160	0,8	1,1	1,00	3,3	1,15	6,2	1,35	7,8	1,55	12,0	1,65	13	1,75	12	1,80	8,8	1,80
9	0,203	0,9	1,4	1,15	4,7	1,30	7,9	1,50	9,9	1,70	15,0	1,90	17	2,00	16	2,00	11	2,05
10	0,250	1,0	1,7	1,25	5,2	1,45	9,7	1,70	12	1,90	19	2,10	20	2,20	19	2,25	14	2,30
12	0,360	1,2	2,5	1,50	7,5	1,70	14	2,00	18	2,30	27	2,50	30	2,65	28	2,70	20	2,75
14	0,490	1,4	3,4	1,90	10	2,00	19	2,35	24	2,70	37	2,95	40	3,10	38	3,15	27	3,20
16	0,640	1,6	4,5	2,00	13	2,30	25	2,70	31	3,05	49	3,3	52	3,50	49	3,60	35	3,65
18	0,810	1,8	5,7	2,30	17	2,55	32	3,00	40	3,45	62	3,75	66	3,95	62	4,05	45	4,10
20	1,000	2,0	7,0	2,55	21	2,85	39	3,35	49	3,80	76	4,20	82	4,40	77	4,50	55	4,55
22	1,210	2,2	8,5	2,80	25	3,15	47	3,70	59	4,20	92	4,60	99	4,85	93	4,95	67	5,00
24	1,440	2,4	10	3,05	30	3,45	56	4,05	71	4,60	110	5,00	120	5,30	110	5,40	79	5,45
26	1,690	2,6	12	3,30	35	3,70	66	4,35	83	4,95	130	5,45	140	5,75	130	5,85	92	5,95
28	1,960	2,8	14	3,55	40	4,00	76	4,70	96	5,35	150	5,85	160	6,15	150	6,35	105	6,40
30	2,250	3,0	16	3,80	47	4,30	88	5,05	110	5,75	170	6,25	180	6,60	170	6,80	120	6,85

130. Manivelles.

Nous avons vu qu'un homme à la manivelle exerce un effort moyen de 8 kilogrammes avec une vitesse de $0^m,75$ par seconde, il est possible exceptionnellement de faire un effort de 15 kilogrammes à la vitesse de $0^m,60$. On place l'arbre de la manivelle à une distance du sol qui varie de $0^m,90$ à $1^m,10$ environ.

Le rayon de la manivelle a des longueurs qui vont de $0^m,30$ à $0^m,45$.

Les rouleaux en bois ou en fer qui reçoivent les mains de l'ouvrier ont de 30 à 45 millimètres de diamètre.

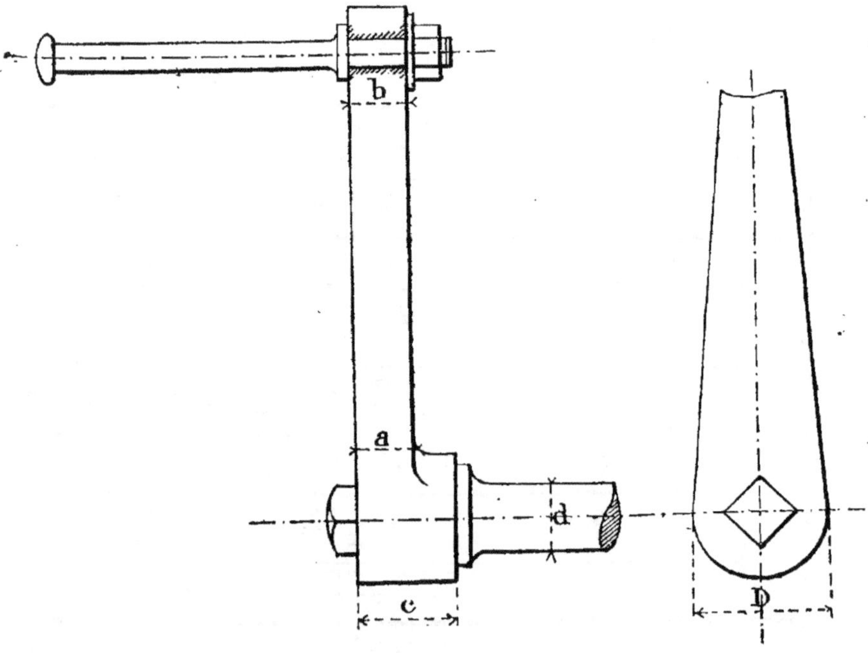

Fig. 27.

S'il y a deux manivelles aux extrémités de l'arbre, il convient de les fixer à 120° et non pas en sens opposés comme cela se pratique d'habitude.

Les proportions convenables pour le bras de levier sont :

$$a = 35 \text{ à } 40 \text{ millimètres,}$$
$$b = 30 \text{ à } 35 \text{ millimètres,}$$
$$c = 50 \text{ à } 60 \text{ millimètres,}$$
$$D = 30 + d \text{ millimètres,}$$

d est le diamètre de l'arbre de la manivelle.

131. Manivelles simples des machines à vapeur et des machines-outils.

Soient l la longueur du bouton de la manivelle et d son diamètre, on aura suivant les cas :

$$l = d \text{ à } 1,5\,d.$$

Soient P la pression transmise à la manivelle en kilogrammes et R le coefficient de résistance, on fera :

$$R = 4 \text{ à } 5 \text{ kilogrammes}$$

par millimètre carré, et le diamètre du bouton sera :

$$d = 4\sqrt{\frac{1}{\pi R} \times \frac{l}{d} \times P}.$$

Les dimensions du bras de la manivelle se déterminent en tenant compte des circonstances du mouvement qu'il s'agit de transmettre et qui parfois sont assez complexes.

132. Bielles.

Les bielles se calculent à la compression en adoptant un coefficient de sécurité qui varie avec le genre de machine. Les bielles doivent avoir comme longueur 5 à 6 fois le rayon de la manivelle.

133. Tiges de piston.

Les tiges de piston se font actuellement en acier, on les calcule à la compression.

Soient L la longueur de la tige du piston, D le diamètre du piston et n la pression effective en atmosphères, nous aurons dans la table suivante les valeurs des rapports du diamètre d de la tige du piston au diamètre D du piston lui-même.

$\dfrac{L}{D}$	$n = 1$	$n = 2$	$n = 3$	$n = 4$	$n = 5$	$n = 6$	$n = 7$	$n = 8$
1,5	0,070	0,081	0,093	0,099	0,105	0,310	0,114	0,118
2,0	0,081	0,096	0,107	0,115	0,121	0,127	0,132	0,136
2,5	0,091	0,108	0,120	0,128	0,136	0,142	0,148	0,153

APPLICATION. *Quel sera le diamètre de la tige d'un piston de 300^{mm} de diamètre et de 0^m,750 de course, la pression effective étant de 6 atmosphères ?*

Nous aurons :

$$\frac{L}{D} = \frac{750}{300} = 2,5,$$

rapport auquel correspond, dans le tableau, pour une pression de 6 atmosphères 0,142.

Nous avons donc :

$$\frac{d}{D} = 0,142 \qquad \text{et} \qquad d = 0,142 \times D,$$

ou $$d = 0,142 \times 300$$

et $$d = 43 \text{ millimètres.}$$

134. Balancier de machine à vapeur.

Un balancier est une pièce longue et plate qui oscille autour d'un axe placé en son milieu. Le balancier est d'ordinaire formé d'une pièce en fonte ou de deux pièces nommées *flasques*, souvent en fer, dans ce dernier cas.

On peut considérer cet organe comme encastré dans le plan de la rotation.

Soient P l'effort transmis à l'extrémité du balancier ; l sa demi-longueur ; a son épaisseur et b sa hauteur mesurée à l'encastrement.

Nous aurons :

$$ab^2 = \frac{6\mathrm{P}l}{\mathrm{F}}.$$

L'épaisseur a est de $\frac{1}{12}$ à $\frac{1}{15}$ de la hauteur b, on a donc :

$$\frac{1}{12}\,b^3 = \frac{6\mathrm{P}l}{\mathrm{F}} \qquad \text{et} \qquad \frac{1}{15}\,b^3 = \frac{6\mathrm{P}l}{\mathrm{F}},$$

d'où

$$b = \sqrt[3]{\frac{72\mathrm{P}l}{\mathrm{F}}} \qquad \text{et} \qquad b = \sqrt[3]{\frac{90\mathrm{P}l}{\mathrm{F}}}.$$

Le balancier a pour hauteur à son extrémité, $\frac{1}{3}$ de la hauteur b à l'encastrement, à cause du trou qu'il faut percer pour fixer la bielle.

135. Tracé des balanciers.

Soient l la demi-longueur du balancier, HH' sa demi-hauteur au milieu et OO' sa demi-hauteur au point d'articulation de la bielle. Les points H et O' seront tous deux sur la parabole qui limite le contour du balancier.

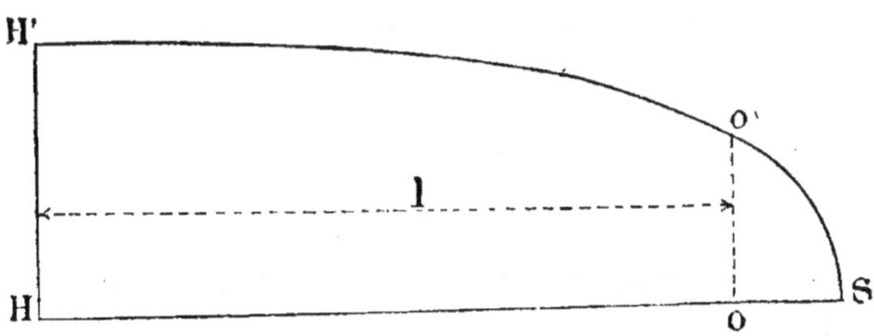

Fig. 28.

Or nous avons dit que :

$$\mathrm{HH}' = 3 \times \mathrm{OO}'.$$

Nous aurons : $\dfrac{OS}{l} = 8,$ ou $OS = \dfrac{1}{8}\,l.$

Ce qui nous donne le sommet S de la parabole, dès lors facile à construire par le procédé indiqué dans la statique [1].

On procède encore souvent de la manière suivante : La ligne Ho étant la demi-longueur du balancier, et HH′ sa demi-hauteur calculée par la formule, on élève en O une perpendiculaire OO′ égale au tiers de HH′, ce qui détermine le point O′. La ligne OO′ prolongée d'une quantité O′h égale aux $\dfrac{2}{3}$ de HH′ est alors partagée en un certain nombre de parties égales qu'on numérote à partir du point h. La longueur HO est divisée en un même nombre de parties égales numérotées à partir du point H. Par les points de division 1, 2, 3, on trace des perpendiculaires à HO jusqu'à leur rencontre avec les lignes H′—1′, H′—2′, H′—3′. Les points m, n, p d'intersection sont avec H′ et O′ autant de points de la courbe d'égale résistance.

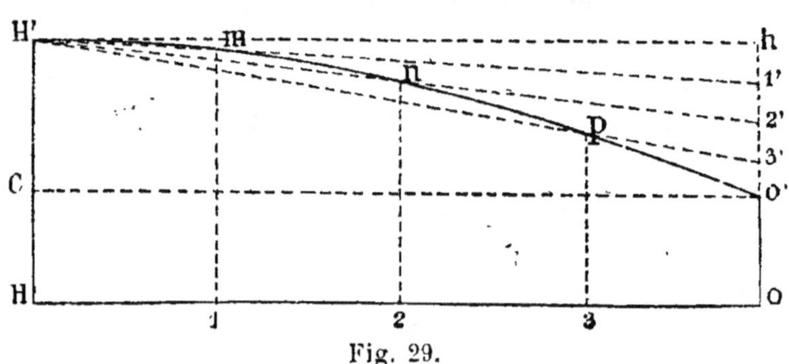

Fig. 29.

Nous avons ainsi une courbe parabolique dont le sommet est en H′.

Les nervures dont on arme les deux faces de l'âme du balancier viennent ajouter à la résistance, par surcroît, sans qu'il en soit d'ordinaire tenu compte dans le calcul.

1. Voir la 1re partie de la mécanique appliquée.

10.

136. **Tracé de la cardioïde.**

La courbe nommée cardioïde s'obtient aisément par le procédé suivant. Elle est en usage d'une manière courante dans beaucoup d'ateliers étrangers pour limiter la forme des solides nervés, tels que les arbres en fonte armés de nervures et les balanciers.

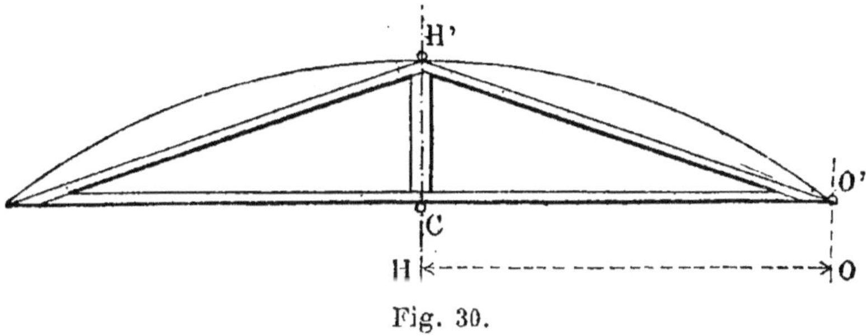

Fig. 30.

Le modeleur peut en particulier tirer bon profit de ce procédé. Un calibre triangulaire en bois présente H'C = la demi-hauteur et CO' la demi-longueur du balancier dans sa partie courbe (fig. 29 et 30).

On fixe une pointe au point C et une autre au point O' ainsi qu'un crayon en H'. La manœuvre du triangle appuyé sur les deux pointes, trace la courbe du point H' au point O' à l'aide du crayon placé en H'.

137. **Presses hydrauliques.**

Les presses hydrauliques d'une grande puissance ont d'ordinaire des cylindres en fonte d'autant plus difficiles à fabriquer convenablement qu'ils sont plus épais.

On fait supporter à la fonte d'assez grands efforts dans le but de réduire l'épaisseur et de rendre ainsi l'exécution du cylindre plus parfaite.

On admet pour K, la résistance par centimètre carré de section, les valeurs suivantes :

Fonte	K = 300 à 700 kilogrammes.	
Fer	K = 600 à 1400	id.

Acier   K = 1300 à 2000 kilogrammes.
Bronze   K = 200 à 500   id.
Cuivre rouge   K = 200 à 250   id.

Soient D le diamètre intérieur de la presse en centimètres ; P la pression par centimètre carré en kilogrammes ; e l'épaisseur de la presse en centimètres et K le coefficient de résistance qui se rapporte au métal du cylindre par centimètre carré ; on aura, par un calcul facile l'un de ces éléments au moyen de la formule suivante employée par les Anglais.

$$e = \frac{P}{2K - P} \times D \,. \qquad (1)$$

APPLICATIONS. 1° *Quel est le coefficient de résistance imposé au métal d'une presse hydraulique en fonte dans laquelle l'épaisseur des parois est 222 millimètres, la pression 402 atmosphères et le diamètre du cylindre 508 millimètres.*

Nous avons :

$$e = 22,2 \text{ centimètres ;}$$
$$P = 402 \times 1,0334,$$

attendu que la pression d'une atmosphère en kilogrammes par centimètre carré est $1^k,0334$ et D $= 50,8$ centimètres.

Par suite, d'après la formule (1) :

$$22,2 = \frac{402 \times 1,0334}{2K - 402 \times 1,0334} \times 50,8 \,;$$

d'où

$$22,2 \times 2K - 22,2 \times 402 \times 1,0334 = 402 \times 1,0334 \times 50,8$$

et

$$K = \frac{402 \times 1,0334 \times 50,8 + 22,2 \times 402 \times 1,0334}{22,2 \times 2} \,,$$

enfin

$$K = 684 \text{ kilogrammes}$$

par centimètre carré.

Cette presse hydraulique a servi au pont de Conway, à élever 660 000 kilogrammes.

2° Quelle doit être l'épaisseur d'une presse hydraulique, dont le cylindre a 500 millimètres de diamètre, destinée à supporter une pression de 280 atmosphères avec une tension maxima de 5 kilogrammes par millimètre carré?

Nous aurons dans ce cas :

$$P = 280 \times 1,0334 = 289 \text{ kilogrammes,}$$

$$K = 500 \text{ kilogrammes}$$

par centimètre carré

et $\qquad D = 50$ centimètres de diamètre.

Par suite, à l'aide de la formule (1) :

$$c = \frac{289}{2 \times 500 - 289} \times 50 ,$$

d'où $\qquad c = 20,3$ centimètres.

Une double presse hydraulique, dont chaque cylindre remplissait ces conditions, a servi au montage du pont Britannia.

3° Une presse hydraulique destinée à soulever une pièce pesant 1,162,400 kilogrammes, supporte une pression de 573 atmosphères, le diamètre du cylindre est de 560 millimètres. On veut limiter la tension du métal à 700 kilogrammes par centimètre carré. Quelle sera l'épaisseur des parois du cylindre de la presse ?

Nous aurons :

$$P = 573 \times 1^k,0334$$

par centimètre carré ;

$$K = 700 \text{ kilogrammes}$$

par centimètre carré

et $\qquad D = 56$ centimètres.

Par suite, en nous reportant à la formule (1) :

$$e = \frac{573 \times 1{,}0334}{2 \times 700 - 573 \times 1{,}0334} \times 56,$$

d'où
$$e = 41 \text{ centimètres.}$$

4° *Mais cette presse employée au levage d'une pièce dont nous venons d'indiquer le poids considérable, n'avait que 254 millimètres d'épaisseur ; aussi le métal travaillait-il à une tension supérieure à 700 kilogr. Voyons ce qu'était cette tension ?*

Avec l'indication précédente, nous aurons : $e = 25{,}4$ centimètres, et c'est K qui sera l'inconnue.

La formule (1) nous permet d'écrire :

$$25{,}4 = \frac{573 \times 1{,}0334}{2K - 573 \times 1{,}0334} \times 56,$$

ou
$$25{,}4 = \frac{592}{2K - 592} \times 56$$

et
$$K = \frac{592 \times 81{,}4}{2 \times 25{,}4}$$

$$K = \frac{148 \times 81{,}4}{12{,}7},$$

enfin
$$K = 948{,}5 \text{ kilogrammes}$$

par centimètre carré. Cette énorme pression a été victorieusement supportée par le métal de la *deuxième* presse, la première s'étant rompue au niveau du fond. Il faut considérer que la fonte employée et le moulage avaient été l'objet de soins extrêmes. Le fond des presses destinées aux très grands efforts doivent être raccordés avec le cylindre par des courbes adoucies ou même en forme de demi-sphères.

138. Puissance approximative en chevaux-vapeur nécessaire aux machines-outils pour travailler les métaux et les bois.

Nous résumons ici les remarquables expériences faites par le professeur Hartig dans deux grands ateliers de construction de machines à Chemnitz (Saxe).

Plus de 70 machines furent employées aux essais et la puissance mesurée à l'aide d'un dynamomètre spécial étudié en vue de ces expériences.

M. Hartig évalua d'abord la puissance nécessaire au mouvement des machines marchant à vide ou *à blanc*, puis il mesura cette puissance dans le cas où les machines produisent un travail marchand.

A l'aide de quelques tableaux, nous ferons aisément ressortir tout l'intérêt que présentent ces expériences nombreuses, faites avec les plus grands soins.

139. Machines marchant à blanc ou à vide.

1° *Poinçonneuses ou cisailles à simple action*. Soient :

P_v la puissance en chevaux nécessaire à la marche à vide ; n le nombre de coups de cisaille ou de poinçon en une minute et e la plus grande épaisseur de tôle, exprimée en millimètres, qui puisse être cisaillée ou poinçonnée par cette machine.

On aura :

$$P_v = 0,1 + \frac{6ne^2}{100000} \text{ chevaux.} \qquad (1)$$

Si dans la formule (1) nous remplaçons successivement n et e par les valeurs :

$$n = \quad 10 \qquad 9,16 \qquad 8,3 \qquad 7,5$$
$$e = \quad 10^{mm} \qquad 20^{mm} \qquad 30^{mm} \qquad 40^{mm}$$

Nous obtiendrons pour P, les nombres correspondants

$$P_v = \quad 0^{chx},16 \qquad 0,32 \qquad 0,55 \qquad 0,82 \, .$$

2° *Mortaiseuses.*

Soient : n le nombre de coups donnés par l'outil en une minute et c sa plus grande course exprimée en millimètres, nous aurons :

$$P_v = 0,045 + \frac{n \times c}{100000} \text{ chevaux.}$$

Admettons que la course $c = 200$ millimètres, nous aurons pour des nombres de coups par minute

$$n = \quad 19,2 \qquad 48,3 \qquad 106$$
$$P_v = \quad 0,083 \qquad 0,142 \qquad 0,257$$

comme force motrice employée à vide.

3° *Machines à percer.*

Les machines à percer qui tournent à vide nécessitent pour leur mise en mouvement une force en chevaux qui varie avec le nombre de tours n_1 de l'arbre de transmission et avec le nombre de tours n_2 du foret, à la minute.

Nous aurons :

a. Machines à percer sans engrenages :

$$P_v = 0,0006\, n_1 + 0,0005\, n_2 \text{ chevaux.}$$

b. Machines à percer avec engrenages

$$P_v = 0,0006\, n_1 + 0,001\, n_2 \text{ chevaux.}$$

c. Machines à percer radiales sans engrenages

$$P_v = 0,0006\, n_1 + 0,004\, n_2 \text{ chevaux.}$$

d. Machines à percer radiales avec engrenages.

$$P_v = 0,04 + 0,0006\, n_1 + 0,004\, n_2 \text{ chevaux.}$$

Admettons qu'une machine à percer du type d ou radiale avec engrenages nous donne :

$$n_1 = 120 \qquad \text{et} \qquad n_2 = 130 \,;$$

nous aurons :

$$P_v = 0{,}04 + 0{,}0006 + 120 + 0{,}004 \times 130$$

et caculs fait :

$$P_v = 0{,}632 \text{ chevaux.}$$

4° Fraiseuses ou machines à fraiser.

Les machines à *fraiser les métaux* ont leur divers organes qui tournent assez lentement. Le travail à vide varie de 10 à 15 pour cent du travail employé par la machine quand elle fonctionne utilement.

Les machines à fraiser les bois ont donné des résultats qui prouvent que le travail à vide dépend du nombre de tours de tous leurs arbres.

Soient : P_v la force en chevaux nécessaire à la marche à vide et N, la *somme* des nombres de tours que font en une minute tous les arbres de la machine, depuis l'arbre de transmission jusqu'à l'arbre porte-outil en comprenant tous les arbres intermédiaires.

Nous aurons :

$$P_v = \frac{N}{2000}.$$

Considérons une machine à moulures à quatre outils avec arbre intermédiaire et arbre principal, installée dans les conditions suivantes :

Nombre de tours par minute de l'arbre principal			200
Id.	id.	de l'intermédiaire	800
Id.	id.	de chaque outil	2000

Comme il y a quatre outils on devra compter $2000 \times 4 = 8000$ tours et ajouter ce nombre à $800 + 200$.

On aura donc :

$$N = 200 + 800 + 8000 = 9000,$$

par suite

$$P_v = \frac{9000}{2000} = 4,5 \text{ chevaux}$$

sera la force nécessaire pour traîner cette machine-outil.

5° *Meules pour affuter ou pour polir.*

Les meules à gros grains emploient à vide une force évaluée par la formule suivante : Soient P_v le travail à vide ; D le diamètre de la meule en mètres, V sa vitesse à la circonférence en mètres par seconde et N le nombre de tours uq'elle fait en une minute.

Nous aurons :

$$P_v = 0,0264 \times D \times V, \qquad (1)$$

ou bien en se servant du nombre de tours que fait la meule en une minute

$$P_v = 0,00138 \times D^2 \times N. \qquad (2)$$

Considérons une meule de un mètre de diamètre faisant 100 tours à la minute et cherchons quelle force elle emploiera pour sa marche à vide ?

Sa circonférence sera $\pi \times 1^m,00$, le développement pour 100 tours sera en une minute

$$\pi \times 1,00 \times 100,$$

d'où, la vitesse par seconde :

$$V = \frac{\pi \times 1,00 \times 100}{60} = 3,14 \times \frac{5}{3}$$

et enfin

$$V = 5,23.$$

par suite

$$P_v = 0,0264 \times 1,00 \times 5,23,$$

$$P_v = 0,138 \text{ chevaux.}$$

ou bien par la formule (2), nous aurons :

$$P_v = 0,00138 \times D^2 \times N$$

et
$$P_v = 0,00138 \times \overline{1,00}^2 \times 100$$

$$P_v = 0,138 \text{ chevaux.}$$

Les meules à grain fin, emploient une force à vide qui nous est donnée par la relation

$$\cdot \; P_v = 0,16 + 0,056 \, D \, . \, V \qquad (1)$$

et en se servant du nombre de tours

$$P_v = 0,16 + 0,0029 \, D^2 \times N \qquad (2)$$

Soit une meule de 1,00 de diamètre marchant à la vitesse de 10 mètres par seconde, quelle force emploiera-t-elle à vide ?

La relation (1) nous donnera :

$$P_v = 0,16 + 0,056 \times 1,00 \times 10,$$

d'où

$$P_v = 0,72 \text{ chevaux.}$$

Cette meule tournant à la vitesse de 10 mètres par seconde fera un nombre de tours N en une minute, de sorte que :

$$\frac{\pi \times 1,00 \times N}{60} = 10^m,00 ,$$

d'où
$$N = \frac{10 \times 60}{\pi} = 191 \text{ tours}$$

en une minute.

Il en résulte que la formule (2) devient :

$$P_v = 0,16 + 0,0029 \times \overline{1,00}^2 \times 191$$

et
$$P_v = 0,72 \text{ chevaux.}$$

6° *Tours à métaux et tours à bois.*

Le Dr Hartig put observer que la puissance motrice employée pour la marche à vide, dépendait du nombre des arbres intermédiaires placés entre l'arbre principal et l'axe du tour. Les écarts sont assez considérables, mais dans un grand nombre de cas, les formules suivantes donnent une approximation suffisante.

Soit N le nombre de tours que fait en une minute l'axe du tour ou l'arbre de la poupée fixe.

Nous aurons le tableau suivant :

Nombre des arbres placés entre l'arbre principal et l'axe du tour	Travail P_v des tours marchant à vide, en chevaux, pour des machines-outils		
	de construction légère.	de construction moyenne.	de construction lourde et robuste
0	$P_v = 0,05 + 0,0005n$	$P_v = 0,10 + 0,0023n$	$P_v = 0,25 + 0,0031n$
1 ou 2	$P_v = 0,05 + 0,0012n$	$P_v = 0,10 + 0,015n$	$P_v = 0,25 + 0,053n$
3 ou 4	$P_v = 0,05 + 0,05n$	$P_v = 0,13 + 0,11n$	$P_v = 0,25 + 0,18n$

APPLICATIONS. *Un tour sans intermédiaire fait 150 tours à la minute. Quelle sera la puissance qu'il dépensera pour marcher à vide?*

Le tableau précédent nous indique par sa première ligne : O intermédiaires, que s'il est de :

Construction légère $P_v = 0,05 + 0,0005 \times 150 = 0,125$.
Construction moyenne $P_v = 0,10 + 0,0023 \times 150 = 0,445$.
Construction lourde $P_v = 0,25 + 0,0031 \times 150 = 0,715$.

Il emploiera donc 0,125 à 0,715 chevaux pour sa mise en mouvement à vide suivant sa construction.

Un tour à surface, muni de trois arbres intermédiaires fait 10 tours à la minute. Quelle sera la puissance nécessaire à sa marche à vide ?

La troisième ligne du tableau nous donne de suite le renseignement demandé.

Construction légère $P_v = 0,05 + 0,05 \times 10 = 0,55$.
Construction moyenne $P_v = 0,13 + 0,11 \times 10 = 1,23$.
Construction lourde $P_v = 0,25 + 0,18 \times 10 = 2,05$.

Ce tour, suivant la nature des travaux qu'il est destiné à exécuter, consommera donc de 0,55 à 2,05 chevaux.

140. Machines marchant chargées ou exécutant du travail marchand.

Examinons maintenant les expériences faites par le Dr Hartig sur des machines qui exécutaient un travail marchand.

Poinçonneuses et cisailles.

L'unité de travail choisie fut le nombre de kilogrammètres nécessaire au cisaillement, au poinçonnage d'un millimètre carré d'une tôle de e millimètres d'épaisseur.

Soit F ce travail, on aura :

$$F = 0,25 + 0,0145\,e\,, \qquad (1)$$

Appelons P le travail total qui nous est donné par la relation

$$P = \text{travail à vide } P_v + 3,71\,F\,. \qquad (2)$$

APPLICATION. Soit une cisaille simple donnant à la minute 10 coupes d'une tôle de 10 millimètres.

D'après ce que nous avons dit précédemment, le travail à vide :

$$P_v = 0,1 + \frac{6 \times 10 \times \overline{10}^2}{100000}$$

et
$$P_v = 0,16 \text{ chevaux}$$

La relation (1) nous donnera :
$$F = 0,25 + 0,0145 \times 10,$$

ou
$$F = 0,395,$$

Cette valeur substituée dans la formule (2) à la place de F en même temps que celle de P_v, procure le travail total :
$$P = 0,16 + 3,71 \times 0,395$$

et calculs faits
$$P = 1,625 \text{ chevaux.}$$

Vitesse.

La vitesse moyenne du poinçon et celle de la lame mobile dans le cas de la cisaille sont de 18 millimètres. Les deux lames font entre elles un angle qui varie de 8 à 10 degrés.

Les cisailles circulaires sont formées de disques en acier dont le diamètre a 80 fois l'épaisseur de la tôle la plus épaisse qu'il s'agit de couper.

Machines à percer.

Désignons par V le volume en mètres cubes des copeaux produits par le foret, le travail utile ou différence entre le travail total et le travail à vide sera
$$P_u = P - P_v .$$

Soit p la force nécessaire pour couper en une heure un centimètre cube de copeaux, nous aurons
$$P_u = p \times V.$$

La valeur de p varie avec la nature de la matière à travailler et avec le mode d'emploi des outils.

Perçage d'un trou en pleine matière ou sans avant-trou :

1° Dans la fonte, avec un foret à langue d'aspic, à sec,

le diamètre du trou $d = 10$ à 50 millimètres et sa profondeur allant jusqu'à 50 millimètres :

$$p = 0,01 + \frac{0,001}{d} \text{ chevaux}.$$

2° Dans le fer forgé, avec un foret à langue d'aspic lubrifié à l'huile, le diamètre du trou $d = 10$ à 50 millimètres et sa profondeur allant jusqu'à 50 millimètres :

$$p = 0,001 + \frac{0,04}{d} \text{ chevaux}$$

nécessaires pour couper un centimètre cube de matière en une heure.

APPLICATION. *Quelle puissance faut-il dépenser pour enlever un centimètre cube de fer forgé en une heure à l'aide d'un foret de 40 millimètres de diamètre ?*

Nous aurons :

$$p = 0,001 + \frac{0,04}{40}$$

ou
$$p = 0,002 \text{ chevaux}.$$

Vitesse.

Le nombre de tours que fait le foret en une minute varie avec son diamètre et avec la nature du métal à percer. Soient N le nombre de tours et d le diamètre du foret.

Pour l'acier	$N = \frac{620}{d}$ à	$\frac{1500}{d}$
Pour la fonte grise	$N = \frac{620}{d}$ à	$\frac{1000}{d}$
Pour la fonte dure	$N = \frac{125}{d}$ à	$\frac{250}{d}$
Pour le bronze et le laiton	$N = \frac{2000}{d}$ à	$\frac{3000}{d}$
Pour le bois	$N = \frac{3000}{d}$ à	$\frac{4000}{d}$

Alésage des cylindres $N = \dfrac{2}{3}$

de la vitesse du perçage.

3° Perçage du bois de sapin avec un foret à guide, le diamètre du trou $d = 10$ à 100 millimètres et sa profondeur allant jusqu'à 150 millimètres :

$$p = 7,6 + \frac{1000}{d} \text{ chevaux}$$

par mètre cube de matière percée en une heure.

La dépense totale de force en chevaux est

$$P = 1,20 \text{ à } 1,69 \text{ du travail utile}.$$

Effet utile des machines à percer :

En moyenne, les machines simples   0,832

En moyenne, les machines radiales   0,593

Fraiseuses ou machines à fraiser.

La fraise marche avantageusement avec une vitesse à la circonférence qui varie de 200 à 350 millimètres pour le travail du fer et de la fonte.

Pour enlever sur la fonte dure un kilogramme de copeaux en une heure, il faut dépenser

$$p = 0,230 \text{ chevaux}$$

Avec la fonte tendre

$$p = 0,113$$

Dans le bois de sapin, pour enlever un mètre cube de matière en une heure

$$p = 2 + \frac{20}{e} \text{ chevaux},$$

e étant l'épaisseur du copeau coupé par l'outil.

Si l'outil produit un rabotage, un mètre carré de surface sera enlevé en une heure à une profondeur e par la force

$$p = \frac{10 + e}{500} \text{ chevaux.}$$

En général, l'arbre porte-outil des machines à raboter le bois fait 2,000 tours à la minute et la force employée varie de

$$P = 2,5 \text{ à } 4,5 \text{ chevaux.}$$

Meules.

Pour affuter les outils en acier, la vitesse moyenne à la circonférence est de 5 mètres par seconde; le polissage des pièces exige 10 mètres par seconde.

$$\text{Le travail utile } P_u = f \times \frac{KV}{75} \text{ chevaux.}$$

Meules à gros grains.

Dans cette formule, f est le coefficient de frottement de l'objet sur la meule, K la pression en kilogrammes de la pièce sur la meule et V la vitesse en mètres par seconde à la circonférence.

Ce coefficient de frottement prend des valeurs variables avec les circonstances.

Meule nouvellement mise au rond	avec fonte	$f = 0,21$.
	avec fer	$f = 0,46$.
	avec acier	$f = 0,29$.
Meule servant depuis un certain temps	avec fonte	$f = 0,24$.
	avec fer	$f = 0,41$.

APPLICATION. *Une meule à gros grains employée au polissage de pièces en fer tourne avec une vitesse de 10 mètres ; son diamètre est de un mètre ; l'ouvrier appuie sur la meule avec un effort de 8 kilogrammes ; cette meule a été nouvellement mise au rond. On demande quelle puissance elle emprunte à la machine motrice ?*

La marche à vide exige déjà

$$P_v = 0,0264 \times 1^m,00 \times 10^m,$$

d'où $\qquad P_v = 0,264 \text{ chevaux.}$

Le travail utile emploie

$$P_u = 0,21 \times \frac{8 \times 10}{75},$$

ou $\qquad P_u = 0,224 \text{ chevaux.}$

Le travail total emprunté à la machine sera

$$P = P_v + P_u,$$

ou $\qquad P = 0,264 + 0,224$

et enfin

$$P = 0,488 \text{ chevaux.}$$

Meules à grain fin.

Le coefficient de frottement f prend les valeurs suivantes :

Fonte et meule mouillée $\qquad f = 0,716,$
Acier et meule mouillée $\qquad f = 0,935.$
Fer et meule mouillée $\qquad f = 1,000.$

Le travail utile se calcule par la formule précédente.

Tours à métaux et tours à bois.

Le travail utile est égal au poids des copeaux enlevés par l'outil en une heure par le travail nécessaire pour en enlever un kilogramme.

Soient G le poids des copeaux et p le travail qui coupe un kilogramme de métal.

$$P_u = p \times G,$$

Pour l'acier $\qquad p = 0,104$ chevaux par kil. en 1 heure,
Pour la fonte $\qquad p = 0,069 \qquad$ id. $\qquad$ id.
Pour le fer forgé $\quad p = 0,072 \qquad$ id. $\qquad$ id.

11.

Dans le tournage du bois, le travail utile est égal au volume du bois coupé en une heure par le travail nécessaire à l'enlèvement de un centimètre cube de bois.

$$P_u = p \times V.$$

pour le bois $P = 10$ par mètre cube et par heure.

En moyenne la force totale

$$P = 1,48\, P_u$$

Vitesse.

La vitesse moyenne de la pièce à sa circonférence, sur l'outil, varie avec la nature du métal.

Pour l'acier	$V = 50^{mm}$,
Pour la fonte tendre	$V = 80^{mm}$,
Pour le fer forgé	$V = 110^{mm}$,
Pour le bronze ou le laiton	$V = 150^{mm}$,
Pour le cuivre	$V = 500^{mm}$.

La vitesse du déplacement transversal varie de $0^{mm},5$ à $1^{mm},5$.

L'effet utile des tours est moyennement de $0,675$.

Machines à raboter les métaux ou les bois.

Dans ces machines-outils, le travail utile est égal au poids des copeaux multiplié par le travail nécessaire à en produire un kilogramme

$$P_u = p \times G ,$$

représentons par s la section en millimètres carrés du copeau enlevé par le burin de la machine, nous aurons pour la fonte grise :

$$p = 0,034 + \frac{0,13}{s} \text{ chevaux} .$$

Les machines à raboter le bois où le travail utile exprimé par :

$$P_u = p \times V :$$

V étant le volume enlevé en une heure par l'outil.

$$\text{Pour le bois tendre} \qquad p = 64 + 78\, e\,,$$
$$\text{Pour le bois dur} \qquad p = 80 + 96\, e\,.$$

La valeur de e est l'épaisseur moyenne du copeau enlevé par la machine.

La force totale est en moyenne

$$P = 1{,}81\, P_u\,.$$

Vitesse.

L'outil possède les vitesses suivantes :

$$\text{Grandes machines, vitesse pour toutes les matières} \quad \Big\{\ V = 80^{mm} \text{ à } 105^{mm}\,.$$

$$\text{Vitesses pour petites machines à raboter}\ \Big\{ \begin{array}{ll} \text{acier} & V = 105 \text{ à } 130^{mm}\,. \\ \text{fer} & V = 130 \text{ à } 210^{mm}\,. \\ \text{fonte grise} & V = 115 \text{ à } 235^{mm}\,. \\ \text{fonte dure} & V = 25 \text{ à } 40^{mm}\,. \\ \text{laiton et bronze} & V = 310 \text{ à } 470^{mm}\,. \end{array}$$

$$\text{Machines à raboter le bois au porte-outil}\quad \Big\{\ V = 2000 \text{ tours}\,.$$

L'effet utile des machines à raboter est en moyenne 0,558.

Il est à remarquer que l'effet utile des tours est 0,675; par conséquent les tours sont plus avantageux que les machines à raboter pour dresser les surfaces toutes les fois que cela sera possible.

Scies mécaniques à bois.

La course de la scie doit être égale à l'épaisseur de la bille augmentée de 100 millimètres. La vitesse du porte-scie sera $V = 3$ mètres à $3^m{,}50$ pour un porte-scie simple et $V = 2$ mètres au plus pour un porte-scie à plusieurs lames. Le châssis porte-scie exécutera 200 à 300 levées à la minute. L'avancement dans le bois dur sera 2,8 à 4,4 millimètres et dans le bois tendre 4,3 à 6,3 millimètres.

Le chariot revient en arrière 30 fois plus vite qu'à l'avancement pendant le travail. Les scies horizontales donnent 240 à 300 coups par minute et l'avancement à chaque trait de scie est dans le bois dur de 3 à 4,5 millimètres et dans le bois tendre 4,5 à 6 millimètres. Si les bois sont de petit diamètre, on peut aller à 9 millimètres.

Une scie donne dans le bois dur 9 mètres carrés par heure et 13 mètres carrés dans le bois tendre.

Une lame de scie emploie la force totale de 4 chevaux et pour chaque lame en plus, de $\frac{1}{2}$ à $\frac{5}{8}$ de cheval.

Scie à ruban ou à lame sans fin.

La vitesse moyenne de la lame est de 10 mètres par seconde. Les lames de 15 à 20 millimètres de largeur exigent des poulies de 700 millimètres de diamètre et celles de 65 millimètres, des poulies de 1,255 millimètres de diamètre.

La force nécessaire varie de 0,5 à 1,5 chevaux.

Scies circulaires.

Leur diamètre varie de 500 à 1,000 millimètres. Quand les scies circulaires coupent le bois dans le sens des fibres, leur vitesse à la circonférence varie de 40 à 45 mètres ; si le trait de scie a lieu en travers des fibres, la vitesse est de 20 à 25 mètres.

Elles font 800 tours environ.

Le débit de ces outils par heure va de 14 à 18 mètres carrés.

La force nécessaire à leur marche est de 1,5 à 3,5 chevaux.

Scies à placage.

Ces machines-outils donnent de 180 à 300 coups à la minute. Elles débitent 7 mètres carrés environ par heure et la force qu'elles prennent est de 1,5 chevaux.

141. *Puissance approximative totale en chevaux employée par les machines-outils.*

Désignation des machines	MACHINES								
	légères.			moyennes.			lourdes.		
Tours à métaux........	0,4	à	0,6	0,6	à	1,0	1,0	à	3,0
Machines à percer......	0,1	à	0,3	0,3	à	0,5	0,5	à	1,0
Machines à raboter.	0,2	à	0,4	0,6	à	1,0	1,0	à	2,5
Machines à fraiser	0,1	à	0,3	0,3	à	0,7	»		»
Cisailles ou poinçonneuses	0,3	à	0,8	1,0	à	3,0	3,0	à	8,0
Machines à tarauder.... .	»		»	0,5	à	1,5	»		»
Meules à aiguiser et à polir	0,3	à	0,8	1,0	à	3,0	3,0	à	5,0

TABLE DE LA DEUXIÈME PARTIE

ANGERS, IMP. BURDIN ET Cⁱᵉ, RUE GARNIER, 4.

ANGERS, IMP. BURDIN ET Cⁱᵉ, RUE GARNIER, 4.